关系 Top-*N* 查询处理和优化

朱 亮 著

科 学 出 版 社
北 京

内 容 简 介

本书介绍关系 Top-N 查询处理和优化的相关理论和技术，共 7 章，主要包括：绪论，基于学习的 Top-N 查询处理，基于区域聚类的多 Top-N 查询优化，基于知识库的 Top-N 查询流处理，基于语义距离的 Top-N 查询处理，基于索引技术的中文关键词 Top-N 查询处理，以及 n 维赋范空间中的 Top-N 查询处理.

本书可作为计算机科学与技术、应用数学、信息管理和信息系统等相关专业高年级本科生、研究生课程的教材或教学参考书，也可供相关领域的研究人员和开发人员参考.

图书在版编目（CIP）数据

关系 Top-N 查询处理和优化 / 朱亮著. —北京：科学出版社，2018.10
ISBN 978-7-03-058899-9

Ⅰ. ①关…　Ⅱ. ①朱…　Ⅲ. ①查询优化　Ⅳ. ①TP311.131

中国版本图书馆 CIP 数据核字（2018）第 218000 号

责任编辑：赵艳春 / 责任校对：郭瑞芝
责任印制：张　伟 / 封面设计：迷底书装

科学出版社出版
北京东黄城根北街 16 号
邮政编码：100717
http://www.sciencep.com
北京九州迅驰传媒文化有限公司 印刷
科学出版社发行　各地新华书店经销
*
2018 年 10 月第　一　版　开本：720 × 1000　1/16
2019 年 1 月第二次印刷　印张：13 1/4
字数：253 000
定价：78.00 元
（如有印装质量问题，我社负责调换）

序

从数据库查询信息已经成为人们生活的重要组成部分. 传统查询的匹配方式为模式匹配, 不能处理很多查询, 导致用户无法得到所需信息, 因此近似查询逐渐成为一个核心问题. 同时, 近似查询也是从大数据获取信息的重要途径, 大数据技术是传统数据库技术的自然发展, 其中数据库系统的智能化发展是一个重要趋势. 该书主要内容源自作者朱亮教授2002～2016年十多年针对近似查询的研究工作, 即运用数学和人工智能的原理和方法对 Top-N 查询处理和优化的理论与技术进行研究. 该书从不同的应用场景出发, 清楚全面地阐述了多种对 Top-N 查询处理和优化的方法. 第 1 章介绍该书用到的相关知识、概念和术语. 第 2 章首先用极限理论讨论数据空间的维数对 Top-N 查询处理效率的影响; 其次基于学习的策略定义了一个知识库, 由其信息得到一种 Top-N 查询处理方法. 这种方法不仅具有良好的性能, 而且能够很好地处理高维数据, 摆脱"维数灾难"; 最后用时间序列的理论和方法定义知识库的稳定性, 用微分学理论来确定知识库的适当大小, 并给出维护知识库的方法. 第 3 章针对同时提交给系统的多个 Top-N 查询所构成的集合给出一组算法, 用来定义 n 维超矩形的聚类, 并将这种区域聚类方法用于多 Top-N 查询优化. 第 4 章针对 Top-N 查询流, 介绍扩展知识库结合区域聚类技术及缓存机制的优化方法. 第 5 章针对具有自然语言语义的英文文本属性, 基于 WordNet 创建索引, 用不等式方程组定义语义距离, 实现了英文查询与元组之间的语义匹配, 得到 Top-N 个语义相同或相近的结果. 第 6 章针对中文文本属性讨论关键词 Top-N 查询, 给出的方法避开了中文分词技术, 实现了按汉字搜索, 能够处理中文的缩略词, 以及汉字遗漏和拼写错误的情况. 第 7 章介绍一般赋范线性空间($\Re^n$, $\|\cdot\|$)的 Top-N 查询模式, 根据泛函分析的理论, 如范数等价定理, 给出数据库友好的 NoSQL 算法.

朱亮教授曾先后多年研究数学和开发软件, 攻读博士学位期间学习人工智能, 现在主要从事计算机科学的教学和科研工作. 该书是他在 Top-N 查询处理和优化方面长期研究和积累的结果. 该书内容丰富, 覆盖面广, 文字清楚, 逻辑性强, 是一部值得一读的佳作. 目前国内外尚未见到专门介绍 Top-N 查询处理和优化技术的著作, 因此这是一部相当独特的书. 通过阅读该书, 读者可以了解 Top-N 查询处理和优化的相关研究成果，其中融合了许多数学和人工智能的原理和思想. 该书可以为数据库、大数据、搜索引擎、数据挖掘、信息系统等相关领域的读者带来启迪和帮助.

纽约州立大学宾汉姆顿分校计算机系主任、教授
孟卫一 (Weiyi Meng)
2018 年 4 月

前　　言

在关系数据库系统的研究、开发和应用中，查询处理和优化是核心问题之一. 结构化查询语言(structured query language, SQL)已经成为关系数据库系统的标准语言. 一个查询通常写成 Select-From-Where 语句块形式，经过查询分析、查询检查、查询优化、查询执行等步骤得到查询结果. 虽然 SQL 很强大，但是仍然存在局限性(例如，Where 子句不能处理一般函数运算)，导致 SQL 不能处理许多查询问题. 传统 SQL 查询的匹配方式为模式匹配，即当一个查询提交到一个数据库系统时，检索出完全满足查询条件的元组. 传统查询以这种精确匹配方式(exact-match paradigm)为标准，基于以下两个假设：①数据库中仅存储确定、精准和正确的数据和信息；②用户可以准确地表示其搜索需求，并且不需要的结果将不匹配查询条件. 然而，这两个假设通常不符合客观现实.

在实际中，用户往往缺乏关于实体的确切信息，难以用数据库的数据来表示相应的实体. 例如，在传统数据库系统中很难表示“一个人的年龄约为 30 岁”. 另外，用户经常不能准确地表示其搜索需求. 例如，用户可能仅知道其查询的一些不确切的信息；用于查询的信息较少(如只有一条信息，并且其中只有一两个查询词)；不能准确使用查询工具(如 SQL)；不了解数据库的模式；存在拼写错误等. 此时传统查询处理将无法检索出用户满意的结果. 此外，用户很可能对与其查询相似或相近的结果感兴趣. 因此，支持近似匹配方式(approximate-match paradigm)是重要的.

近似匹配方式有多种，如基于编辑距离的匹配(可以处理拼写错误)、基于概率的匹配、基于文本相似度的匹配(信息检索的方法)、基于距离的匹配(Top-N 查询)、基于语义距离/语义相似度的匹配、基于结构的匹配(关键词搜索)等. 本书主要讨论基于后三种匹配方式的近似查询，即数值属性的 Top-N 查询、基于语义距离的排序查询和关键词查询.

Top-N 查询是指对于用户给定的一个正整数 N(如 N=10, 20 或 100)，检索出 N 个元组使其最好地匹配(但不一定完全匹配)查询条件，并按照某种排序函数输出排序结果. Top-N 查询比传统查询功能更加强大、灵活且应用更加广泛，如应用于搜索引擎、数据挖掘、决策支持系统、多媒体数据库、信息检索、Web 智能和 Web 数据库等相关领域.

本书共 7 章：第 1 章为绪论，简述本书将用到的数学、关系数据库和 Top-N

查询模式的基本概念、术语及相关知识. 第 2 章主要介绍基于学习的方法, 处理数值属性的关系 Top-*N* 查询模式. 第 3 章运用区域聚类方法讨论多 Top-*N* 查询优化. 第 4 章综合运用基于学习的策略、区域聚类技术和缓存机制对 Top-*N* 查询流(或称为 Top-*N* 查询序列)进行优化处理. 第 5 章针对具有自然语言语义的英文文本属性讨论基于语义距离的 Top-*N* 查询. 第 6 章介绍中文关键词 Top-*N* 查询. 第 2～6 章所述查询处理方法都是在关系数据库管理系统(RDBMS)之上建立薄层(如知识库或索引等), 依赖、扩展并应用 RDBMS, 利用 SQL 的 Select 语句从基础数据库检索出候选元组, 进而得到 Top-*N* 结果. 第 7 章扩展第 2～4 章的 Top-*N* 查询模式, 针对一般的赋范线性空间($\Re^n$, $\|\cdot\|$)给出数据库友好的算法, 这些方法不依赖于 RDBMS, 不使用 SQL 的 Select 语句.

本书主要内容选自作者公开发表的论文及博士学位论文. 2002 年作者在美国纽约州立大学宾汉姆顿分校计算机系做访问学者, 师从孟卫一教授, 开始研究 Top-*N* 查询, 一直以来得到了孟卫一教授的鼎力支持和帮助. 在北京工业大学计算机学院攻读博士学位期间, 作者得到了导师刘椿年教授的悉心指导. 在本书的写作过程中, 刘大中教授、王煜教授、宋鑫讲师和魏勇刚讲师, 以及杜旭、范帅兵、路伟朋等研究生阅读了部分书稿并提出宝贵意见. 本书的完成得到了作者家人, 尤其是妻子和儿子的支持和关注. 在此对所有给予帮助和支持的人表示诚挚的谢意.

本书部分研究内容得到了国家自然科学基金(项目编号: 61170039)和河北省自然科学基金(项目编号: F2012201006 , F2017201208)的资助, 特此致谢.

由于作者水平所限, 书中难免存在不足或欠妥之处, 敬请读者批评指正.

朱　亮

2018 年 4 月

目　　录

第1章 绪 论

在关系数据库系统的研究、开发和应用中，查询处理和优化是核心问题之一；换言之，如何快速地处理查询并得到准确的查询结果是一个关键问题. 因此，需要研究查询处理的理论、方法、技术及优化策略. 本书主要对关系 Top-*N* 查询进行研究. Top-*N* 查询是指对于用户给定的一个正整数 *N*(如 *N* = 10, 20 或 100)，检索出 *N* 个元组使其**最好地匹配**(但不一定完全匹配)查询条件，且输出的结果按照某个排序函数进行**排序**.

关系数据库中，结构化查询语言(structured query language, SQL)已经成为其标准语言. 一个查询通常写成 Select-From-Where 语句块(或更复杂的语句块)形式，然后经过查询分析、查询检查、查询优化、查询执行等步骤得到查询结果. SQL 虽然很强大，但是仍然存在局限性，例如，其匹配方式为模式匹配，而且 Where 子句不能处理一般函数运算. 因此，许多查询问题是 SQL 不能或难以处理的. 在许多应用领域，针对一个查询可能有很多查询结果，用户更感兴趣的是一些最重要的(Top-*N*)结果. 此外，不同类型的信息系统也需要各种相关技术和排序规则对查询结果进行排序. Top-*N* 查询比传统查询的功能更加强大、灵活且应用更加广泛，能够解决传统数据库管理系统(database management system, DBMS)不能处理或难以处理的查询问题. 例如，Top-*N* 查询的应用包括数据挖掘、搜索引擎、决策支持系统、多媒体数据库、信息检索、Web 智能和 Web 数据库等相关领域，因此得到了广泛的研究. 本书主要讨论关系数据库系统中的 Top-*N* 查询处理和优化，其中包括数值属性 Top-*N* 查询、文本属性的关键词 Top-*N* 查询、具有自然语义的文本属性的语义 Top-*N* 查询等内容.

本章简要概述本书将要用到的数学、关系数据库和 Top-*N* 查询模式的基本概念、术语及相关知识.

1.1 数学概念和术语

本节概要叙述一些数学概念、术语和预备知识，主要包括集合论中的基本概念和运算(吴品三, 1979)，泛函分析中的度量空间、赋范空间及其相关性质(夏道行等, 1979).

1.1.1　集合及其运算

在数学中，给予“在一定范围内确定的不同对象的全体”一个名称，就是**集合**(set). 简言之，集合就是指作为整体看的一些对象. 集合可以含有任意类型的对象，通常是具有某种特性的具体或抽象的对象，如数、符号、人以及其他集合. 集合是数学中最基本的概念之一，通常用它的各种同义语来解释，而不用比它更简单的概念来定义；集合在公理集合论中是一个非定义的原始概念. 组成集合的对象称为该集合的成员(member)或元素(element). 当 x 是集合 A 的一个元素时，记为“$x \in A$”，读作“x 属于 A”或“A 含有 x”；否则记为“$x \notin A$”，读作“x 不属于 A”.

一个集合要满足：①唯一性，集合中的元素是可区别的、彼此不同的，即其元素不能重复；②确定性，集合中的元素是确定的，即一个元素要么属于该集合，要么不属于该集合.

集合简称**集**. 确定一个集 A，就是要确定哪些元素属于 A，哪些元素不属于 A.

一个集可以用列举其元素的方法表示，如 $A = \{3, 0, -1, 6\}$, $B = \{3\}$, $E = \{2, 4, 6, 8, \cdots\}$，其中，$E$ 为全体正偶数的集合，“$\cdots$”表示其余元素.

当集 A 是具有某个性质 P 的元素全体时，则将 A 表示为如下三种形式之一：

$$A = \{x: x \text{ 具有性质 } P\}, \quad A = \{x; x \text{ 具有性质 } P\}, \quad A = \{x \mid x \text{ 具有性质 } P\}$$

在本书中，不区分这三种形式，视为一致而用之，如 $A = \{x \mid x^2 = 4\}$, $B = \{(x, y): x^2 + y^2 = 1\}$. 不含任何元素的集合称为空集，记为$\varnothing$.

设 A、B 为两个集，若对于 A 中的任一元素 x，皆有 $x \in B$，则称 A 是 B 的**子集**(subset)，记为“$A \subseteq B$”或“$A \subset B$”，读作“A 含于 B”；也称 B 是 A 的**扩集**(或**超集**、**父集**, superset)，记为“$B \supseteq A$”或“$B \supset A$”，读作“B 包含 A”. 若 A 不是 B 的子集，则记为“$A \nsubseteq B$”. 若 A 是 B 的真子集，则记为“$A \subsetneq B$”($A \subseteq B$ 但 $B \nsubseteq A$). $A = B$ 定义为“$A \subseteq B$”且“$B \subseteq A$”，即 A、B 含有完全相同的元素.

为了简化表述，用“$\neg$”、“$\wedge$”、“$\vee$”、“$\forall$”、“$\exists$”分别表示“非”、“与”、“或”、“全称量词”、“存在量词”；用“$\exists!$”或“$\exists|$”表示“唯一量词(uniqueness quantifier)”. 另外，用$\mathcal{Q}$表示全体有理数组成的集合，$\Re$表示全体实数组成的集合.

给定 A 和 B 两个集合，通过**集合运算**可以定义新的集合：①将 A 和 B 中的所有元素合并为一个集合，所得到的集合称为 A 和 B 的**并集**，记为 $A \cup B$，即 $A \cup B = \{x: x \in A \vee x \in B\}$；②由 A 中不属于 B 的那些元素的全体所组成的集合称为 A 减去 B 的**差集**，记为 $A-B$，即 $A-B = \{x: x \in A \wedge x \notin B\}$；③既在 A 中又在 B 中的所有元素组成的集合称为 A 和 B 的**交集**，记为 $A \cap B$，即 $A \cap B = \{x: x \in A \wedge x \in B\}$；④可以用 A、B 构造一个新的集合，称为 A 和 B 的**笛卡儿积**，记为 $A \times B$，即由形如(x, y)的所有序

对组成的集合，其中 x 是 A 的元素而 y 是 B 的元素，即 $A\times B=\{(x, y): x\in A\wedge y\in B\}$. 注意，在数学中，$(x, y)$为序对，当 $x\neq y$ 时，$(x, y)\neq(y, x)$，如同在平面坐标系$\Re^2=\Re\times\Re$中(x, y)和(y, x)表示不同的点.

两个集合的笛卡儿积可**推广**到 n 个集合. 给定 n 个集合构成的**序列** $D_1, D_2, \cdots, D_n$(允许其中某些集合是相同的)，其笛卡儿积为 $D_1\times D_2\times\cdots\times D_n=\{(d_1, d_2, \cdots, d_n): d_i\in D_i, i=1, 2, \cdots, n\}$. 即由形如$(d_1, d_2, \cdots, d_n)$的所有**序列**构成的集合，其中 d_1 是 D_1 的任一元素，d_2 是 D_2 的任一元素，…，d_n 是 D_n 的任一元素. 笛卡儿积的元素$(d_1, d_2, \cdots, d_n)$中，每个 $d_i(1\leqslant i\leqslant n)$称为其一个**分量**(component). 笛卡儿积也记为$\prod_{i=1}^{n}D_i=D_1\times D_2\times\cdots\times D_n$.

在数学中，序列可以是有限的或无限的，**有限序列**通常称为**多元组**，n 个元素的有限序列称为 n 元组. 一个 n 元组表示为$(a_1, a_2, \cdots, a_n)$或$<a_1, a_2, \cdots, a_n>$，说明其有序性，用来区别集合$\{a_1, a_2, \cdots, a_n\}$的无序性. 例如，(1, 3, 2)和(3, 1, 2)为两个不同的 3 元组，而{1, 3, 2}和{3, 1, 2}为同一个集合.

注：在数学中，①$A\times\varnothing=\varnothing\times A=\varnothing$；②当 A 和 B 不相等且皆不为空时，其笛卡儿积运算不满足交换律，即 $A\times B\neq B\times A$；③当 A、B、C 皆不为空时，其笛卡儿积运算不满足结合律，即$(A\times B)\times C\neq A\times(B\times C)\neq A\times B\times C$.

笛卡儿积 $D_1\times D_2\times\cdots\times D_n$ 的子集 $\boldsymbol{R}$ 称为 $D_1, D_2, \cdots, D_n$ 上的 n 元**关系**，简称关系，记为 $\boldsymbol{R}(D_1, D_2, \cdots, D_n)$. 关系是一个重要的数学概念，二元关系最为常用，是**映射**概念的推广，而映射又是**函数**概念的推广. 函数是高等数学的中心，而关系在近代数学中起着至关重要的作用. 另外，映射和函数概念可以用关系概念形式化定义如下(吴品三, 1979；Cormen et al., 2001).

设 A、B 是两个非空集合，$f\subseteq A\times B$ 是一个二元关系. 若 f 具有下述性质：$\forall x\in A\exists! y\in B\ ((x, y)\in f)$，则称 f 是从 A 到 B(中)的一个映射，记为 $f: A\to B$，并且记 $y=f(x)$或 $f: x\mapsto y$，称 A 为映射 f 的定义域，B 为 f 的值域. 另外，若 $B\subseteq\Re$，也称映射 f 为函数. 术语“函数”和“映射”经常被视为同义语，还有“算子”、“变换”等也视为其同义语. 选择哪个词语取决于相关内容.

在数学中，“关系”和“二维表”(简称“表”)是不等价的；每个表是一个关系，但每个关系未必是一个表；如闭区间[0, 1]和[0, 2]，以及实数集$\Re$是不可数的三个集合，$\boldsymbol{R}_1=\{0, 1\}\times[0, 1]$ (两条长度为 1 的线段)和 $\boldsymbol{R}_2=[0, 1]\times[0, 2]$ (一个面积为 2 的矩形)是笛卡儿积$[0, 2]\times\Re$的两个子集，$\boldsymbol{R}_1$ 和 $\boldsymbol{R}_2$ 都是不可数的；因此，这两个二元关系 $\boldsymbol{R}_1$ 和 $\boldsymbol{R}_2$ 都不能用任何有限的或可数无限的表来表示.

注意，集合的一种变体称为**多重集合**(multiset)或**包**(bag)，其中可以含有重复元素，如{1, 2, 3, 1}. 多重集合或包在数据库和信息检索相关领域是重要的，因为**去重操作**可能导致很大的开销，需要慎重考虑. 数据库中的集合和包可以参见

(Ullman et al., 2008)的相关内容.

代数(代数系统或代数系的简称)就是具有运算的非空集合(吴品三, 1979), 将其记为(Λ, Ω), 其中Λ为非空集合, Ω 为运算集合, 其运算的个数是有限或无限的, 如常见的代数包括群、环、域、格等.

1.1.2　度量空间

下述内容源自泛函分析的相关文献(如(夏道行等, 1979)). 为了便于本书的讨论, 对有些内容进行了相关的改写和扩展.

定义 1.1(数域)　设 P 为复数集合的一个子集, 且 0 和 1 皆属于 P. 若 P 中任意两个数(这两个数可以相同)按照通常的加、减、乘、除(除数不能为 0)算术运算所得到的和、差、积、商仍然是 P 中的数, 则称 P 为一个**数域**.

简言之, 数域对加、减、乘、除(除数不能为 0)算术运算是封闭的. 这里, "数域"是代数"域(field)"的一种. 显然, 全体有理数组成的集合、全体实数组成的集合、全体复数组成的集合分别按照加、减、乘、除(除数不能为 0)算术运算构成三个数域, 这是非常重要的三个数域. 本书主要用到实数域, 仍用$\Re$记之.

定义 1.2(度量空间)　设 $\boldsymbol{V}$ 是一个非空集合, 函数 $d(\cdot,\cdot)$: $\boldsymbol{V}\times\boldsymbol{V}\to\Re$称为 $\boldsymbol{V}$ 上的一个**度量**(或**距离**), 如果对于任意 $\boldsymbol{x}, \boldsymbol{y}, z\in\boldsymbol{V}$, 有

(1) $d(\boldsymbol{x}, \boldsymbol{y}) \geqslant 0$, 且 $d(\boldsymbol{x}, \boldsymbol{y}) = 0$ 当且仅当 $\boldsymbol{x} = \boldsymbol{y}$;

(2) 三角不等式: $d(\boldsymbol{x}, \boldsymbol{y}) \leqslant d(\boldsymbol{x}, z) + d(\boldsymbol{y}, z)$

又称 $\boldsymbol{V}$ 按照度量 $d(\cdot,\cdot)$成为一个**度量空间**或**距离空间**, 记为($\boldsymbol{V}$, $d(\cdot,\cdot)$), 简记为($\boldsymbol{V}$, d)或 $\boldsymbol{V}$. 称 $\boldsymbol{V}$ 中的元素为点. 函数值 $d(\boldsymbol{x}, \boldsymbol{y})$称为从 $\boldsymbol{x}$ 到 $\boldsymbol{y}$ 的距离. 另外, 由(1)和(2)得到(3);

(3) 对称性: $d(\boldsymbol{x}, \boldsymbol{y}) = d(\boldsymbol{y}, \boldsymbol{x})$

因而称 $d(\boldsymbol{x}, \boldsymbol{y})$为 $\boldsymbol{x}$ 和 $\boldsymbol{y}$ 之间的距离.

注意三角不等式(2)中 $\boldsymbol{x}$、$\boldsymbol{y}$、z 的次序, 次序正确才能推导出对称性(3).

定义 1.3(线性空间)　设 $\boldsymbol{V}$ 是一个非空集合, P 为一个数域(如实数域). 在集合的元素之间定义一种代数运算, 称为**加法**; 也就是给出一种法则, 对于任意 $\boldsymbol{x}$, $\boldsymbol{y}\in\boldsymbol{V}$, 存在唯一对应的 $z\in\boldsymbol{V}$, 称为 $\boldsymbol{x}$ 与 $\boldsymbol{y}$ 的和, 记为 $z = \boldsymbol{x} + \boldsymbol{y}$. 在数域 P 与集合 $\boldsymbol{V}$ 的元素之间还定义了一种运算, 称为**数量乘法**; 也就是说, 对于任一数 $k\in P$ 和任一元素 $\boldsymbol{x}\in\boldsymbol{V}$, 存在唯一对应的 $\boldsymbol{u}\in\boldsymbol{V}$, 称为 k 和 $\boldsymbol{x}$ 的**数量乘积**, 记为 $\boldsymbol{u} = k\boldsymbol{x}$. 若加法和数量乘法满足下列规则, 则称 $\boldsymbol{V}$ 为数域 P 上的**线性空间**(或**向量空间**).

加法满足下面四条规则:

(1) $\boldsymbol{x} + \boldsymbol{y} = \boldsymbol{y} + \boldsymbol{x}$;

(2) $(\boldsymbol{x} + \boldsymbol{y}) + z = \boldsymbol{x} + (\boldsymbol{y} + z)$;

(3) (存在零元素)存在 $\mathbf{0}\in \boldsymbol{V}$, 对于任一 $\boldsymbol{x}\in \boldsymbol{V}$ 都有 $\boldsymbol{x}+\mathbf{0}=\boldsymbol{x}$;

(4) (存在负元素)对于任一 $\boldsymbol{x}\in \boldsymbol{V}$, 存在 $\boldsymbol{y}\in \boldsymbol{V}$ 使得 $\boldsymbol{x}+\boldsymbol{y}=\mathbf{0}$, 且称 $\boldsymbol{y}$ 为 $\boldsymbol{x}$ 的负元素.

数量乘法满足下面两条规则:

(5) $1\boldsymbol{x}=\boldsymbol{x}$;

(6) $k(l\boldsymbol{x})=(kl)\boldsymbol{x}$.

加法与数量乘法满足下面两条规则:

(7) $(k+l)\boldsymbol{x}=k\boldsymbol{x}+l\boldsymbol{x}$;

(8) $k(\boldsymbol{x}+\boldsymbol{y})=k\boldsymbol{x}+k\boldsymbol{y}$.

在上述规则(1) ~ (8)中, $\boldsymbol{x}$、$\boldsymbol{y}$、$\boldsymbol{z}$ 等是 $\boldsymbol{V}$ 中的任意元素; k、l 等是 P 中的任意数. 在不引起混淆的情况下, 将零元素 $\mathbf{0}\in \boldsymbol{V}$ 和数 $0\in P$ 皆记为 0. 注意, **粗字体**为元素或向量(如 $\boldsymbol{x}$、$\mathbf{0}$), 而常规字体为数域 P 中的数(如 k、l、0). 数量乘法有时也简称数乘.

定义 1.4(赋范空间) 设 $\boldsymbol{V}$ 是实数域$\Re$上的一个线性空间. 函数$\|\cdot\|$: $\boldsymbol{V}\to\Re$称为 $\boldsymbol{V}$ 上的一个范数, 如果对于任意 $\boldsymbol{x}, \boldsymbol{y}\in \boldsymbol{V}$, 有

(1) (正定性)$\|\boldsymbol{x}\|\geqslant 0$, 且 $\|\boldsymbol{x}\|=0$ 当且仅当 $\boldsymbol{x}=\mathbf{0}$;

(2) (正齐次性)$\|c\boldsymbol{x}\|=|c|\,\|\boldsymbol{x}\|$, 对任意 $c\in\Re$;

(3) (三角不等式)$\|\boldsymbol{x}+\boldsymbol{y}\|\leqslant\|\boldsymbol{x}\|+\|\boldsymbol{y}\|$.

线性空间 $\boldsymbol{V}$ 按这个范数$\|\cdot\|$称为一个赋范线性空间或赋范向量空间, 简称赋范空间, 记为$(\boldsymbol{V}, \|\cdot\|)$, 或者简记为 $\boldsymbol{V}$. 在(2)中, 正齐次性简称**齐次性**, $|c|$表示实数 c 的绝对值. 在(3)中, 三角不等式也称为**次可加性**.

注意, 在距离空间的定义中, $\boldsymbol{V}$ 是一个非空集合, 不必是线性空间. 距离空间是比赋范空间更广泛的空间; 即一个赋范空间一定能够导出一个相应的距离空间, 反之则不一定成立.

设$(\boldsymbol{V}, \|\cdot\|)$是一个赋范空间, 可以由范数$\|\cdot\|$引出两点间的距离: 对于任意 $\boldsymbol{x}, \boldsymbol{y}\in \boldsymbol{V}$, 令 $d(\boldsymbol{x}, \boldsymbol{y})=\|\boldsymbol{x}-\boldsymbol{y}\|$, 则由范数的三个条件易知$\|\boldsymbol{x}-\boldsymbol{y}\|$为 $\boldsymbol{x}$ 和 $\boldsymbol{y}$ 之间的距离; 该距离 $d(\cdot,\cdot)$称为由范数$\|\cdot\|$导出的距离(或范数$\|\cdot\|$决定的距离, 或范数$\|\cdot\|$诱导的距离, 或相应于范数$\|\cdot\|$的距离). 另外, 线性空间 $\boldsymbol{V}$ 上的一个距离 $d(\boldsymbol{x}, \boldsymbol{y})$能够相应于 $\boldsymbol{V}$ 上的一个范数$\|\cdot\|$的充分必要条件是

$$d(\boldsymbol{x}, \boldsymbol{y})=d(\boldsymbol{x}-\boldsymbol{y}, 0) \text{ 且 } d(c\boldsymbol{x}, 0)=|c|d(\boldsymbol{x}, 0)$$

对于任意 $\boldsymbol{x}, \boldsymbol{y}\in \boldsymbol{V}$ 和 $c\in P$ 都成立, 此时定义$\|\boldsymbol{x}\|=d(\boldsymbol{x}, 0)$, 即为线性空间 $\boldsymbol{V}$ 上的一个范数.

考虑 1 维线性空间$\Re^1(=\Re)$, 对于任意两个元素(此时为实数)$\boldsymbol{x}, \boldsymbol{y}\in\Re^1$, 易知 $d(\boldsymbol{x}, \boldsymbol{y})=|\boldsymbol{x}-\boldsymbol{y}|/(1+|\boldsymbol{x}-\boldsymbol{y}|)$为 $\boldsymbol{x}$ 和 $\boldsymbol{y}$ 之间的一种距离. 设$\|\boldsymbol{x}\|=d(\boldsymbol{x}, 0)=|\boldsymbol{x}|/(1+|\boldsymbol{x}|)$, 则对于

$P(=\Re)$中的任一非零数 $c\neq 0$，正齐次性条件$\|c\boldsymbol{x}\| = |c|\,\|\boldsymbol{x}\|$不成立．因此，线性度量空间$(\Re^1, d)$的距离 $d(\boldsymbol{x}, \boldsymbol{y})$不能由$\Re^1$的任一范数决定．

在本书的讨论中将运用赋范空间的性质．假设线性空间 $\boldsymbol{V}$ 上的一个距离 $d(\boldsymbol{x}, \boldsymbol{y})$可以由范数$\|\cdot\|$决定，有时不区分 $d(\boldsymbol{x}, \boldsymbol{y})$和$\|\boldsymbol{x}-\boldsymbol{y}\|$．

定义 1.5(范数等价)　线性空间 $\boldsymbol{V}$ 上的两个范数$\|\cdot\|$和$\|\cdot\|'$称为等价的，如果存在两个正的常数 c_1 和 c_2 使得

$$c_1\|\boldsymbol{x}\| \leqslant \|\boldsymbol{x}\|' \leqslant c_2\|\boldsymbol{x}\|$$

对于任意 $\boldsymbol{x}\in \boldsymbol{V}$ 成立．

定理 1.1(范数等价定理)　有限维线性空间上的所有范数是等价的．

例如，对于 n 维实向量空间$\Re^n$，椭圆范数是$\Re^n$上的一个重要范数，定义为$\|\boldsymbol{x}\| = (\boldsymbol{x}\boldsymbol{A}\boldsymbol{x}^{\mathrm{T}})^{1/2}$，其中 $\boldsymbol{A}$ 是一个对称正定矩阵，$\boldsymbol{x} = (x_1, x_2, \cdots, x_n)\in\Re^n$ 是一个 n 维行向量，$\boldsymbol{x}^{\mathrm{T}}$ 表示 $\boldsymbol{x}$ 的转置，是一个 n 维列向量．特别地，p-范数(或称 l_p-范数)$\|\cdot\|_p$ 在$\Re^n$上起着至关重要的作用，对于任意 $\boldsymbol{x} = (x_1, x_2, \cdots, x_n)\in\Re^n$，定义

$$\|\boldsymbol{x}\|_p = \left(\sum\nolimits_{i=1}^{n} |x_i|^p\right)^{1/p},\quad 1\leqslant p<\infty$$

$$\|\boldsymbol{x}\|_\infty = \max\nolimits_{1\leqslant i\leqslant n}(|x_i|),\quad p=\infty$$

另外，当 $p\to\infty$时，$\|\boldsymbol{x}\|_p\to\|\boldsymbol{x}\|_\infty$．对于赋范空间$(\Re^n, \|\cdot\|_p)$，$\boldsymbol{x} = (x_1, x_2, \cdots, x_n)$，$\boldsymbol{y} = (y_1, y_2, \cdots, y_n)\in\Re^n$，范数$\|\cdot\|_p$将导出距离函数 $d_p(\boldsymbol{x}, \boldsymbol{y}) = \|\boldsymbol{x}-\boldsymbol{y}\|_p$．当 $p=1, 2, \infty$时，$d_p(\boldsymbol{x}, \boldsymbol{y})$分别称为曼哈顿距离(Manhattan distance) $d_1(\boldsymbol{x}, \boldsymbol{y})$、欧氏距离(Euclidean distance) $d_2(\boldsymbol{x}, \boldsymbol{y})$、最大距离(maximum distance) $d_\infty(\boldsymbol{x}, \boldsymbol{y})$．这些距离在许多应用程序中是重要的(Bruno et al., 2002; Chen et al.; 2002; Yu et al., 2003; Zhu et al., 2010)．

范数$\|\cdot\|_p$的一个重要性质是关于 p 单调递减，本书称此单调性为“p-单调”，如定理 1.2 所述．

定理 1.2($\|\cdot\|_p$ 的 p-单调性定理)　对于任意 $1<p<q<\infty$和任一固定的向量 $\boldsymbol{x}\in\Re^n$，有$\|\boldsymbol{x}\|_\infty\leqslant\|\boldsymbol{x}\|_q\leqslant\|\boldsymbol{x}\|_p\leqslant\|\boldsymbol{x}\|_1$；而且，若 $1\leqslant p<q$，则$\|\boldsymbol{x}\|_p\leqslant n^{(1/p-1/q)}\|\boldsymbol{x}\|_q$．

为了证明定理 1.2，引入 Hölder 不等式．

引理 1.1(Hölder 不等式)　设 $r>1$, $s>1$ 且 $1/r+1/s=1$，则对于任意 $\boldsymbol{a} = (a_1, a_2, \cdots, a_n)$, $\boldsymbol{b} = (b_1, b_2, \cdots, b_n)\in\Re^n$，有

$$\sum\nolimits_{i=1}^{n}|a_ib_i| \leqslant \left(\sum\nolimits_{i=1}^{n}|a_i|^r\right)^{1/r}\left(\sum\nolimits_{i=1}^{n}|b_i|^s\right)^{1/s}$$

定理 1.2 的证明　定理 1.2 的第一部分，“对于任意 $1<p<q<\infty$和任一固定的向量 $\boldsymbol{x}\in\Re^n$，有$\|\boldsymbol{x}\|_\infty\leqslant\|\boldsymbol{x}\|_q\leqslant\|\boldsymbol{x}\|_p\leqslant\|\boldsymbol{x}\|_1$”，可以参见文献(Raïssouli et al., 2010)，其中给出了七种证明方法．

下面给出第二部分“若 $1\leqslant p<q$，则$\|\boldsymbol{x}\|_p\leqslant n^{(1/p-1/q)}\|\boldsymbol{x}\|_q$”的证明．

令 $s=q/p$，$r=q/(q-p)$．因 $1\leqslant p<q$，故 $s>1$, $r>1$，且 $1/r+1/s=1$．设 $a_i=1$, b_i

$=|x_i|^p, i=1, \cdots, n$. 由 Hölder 不等式, 有

$$\sum_{i=1}^{n}|x_i|^p=\sum_{i=1}^{n}(1\cdot|x_i|^p)=\sum_{i=1}^{n}|a_ib_i|\leqslant(\sum_{i=1}^{n}|a_i|^r)^{1/r}(\sum_{i=1}^{n}|b_i|^s)^{1/s}$$
$$=n^{1/r}(\sum_{i=1}^{n}|b_i|^s)^{1/s}=n^{(q-p)/q}(\sum_{i=1}^{n}|x_i|^{ps})^{1/s}$$
$$=n^{(q-p)/q}(\sum_{i=1}^{n}|x_i|^q)^{p/q}$$

由 $1/p>0$ 知, 幂函数 $(\cdot)^{1/p}$ 是严格单调递增的, 因此

$$(\sum_{i=1}^{n}|x_i|^p)^{1/p}\leqslant(n^{(q-p)/q}(\sum_{i=1}^{n}|x_i|^q)^{p/q})^{1/p}=n^{(q-p)/qp}(\sum_{i=1}^{n}|x_i|^q)^{1/q}$$
$$=n^{(1/p-1/q)}(\sum_{i=1}^{n}|x_i|^q)^{1/q}$$

由 $\|\boldsymbol{x}\|_p$、$\|\boldsymbol{x}\|_q$ 的定义知 $\|\boldsymbol{x}\|_p\leqslant n^{(1/p-1/q)}\|\boldsymbol{x}\|_q$. 证毕.

给定一个赋范空间 $(\boldsymbol{V}, \|\cdot\|)$, 集合 $\{\boldsymbol{x}\in\boldsymbol{V}: \|\boldsymbol{x}\|\leqslant 1\}$ 称为 $(\boldsymbol{V}, \|\cdot\|)$ 的(闭)单位球. 对于 $\mathfrak{R}^2$ 的一些范数, 图 1.1 描述了这些范数对应的单位球.

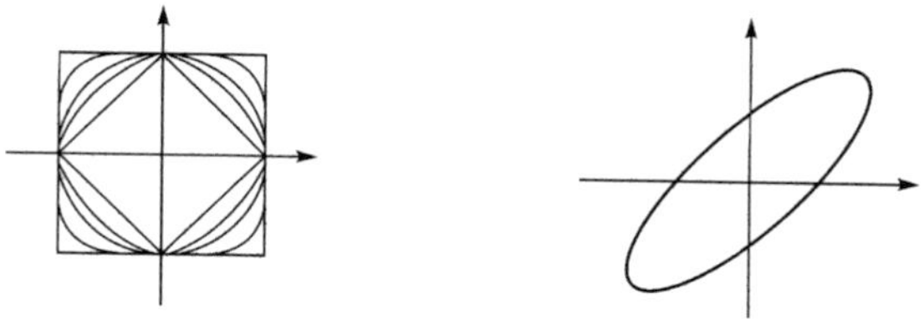

(a) p-范数 $\|\cdot\|_p$　　(b) 椭圆范数 $\|\boldsymbol{x}\|=(\boldsymbol{x}\boldsymbol{A}\boldsymbol{x}^{\mathrm{T}})^{1/2}$

图 1.1　$\mathfrak{R}^2$ 上几种范数的单位球. (a)对于 p-范数 $\|\cdot\|_p$, 当 $p=1, 3/2, 2, 4, \infty$ 时, 从内到外分别为菱形、超级椭圆、圆、圆角正方形和正方形; (b)对于椭圆范数 $\|\boldsymbol{x}\|=(\boldsymbol{x}\boldsymbol{A}\boldsymbol{x}^{\mathrm{T}})^{1/2}$, 其单位球是一个椭圆

如图 1.1(a)所示, 对于 n 维空间 $(\mathfrak{R}^n, \|\cdot\|_p)$, 令 B_p 表示其单位球, 即 $B_p=\{\boldsymbol{x}\in\mathfrak{R}^n: \|\boldsymbol{x}\|_p\leqslant 1\}$, 由定理 1.2 可得到推论 1.1.

推论 1.1　若 $1\leqslant p<q\leqslant\infty$, 则 $B_p\subset B_q$; 特别地, $B_1\subset B_{3/2}\subset B_2\subset B_4\subset B_\infty$.

由定理 1.1 知, $\mathfrak{R}^n$ 上的所有范数都是等价的, 因此有定理 1.3.

定理 1.3　对于 $\mathfrak{R}^n$ 上给定的一个范数 $\|\cdot\|$, 存在两个正的常数 α 和 β, 使得对于任意 $\boldsymbol{x}\in\mathfrak{R}^n$

$$\alpha\|\boldsymbol{x}\|_\infty\leqslant\|\boldsymbol{x}\|\leqslant\beta\|\boldsymbol{x}\|_\infty$$

成立. 特别地, 有

(1) $\|\boldsymbol{x}\|_\infty\leqslant\|\boldsymbol{x}\|_1\leqslant n\|\boldsymbol{x}\|_\infty$;

(2) $\|\boldsymbol{x}\|_\infty\leqslant\|\boldsymbol{x}\|_2\leqslant\sqrt{n}\|\boldsymbol{x}\|_\infty$;

(3) $\|\boldsymbol{x}\|_\infty\leqslant\|\boldsymbol{x}\|_p\leqslant n^{1/p}\|\boldsymbol{x}\|_\infty$.

定理 1.1～定理 1.3 奠定了本书对 $(\mathfrak{R}^n, \|\cdot\|)$ 中 Top-N 查询处理算法的理论基础. 从理论上讲, 对于一个 Top-N 查询, 可以将其距离 $\|\boldsymbol{x}-\boldsymbol{y}\|$ 转换为最大距离 $\|\boldsymbol{x}-\boldsymbol{y}\|_\infty$ 来获得该查询的候选元组. 另外, 下述概念将用于本书中的算法.

设$\boldsymbol{x}=(x_1, x_2, \cdots, x_n)$, $\boldsymbol{y}=(y_1, y_2, \cdots, y_n)\in\Re^n$, $f(\cdot)$为$\Re^n$上一个函数. 称$f(\cdot)$为$\boldsymbol{x}$-单调递增(或递减)的, 当且仅当$|x_i| \leqslant |y_i|$ $(i=1, \cdots, n)$使得$f(\boldsymbol{x}) \leqslant f(\boldsymbol{y})$ (或$f(\boldsymbol{x}) \geqslant f(\boldsymbol{y})$)成立; 而$f(\cdot)$称为$F$-单调递增(或递减)的, 当且仅当$x_i \leqslant y_i$ $(i=1, \cdots, n)$使得$f(\boldsymbol{x}) \leqslant f(\boldsymbol{y})$ (或$f(\boldsymbol{x}) \geqslant f(\boldsymbol{y})$)成立. 设$\|\cdot\|$是$\Re^n$上一个范数. 显然$\|\cdot\|$为$\Re^n$上一个函数, 范数$\|\cdot\|$是$\boldsymbol{x}$-单调递增的, 当且仅当$|x_i| \leqslant |y_i|$ $(i=1, \cdots, n)$, 有$\|\boldsymbol{x}\| \leqslant \|\boldsymbol{y}\|$. 这里引入"$\boldsymbol{x}$-单调"(关于$\boldsymbol{x}$的单调), 是为了有别于定理 1.2 中的"$p$-单调"及文献(Fagin et al., 2003b)中的"单调"(本书中称为F-单调).

若p是一个固定实数(或扩展实数), 满足$1 \leqslant p \leqslant \infty$, 则$p$-范数$\|\boldsymbol{x}\|_p$是$\boldsymbol{x}$-单调递增的. 然而, 椭圆范数通常不是$\boldsymbol{x}$-单调的; 事实上, 椭圆范数$\|\boldsymbol{x}\| = (\boldsymbol{xAx}^{\mathrm{T}})^{1/2}$是$\boldsymbol{x}$-单调递增的, 当且仅当$\boldsymbol{A}$为对角矩阵.

设$S=\prod_{i=1}^{n}[a_i, b_i] \subseteq \Re^n$为一个$n$维矩形. 若点$Q=(q_1, \cdots, q_n)\in S$既不是其最大点$(b_1, \cdots, b_n)$, 也不是最小点$(a_1, \cdots, a_n)$, 则关于$\boldsymbol{t}=(t_1, \cdots, t_n)\in S$, p-范数距离函数$d_p(Q, \boldsymbol{t})$不能保证F-单调性. 例如, 考虑 2 维空间$\Re^2$中的单位正方形$[0, 1]^2$, 曼哈顿距离函数$d_1(Q, \boldsymbol{t})=\sum_{i=1}^{2}|q_i-t_i|$, $Q=(q_1, q_2)=(0.5, 0.5)$. 如果$\boldsymbol{s}=(s_1, s_2)=(0.1, 0.2)$, $\boldsymbol{t}=(t_1, t_2)=(0.6, 0.7)$, 那么对于$i=1, 2$都有$s_i \leqslant t_i$, 并且$d_1(Q, \boldsymbol{s})=0.7>0.3=d_1(Q, \boldsymbol{t})$. 另外, 如果$\boldsymbol{x}=(x_1, x_2)=(0.4, 0.4)$, $\boldsymbol{y}=(y_1, y_2)=(0.7, 0.8)$, 那么对于$i=1, 2$都有$x_i \leqslant y_i$, 并且$d_1(Q, \boldsymbol{x})=0.2<0.5=d_1(Q, \boldsymbol{y})$. 因此, $d_1(Q, \boldsymbol{t})$关于$\boldsymbol{t}$不是F-单调的.

注: 从数学上讲, 文献(Fagin et al., 2003b)中的TA-类算法中排序函数$f(\cdot)$的单调性(F-单调性)涉及**分量不等式**(component-wise inequality), 即$\boldsymbol{x} \leqslant \boldsymbol{y}$当且仅当$x_i \leqslant y_i$, $i=1,2, \cdots, n$. 本书后续章节将 TA-类算法扩展为基于$|x_i| \leqslant |y_i|$ $(i=1, \cdots, n)$的$\boldsymbol{x}$-单调性. 易知, $\Re^n$上存在许多重要的范数是$\boldsymbol{x}$-单调的, 但不是F-单调的, 如p-范数以及线性组合(如$\|\cdot\| = a\|\cdot\|_2 + b\|\cdot\|_\infty$, $a, b>0$). 另外, 在本书中, 单调递增、单调增加和单调不减等术语是同义词, 单调递减、单调减少和单调不增等术语是同义词, 将不区分这些同义词而用之.

1.2 关系数据库

关系数据库具有严格的数学基础, 如关系、关系代数、规范化理论等. 本节概述一些相关概念、术语和知识.

1.2.1 关系模式

如 1.1.1 节所述, 给定n个集合构成的序列$D_1, D_2, \cdots, D_n$(允许其中某些集合是相同的), 其笛卡儿积$D_1 \times D_2 \times \cdots \times D_n$的子集$\boldsymbol{R}$称为$D_1, D_2, \cdots, D_n$上的$n$元关系, 简称关系, 记为$\boldsymbol{R}(D_1, D_2, \cdots, D_n)$. 在关系数据库中, $\boldsymbol{R}$也称为关系名, n称为关系$\boldsymbol{R}$的

目或度(degree). 当 $n=1$ 时, 称为单元关系(unary relation)或一元关系, 当 $n=2$ 时, 称为二元关系(binary relation). 在数学中"关系"和"二维表"(简称"表")是不等价的; 然而, 在关系数据库中, 存储在计算机中的数据是有限的和离散的, 因此每个"关系"都可以用一个"表"来表示, 二者可以作为同义词. 若无特别说明, 如下"关系"和"表"限定在关系数据库中讨论, 并且不区分二者.

在关系数据库中, 通常将组成笛卡儿积的**集合**称为**域**(domain). 根据第一范式(first normal form, 1NF)规则, 域的数据类型是基本类型, 如整数、实数、字符串、日期时间等类型, 不能是复杂的记录结构类型. 注意, 此处的"**域**"仅仅是一个集合, 是相应属性的取值范围(或取值范围的扩集), 不同于 1.1.1 节中**数域**的"**域**(field)"(其为一种代数系统).

关系是元组的集合, 不是元组的序列. 因此, 一个关系中元组的顺序不是重要的, 可以任意排序. 另外, 关系的属性具有语义, 也可以任意排序, 而且关系不变. 需要注意的是, 属性是二维表的列标题, 改变属性的次序时, 其对应的列也要随之改变; 每个元组的分量也相应地改变, 其排序与属性排序一致. 相对而言, 数学中组成笛卡儿积的集合 $D_1, D_2, \cdots, D_n$ 是抽象的, 通常不具有语义, 因此 $D_1, D_2, \cdots, D_n$ 的次序是重要的(参见 1.1.1 节).

关系模式(王珊等, 2014): 关系模式是一个五元组($\boldsymbol{R}$, $\boldsymbol{U}$, $\boldsymbol{D}$, Dom, $\boldsymbol{F}$), 通常记为 $\boldsymbol{R}(\boldsymbol{U}, \boldsymbol{D}, \mathrm{Dom}, \boldsymbol{F})$.

$\boldsymbol{R}$ 为关系名, 是符号化的元组语义. 在关系数据库中, 通常有两类关系: "实体(entity)"关系和"联系(relationship)"关系. 实体关系一般用名词命名(若是英文, 则通常用名词复数形式), 如 Students(学生)、Courses(课程). 联系关系一般用动词命名, 如 Enroll(注册)、Partake(参加).

$\boldsymbol{U}$ 为 $\boldsymbol{R}$ 的所有属性的集合, 如 $\boldsymbol{U}=(A_1, A_2, \cdots, A_n)$. 有时记为 $\mathrm{Head}(\boldsymbol{R})=(A_1, A_2, \cdots, A_n)$.

$\boldsymbol{D}=(D_1, D_2, \cdots, D_m)$为一个集合, 它包含了 $\boldsymbol{U}$ 中属性所来自的域. 例如, $\boldsymbol{D}=\{D_1, D_2, D_3, D_4, D_5\}$, D_1 为 32 位整数集合$\{-2147483648, \cdots, 2147483647\}$, D_2 为性别集合{男, 女}, D_3 为实数集合, D_4 是长度为 60 字节的字符串集合, D_5 是日期时间集合.

Dom 为 $\boldsymbol{U}$ 到 $\boldsymbol{D}$ 的映射, Dom: $\boldsymbol{U}\rightarrow\boldsymbol{D}$, 即 $\forall A\in\boldsymbol{U}, \exists! D\in\boldsymbol{D}$ s.t. $D=\mathrm{Dom}(A)$. 例如, 定义一个关系 Students 具有属性 $\boldsymbol{U}$ = (SID, Name, Gender, Bdate, Edate, GPA, Dept), 其语义分别为(学号, 姓名, 性别, 出生日期, 入学日期, 平均学分绩点, 所在院系), 其中 Dom(SID) = D_1(32 位整数集合), Dom(Name) = Dom(Dept) = D_4(60 字节的字符串集合), Dom(Gender)= D_2(性别集合), Dom(Bdate) = Dom(Edate) = D_5(日期时间集合), Dom(GPA) = D_3(实数集合).

$\boldsymbol{F}$ 为 $\boldsymbol{U}$ 上一些数据依赖的集合, $\boldsymbol{F} = \{f_1, f_2, \cdots, f_k\}$, 其中每个 f_i 是形如 $\boldsymbol{X} \to \boldsymbol{Y}$ 的数据依赖, $\boldsymbol{X}$、$\boldsymbol{Y}$ 皆为 $\boldsymbol{U}$ 的子集.

注: 本章仅简述函数依赖, 不讨论其他类型的数据依赖(如多值依赖).

根据具体情况, 关系模式简记为 $\boldsymbol{R}$、$\boldsymbol{R}(\boldsymbol{U})$、$\boldsymbol{R}(A_1, A_2, \cdots, A_n)$或 $\boldsymbol{R}(\boldsymbol{U}, \boldsymbol{F})$. 将“关系模式 $\boldsymbol{R}$ 的一个合法的**关系实例** r”简称为“r 是满足 $\boldsymbol{R}$ 的关系”, 或“r 是 $\boldsymbol{R}$ 的关系”; 此时, r 为 $\mathrm{Dom}(A_1) \times \cdots \times \mathrm{Dom}(A_n)$的一个子集, 关系实例 r 也称为关系模式 $\boldsymbol{R}$ 的一个**状态**、**内容**或**值**. 在不引起混淆的情况下, 有时将关系模式和关系实例统称为关系.

记$\boldsymbol{r}(\boldsymbol{R}) = \{r: r$ 是满足 $\boldsymbol{R}$ 的关系$\}$, 即$\boldsymbol{r}(\boldsymbol{R})$为满足关系模式 $\boldsymbol{R}$ 的所有关系实例的集合.

对于关系 $\boldsymbol{R}(\boldsymbol{U}) = \boldsymbol{R}(A_1, A_2, \cdots, A_n)$, 设 $\boldsymbol{t} \in \boldsymbol{R}$ 为 $\boldsymbol{R}$ 的一个元组. 用 $\boldsymbol{t}[A_i]$表示元组 $\boldsymbol{t}$ 关于属性 A_i 的一个分量, 即在 $\boldsymbol{R}$ 中元组 $\boldsymbol{t}$ 在 $A_i(1 \leqslant i \leqslant n)$的属性值. 设 $\boldsymbol{X} = \{A_{i1}, A_{i2}, \cdots, A_{ik}\}(1 \leqslant k \leqslant n)$为 $\boldsymbol{U}$ 的一个子集, $\boldsymbol{X}$ 也被称为属性组或属性集, 有时简记为 $\boldsymbol{X} = A_{i1}A_{i2}\cdots A_{ik}$, 如 $\boldsymbol{X} = A_1A_3A_9$ 表示属性组$\{A_1, A_3, A_9\}$. 用 $\boldsymbol{t}[\boldsymbol{X}] \overset{\text{def}}{=} (\boldsymbol{t}[A_{i1}], \boldsymbol{t}[A_{i2}], \cdots, \boldsymbol{t}[A_{ik}])$表示元组 $\boldsymbol{t}$ 在属性组 $\boldsymbol{X}$ 上分量的集合, 即元组 $\boldsymbol{t}$ 在属性组 $\boldsymbol{X}$ 的值, 其中符号“$\overset{\text{def}}{=}$”表示“定义为”. 设 $\boldsymbol{t}_1, \boldsymbol{t}_2 \in \boldsymbol{R}$ 为两个元组, $\boldsymbol{t}_1[\boldsymbol{X}] = \boldsymbol{t}_2[\boldsymbol{X}] \overset{\text{def}}{=} \boldsymbol{t}_1[A_{ip}] = \boldsymbol{t}_2[A_{ip}], p = 1, 2, \cdots, k$.

设 $\boldsymbol{X}, \boldsymbol{Y} \subseteq \boldsymbol{U}$, 将 $\boldsymbol{X} \cup \boldsymbol{Y}$ 简记为 $\boldsymbol{XY}$ 或$\{\boldsymbol{X}, \boldsymbol{Y}\}$, 因此, 将不区分三者: $\boldsymbol{X} \cup \boldsymbol{Y}, \boldsymbol{XY}$,

$\{\boldsymbol{X}, \boldsymbol{Y}\}$.

1.2.2 关系代数

关系代数是一种代数系统(Λ, Ω) (参见 1.1.1 节有关代数的概念), 其中集合Λ 中的元素为关系, 即$\Lambda = \{$关系$\}$, 运算集Ω 包括九个运算符, 即$\Omega = \{\rho, \cup, -, \cap, \times, \sigma, \pi, \bowtie, \div\}$. 每个运算取一个或两个关系作为输入, 产生一个新的关系作为输出. 在Ω 中, $\{\sigma, \pi, \bowtie, \div, \rho\}$为五个**专用关系运算符**; 由于关系是元组的集合, $\{\cup, -, \cap, \times\}$为四个**集合运算符**, 与数学集合论中运算符的语义一致, 并且需要一些具体的限制和要求(请参见和比较 1.1.1 节所述). **运算符**也称**操作符**, 有时简称**算符**. 在下面的讨论中 $\boldsymbol{R}$、$\boldsymbol{S}$、$\boldsymbol{T}$ 等表示关系.

并相容性: 若关系 $\boldsymbol{R}$ 和 $\boldsymbol{S}$ 有相同个数的属性, 且每对相应的属性具有相同的域和相同的语义, 则称 $\boldsymbol{R}$ 和 $\boldsymbol{S}$ 为**并相容的**(union compatible), 简称**相容的**(compatible).

各个运算符的语义简述如下.

ρ (**更名**, rename): 对于关系 $\boldsymbol{R}(A_1, A_2, \cdots, A_n)$, 更名运算符 $\rho_{\boldsymbol{S}(B_1, B_2 \cdots B_n)}(\boldsymbol{R})$产生的结果关系 $\boldsymbol{S}(B_1, B_2, \cdots, B_n)$是 $\boldsymbol{R}$ 的一个备份, 即该备份同 $\boldsymbol{R}$ 有完全一致的元组, 而其关系模式为 $\boldsymbol{S}(B_1, B_2, \cdots, B_n)$. 若只将关系名 $\boldsymbol{R}$ 变更为 $\boldsymbol{S}$, 而不对 $\boldsymbol{R}$ 的属性进行更名, 则可用$\rho_{\boldsymbol{S}}(\boldsymbol{R})$.

更名运算可以有效地管理关系代数中的关系名和属性名. 例如, 对于 $\boldsymbol{R}(A, B, C)$: ①更名运算 $\rho_{\boldsymbol{S}(X,B,C)}(\boldsymbol{R})$得到关系 $\boldsymbol{S}(X, B, C)$, 它和 $\boldsymbol{R}(A, B, C)$有相同的元组, 关系名 $\boldsymbol{R}$ 变更为 $\boldsymbol{S}$, 属性 A 更名为 X; ②运算 $\rho_{\boldsymbol{R}(X,Y,C)}(\boldsymbol{R})$得到的 $\boldsymbol{R}$ 备份, 关系名不变, 属性 A 和 B 分别更名为 X 和 Y; ③运算 $\rho_{\boldsymbol{S}}(\boldsymbol{R})$ 得到的 $\boldsymbol{R}$ 备份 $\boldsymbol{S}(A, B, C)$, 关系名 $\boldsymbol{R}$ 变更为 $\boldsymbol{S}$, 属性名不变.

$\cup$(**并**, union): 关系 $\boldsymbol{R}$、$\boldsymbol{S}$ 的并 $\boldsymbol{R}\cup\boldsymbol{S}$ 返回所有属于 $\boldsymbol{R}$ 或属于 $\boldsymbol{S}$ 的元组. 也就是说, $\boldsymbol{R}\cup\boldsymbol{S} = \{\boldsymbol{t}: \boldsymbol{t}\in\boldsymbol{R}\vee\boldsymbol{t}\in\boldsymbol{S}\}$.

集合运算符“$\cup$”自动去掉重复的元组. 如 1.1.1 节所述, **去重**可能导致很大的开销, 是需要慎重考虑和深入研究的问题.

$-$(**差**, difference): 关系 $\boldsymbol{R}$、$\boldsymbol{S}$ 的差 $\boldsymbol{R}-\boldsymbol{S}$ 返回所有属于 $\boldsymbol{R}$ 但不属于 $\boldsymbol{S}$ 的元组. 也就是说, $\boldsymbol{R}-\boldsymbol{S} = \{\boldsymbol{t}: \boldsymbol{t}\in\boldsymbol{R}\wedge\boldsymbol{t}\notin\boldsymbol{S}\}$.

$\cap$(**交**, intersection): 关系 $\boldsymbol{R}$、$\boldsymbol{S}$ 的交 $\boldsymbol{R}\cap\boldsymbol{S}$ 返回所有既属于 $\boldsymbol{R}$ 又属于 $\boldsymbol{S}$ 的元组. 也就是说, $\boldsymbol{R}\cap\boldsymbol{S} = \{\boldsymbol{t}: \boldsymbol{t}\in\boldsymbol{R}\wedge\boldsymbol{t}\in\boldsymbol{S}\}$. 显然, $\boldsymbol{R}\cap\boldsymbol{S} = \boldsymbol{R} - (\boldsymbol{R} - \boldsymbol{S}) = \boldsymbol{S} - (\boldsymbol{S} - \boldsymbol{R})$.

相对于数学的集合运算符$\cup$、$-$、$\cap$(见 1.1.1 节), 在关系代数中, 上述三个运算符$\cup$、$-$、$\cap$要求其操作数 $\boldsymbol{R}$ 和 $\boldsymbol{S}$ 是相容的. 因此, 在计算并、差、交之前, 有时需要将关系 $\boldsymbol{R}$ 或者 $\boldsymbol{S}$ 的某些列交换次序, 使得 $\boldsymbol{R}$ 和 $\boldsymbol{S}$ 对应的属性满足相容性.

在相容性定义中, 没有要求 $\boldsymbol{R}$ 和 $\boldsymbol{S}$ 对应属性的名称是相同的. 这样, 当两个相容关系 $\boldsymbol{R}$ 和 $\boldsymbol{S}$ 具有不同属性名的时候, 也可以进行并、差、交运算. 此时, 可以用更名算符“ρ”对 $\boldsymbol{R}$ 或者 $\boldsymbol{S}$ 的属性进行更名, 使得二者具有相同的属性名.

$\times$(**笛卡儿积**, Cartesian product): 设 $\boldsymbol{R}(A_1, A_2, \cdots, A_n)$为 n 目关系, $\boldsymbol{S}(B_1, B_2, \cdots, B_m)$为 m 目关系. 笛卡儿积 $\boldsymbol{T} = \boldsymbol{R}\times\boldsymbol{S}$ 返回一个新的 $n+m$ 目关系 $\boldsymbol{T}(A_1, A_2, \cdots, A_n, B_1, B_2, \cdots, B_m)$, $\boldsymbol{T}$ 包含的元组由 $\boldsymbol{R}$ 的每个元组和 $\boldsymbol{S}$ 的每个元组通过串接(concatenate)所构成. $\forall\boldsymbol{t}_r\in\boldsymbol{R}$, $\forall\boldsymbol{t}_s\in\boldsymbol{S}$, $\boldsymbol{t}_r$ 和 $\boldsymbol{t}_s$ 的串接为元组 $\boldsymbol{t} = \boldsymbol{t}_r\boldsymbol{t}_s \stackrel{\text{def}}{=} (\boldsymbol{t}_r, \boldsymbol{t}_s)$, $\boldsymbol{t}$ 的前 n 个分量为 $\boldsymbol{t}_r$, 后 m 个分量为 $\boldsymbol{t}_s$, 即 $\boldsymbol{t}[A_i] = \boldsymbol{t}_r[A_i]$, $1\leqslant i\leqslant n$, 并且 $\boldsymbol{t}[B_j] = \boldsymbol{t}_s[B_j]$, $1\leqslant j\leqslant m$. 也就是说, $\boldsymbol{R}\times\boldsymbol{S} = \{\boldsymbol{t}_r\boldsymbol{t}_s: \boldsymbol{t}_r\in\boldsymbol{R}\wedge\boldsymbol{t}_s\in\boldsymbol{S}\}$.

在一个关系中, 属性不能重名. 若 $\boldsymbol{R}$ 和 $\boldsymbol{S}$ 有共同的属性, 则其笛卡儿积的属性需用**全名**, 形式为“关系名.属性名”, 或用ρ进行更名. 例如, 若 $\boldsymbol{S}.B_1$ 为 $\boldsymbol{S}.A_1$, 和 $\boldsymbol{R}.A_1$ 是同一属性, 则关系 $\boldsymbol{T}$ 的模式即为 $\boldsymbol{T}(\boldsymbol{R}.A_1, A_2, \cdots, A_n, \boldsymbol{S}.A_1, B_2, \cdots, B_m)$. 另外, $\boldsymbol{R}\times\boldsymbol{R}$ 是不允许的, 应以 $\boldsymbol{R}\times\rho_{\boldsymbol{S}}(\boldsymbol{R})$代之. 对比数学中的笛卡儿积(如平面坐标系$\Re^2 = \Re\times\Re$), 关系代数中的笛卡儿积有其要求.

用$|\boldsymbol{R}|$表示 $\boldsymbol{R}$ 的基数(也称为势, 这里是指 $\boldsymbol{R}$ 所包含元组的个数). 对于笛卡儿积 $\boldsymbol{R}\times\boldsymbol{S}$, 有$|\boldsymbol{R}\times\boldsymbol{S}| = |\boldsymbol{R}|\times|\boldsymbol{S}|$. 例如, 若$|\boldsymbol{R}| = 3000$, $|\boldsymbol{S}| = 7000$, 则$|\boldsymbol{R}\times\boldsymbol{S}| = 3000\times7000 = 21000000$. 因此, 笛卡儿积的开销是巨大的. 当 $\boldsymbol{R}$ 和 $\boldsymbol{S}$ 的基数都很大时, 运算笛卡儿积对 $\boldsymbol{R}$ 和 $\boldsymbol{S}$ 扫描的次数都将非常大, 而且由于结果巨大, 其输出的开销也将非

常大.

注: (1)在关系数据库中, 上述关系运算符“×”, 严格地讲应该称为广义笛卡儿积(extended Cartesian product)(王珊等, 2014). 如1.1.1节所述, $\boldsymbol{T}=\boldsymbol{R}\times\boldsymbol{S}$ 的元素 $\boldsymbol{t}$ 定义为 $\boldsymbol{R}$ 的元素 $\boldsymbol{t}_r$ 和 $\boldsymbol{S}$ 的元素 $\boldsymbol{t}_s$ 构成的序对$(\boldsymbol{t}_r, \boldsymbol{t}_s)$, 即元素 $\boldsymbol{t}$ 是一个二元组; 若 $\boldsymbol{t}_r=(t_{r1}, \cdots, t_{rn})$, $\boldsymbol{t}_s=(t_{s1}, \cdots, t_{sm})$, 将 $\boldsymbol{t}=(\boldsymbol{t}_r, \boldsymbol{t}_s)=((t_{r1}, \cdots, t_{rn}), (t_{s1}, \cdots, t_{sm}))$的层次扁平化(flatten), 则 $\boldsymbol{t}=(t_{r1}, \cdots, t_{rn}, t_{s1}, \cdots, t_{sm})$, 即二元组**扩展**(extend)为 $n+m$ 元组.

(2) 在数学中, “广义笛卡儿积”通常是指“generalized Cartesian product”, 将两个集合的笛卡儿积**推广**到“多个”集合, 其中“多个”可以是有限的、可数无限的或不可数的, 如 1.1.1 节**推广**到 n 个集合. 在数学中, 用映射定义广义笛卡儿积如下: 设$\{A_i;\ i\in\boldsymbol{I}\}$为一个“集合族”, 其中 $\boldsymbol{I}$ 是所有下标 i 构成的集合, 称为**下标集或标集**, $\boldsymbol{I}$ 可以是有限的、可数无限的或不可数的. 令 $Y=\bigcup_{i\in\boldsymbol{I}} A_i$, 则定义$\prod_{i\in\boldsymbol{I}} A_i=\{f; f$ 为 $\boldsymbol{I}\rightarrow Y$ 的映射使得$\forall i\in\boldsymbol{I}$ 有 $f(i)\in A_i\}$ (吴品三, 1979).

(3) 如 1.1.1 节所述, 在数学中, 笛卡儿积通常既不满足交换律也不满足结合律; 然而, 在关系数据库中, 作为关系运算, 笛卡儿积既满足交换律 $\boldsymbol{R}_1\times\boldsymbol{R}_2=\boldsymbol{R}_2\times\boldsymbol{R}_1$, 也满足结合律 $\boldsymbol{R}_1\times(\boldsymbol{R}_2\times\boldsymbol{R}_3)=(\boldsymbol{R}_1\times\boldsymbol{R}_2)\times\boldsymbol{R}_3$, 这是由于在关系数据库中, 认为属性的确定是用名称而非位置(Ramakrishan, 1998).

σ (**选择**, select): $\sigma_C(\boldsymbol{R})$的语义是从 $\boldsymbol{R}$ 中选择满足条件 C 的所有元组, 其中 C 称为选择条件或选择谓词. 显然, $\sigma_C(\boldsymbol{R})\subseteq\boldsymbol{R}$, 也就是说, $\sigma_C(\boldsymbol{R})=\{\boldsymbol{t}: \boldsymbol{t}\in\boldsymbol{R}\wedge C(\boldsymbol{t})=$ 'True'$\}$.

选择条件 C 是一个逻辑表达式. 一个简单选择条件 C 的形式为“A op v”或“A op B”, 其中 A 和 B 是 $\boldsymbol{R}$ 的属性, v 是 A 的域中的一个值, op 是$\{>, \geqslant, <, \leqslant, =, \neq\}$中的一个比较算符. 用逻辑算符$\{\neg, \wedge, \vee\}$连接一些简单选择条件可以构成一个复杂选择条件.

π (**投影**, project): 设 $\boldsymbol{X}\subseteq\boldsymbol{U}$ 为 $\boldsymbol{R}(\boldsymbol{U})$的一个属性组. $\pi_{\boldsymbol{X}}(\boldsymbol{R})$ 返回一个新的关系, 其所有属性为 $\boldsymbol{X}$, 其元组为 $\boldsymbol{R}$ 中每个元组的 $\boldsymbol{X}$ 属性值. 投影运算去掉了 $\boldsymbol{R}$ 中不属于 $\boldsymbol{X}$ 的所有列, 并且自动去掉$\pi_{\boldsymbol{X}}(\boldsymbol{R})$ 中重复的元组, 也就是 $\pi_{\boldsymbol{X}}(\boldsymbol{R})=\{\boldsymbol{t}[X]: \boldsymbol{t}\in\boldsymbol{R}\}$.

⋈ (**连接**, join): $\boldsymbol{R}\bowtie_C\boldsymbol{S}$ 返回 $\boldsymbol{R}\times\boldsymbol{S}$ 中所有满足连接条件 C 的元组, 也就是 $\boldsymbol{R}\bowtie_C\boldsymbol{S}=\sigma_C(\boldsymbol{R}\times\boldsymbol{S})=\{\boldsymbol{t}: (\boldsymbol{t}\in\boldsymbol{R}\times\boldsymbol{S})\wedge(C(\boldsymbol{t})=$ 'True' $)\}$, 其中连接条件(或称连接谓词) C 是由逻辑算符将一个或多个基本连接条件相连而构成的. 每个基本连接条件形如“$\boldsymbol{R}.A$ op $\boldsymbol{S}.B$”, 其中 op 为比较算符, 它比较来自两个关系 $\boldsymbol{R}$、$\boldsymbol{S}$ 的元组的属性值, 即 $\forall\boldsymbol{t}_r\in\boldsymbol{R}, \forall\boldsymbol{t}_s\in\boldsymbol{S}, \boldsymbol{t}=\boldsymbol{t}_r\boldsymbol{t}_s\in\boldsymbol{R}\times\boldsymbol{S}$, 判断“$\boldsymbol{t}_r[\boldsymbol{R}.A]$ op $\boldsymbol{t}_s[\boldsymbol{S}.B]$”是否为真. 例如, 对于 $\boldsymbol{R}(A, B)$ 和 $\boldsymbol{S}(B, C, D)$, $\boldsymbol{R}\bowtie_{A<D\vee\boldsymbol{R}.B\neq\boldsymbol{S}.B}\boldsymbol{S}$ 有五个属性$(A, \boldsymbol{R}.B, \boldsymbol{S}.B, C, D)$, 包含 $\boldsymbol{t}=\boldsymbol{t}_r\boldsymbol{t}_s\in\boldsymbol{R}\times\boldsymbol{S}$ 满足 $\boldsymbol{t}_r[A]<\boldsymbol{t}_s[D]$或者 $\boldsymbol{t}_r[\boldsymbol{R}.B]\neq\boldsymbol{t}_s[\boldsymbol{S}.B]$的所有元组; 其中连接条件 $C=A<D\vee\boldsymbol{R}.B\neq\boldsymbol{S}.B$ 是由逻辑算符“∨”将两个基本连接条件“$A<D$”和“$\boldsymbol{R}.B\neq\boldsymbol{S}.B$”相连而构成的.

在连接条件 C 中，如果每个基本连接条件的比较算符皆为“=”，则称为**等值连接**(equijoin)，否则称为 θ-连接. 在实际应用中，多数连接为等值连接，即通过两个关系之间的主-外键所形成的连接. 在等值连接的结果关系中，每对相等属性对应的两列的值是相同的，若在结果中只保留其中一列，去掉另一重复列，则称这样的等值连接为**自然连接**(natural join). 自然连接通常表示为 $\boldsymbol{R}\bowtie\boldsymbol{S}$，隐去连接条件 C. 另外，对于元组 $\boldsymbol{t}=\boldsymbol{t}_r\boldsymbol{t}_s\in\boldsymbol{R}\bowtie\boldsymbol{S}$，有时 $\boldsymbol{t}_r\boldsymbol{t}_s$ 也记为 $\boldsymbol{t}_r\bowtie\boldsymbol{t}_s$，也称为**元组树**.

÷ (除, division)：设关系 $\boldsymbol{R}(\boldsymbol{U}_1)=\boldsymbol{R}(\boldsymbol{X},\boldsymbol{Y})$, $\boldsymbol{S}(\boldsymbol{U}_2)=\boldsymbol{S}(\boldsymbol{Y})$，其中 $\boldsymbol{X}=(A_1, A_2, \cdots, A_n)$, $\boldsymbol{Y}=(B_1, B_2, \cdots, B_m)$为属性组，即 $\boldsymbol{Y}=\boldsymbol{U}_2\subseteq\boldsymbol{U}_1=\boldsymbol{X}\cup\boldsymbol{Y}$. 设 $\boldsymbol{T}=\pi_{\boldsymbol{X}}\boldsymbol{R}(\boldsymbol{U}_1)$，则 $\boldsymbol{R}\div\boldsymbol{S}$ 和 $\boldsymbol{T}$ 有相同属性组 $\boldsymbol{X}=(A_1, A_2, \cdots, A_n)$，且 $\boldsymbol{R}\div\boldsymbol{S}\subseteq\boldsymbol{T}$，对于 $\boldsymbol{t}\in\boldsymbol{T}$, $\boldsymbol{t}\in\boldsymbol{R}\div\boldsymbol{S}$ 当且仅当对于每个 $\boldsymbol{u}\in\boldsymbol{S}$, $\boldsymbol{t}$ 和 $\boldsymbol{u}$ 的串接 $\boldsymbol{tu}\in\boldsymbol{R}$.

易知, $\boldsymbol{R}\div\boldsymbol{S}=\boldsymbol{T}-\pi_{\boldsymbol{X}}(\boldsymbol{T}\times\boldsymbol{S}-\boldsymbol{R})=\pi_{\boldsymbol{X}}\boldsymbol{R}-\pi_{\boldsymbol{X}}(\pi_{\boldsymbol{X}}\boldsymbol{R}\times\boldsymbol{S}-\boldsymbol{R})$，以及 $\boldsymbol{R}\supseteq(\boldsymbol{R}\div\boldsymbol{S})\times\boldsymbol{S}$.

定理 1.4 给定两个关系 $\boldsymbol{T}(A_1, A_2, \cdots, A_n)$和 $\boldsymbol{S}(B_1, B_2, \cdots, B_m)$. 若 $\boldsymbol{R}=\boldsymbol{T}\times\boldsymbol{S}$，则 $\boldsymbol{T}=\boldsymbol{R}\div\boldsymbol{S}$. 即 $\boldsymbol{T}=(\boldsymbol{T}\times\boldsymbol{S})\div\boldsymbol{S}$.

在上述九种关系运算中，六种算符$\{\cup, -, \times, \sigma, \pi, \rho\}$为基本运算，而$\{\cap, \bowtie, \div\}$为其导出运算. 所有的运算符从左到右结合，其优先级如图 1.2 所示，最高优先级为π、σ、ρ；次之为×；再次之为⋈、÷；接着是∩；最低是∪、−；其中“π、σ、ρ”，“⋈、÷”和“∪、−”分别具有相同的优先级. 可以用括号改变优先级的次序. 注意，这九种关系运算在不同的文献中优先级可能略有不同. 用括号可以排除优先级次序的歧义性.

优先级	关系运算符
高	π、σ、ρ
	×
↓	⋈、÷
	∩
低	∪、−

图 1.2 关系运算符的优先级规则

1.2.3 规范化理论

设 $\boldsymbol{R}(\boldsymbol{U})$是一个关系模式, $\boldsymbol{X}$、$\boldsymbol{Y}$ 和 $\boldsymbol{Z}$ 皆为 $\boldsymbol{U}$ 的子集.

定义 1.6(函数依赖) (王珊等, 2014) 若对于关系模式 $\boldsymbol{R}(\boldsymbol{U})$的任意一个关系 r, r 中不存在两个元组在 $\boldsymbol{X}$ 上的属性值相等，而在 $\boldsymbol{Y}$ 上的属性值不等，则称“**$\boldsymbol{X}$ 函数确定 $\boldsymbol{Y}$**”或“**$\boldsymbol{Y}$ 函数依赖于 $\boldsymbol{X}$**”，记作 $\boldsymbol{X}\to\boldsymbol{Y}$，并且称 $\boldsymbol{X}$ 为这个函数依赖的**决定因素**(determinant).

即 $\boldsymbol{X}\to\boldsymbol{Y} \overset{\text{def}}{=} \forall r\in\boldsymbol{r}(\boldsymbol{R}(\boldsymbol{U}))\,\neg\exists \boldsymbol{t}_1, \boldsymbol{t}_2\in r\,(\boldsymbol{t}_1[\boldsymbol{X}]=\boldsymbol{t}_2[\boldsymbol{X}]\wedge \boldsymbol{t}_1[\boldsymbol{Y}]\neq\boldsymbol{t}_2[\boldsymbol{Y}])$.

若 $\boldsymbol{X}\to\boldsymbol{Y}$, $\boldsymbol{Y}\to\boldsymbol{X}$, 则记作 $\boldsymbol{X}\longleftrightarrow\boldsymbol{Y}$. 若 $\boldsymbol{Y}$ 不函数依赖于 $\boldsymbol{X}$, 则记作 $\boldsymbol{X}\nrightarrow\boldsymbol{Y}$.

对于 $\boldsymbol{X}\to\boldsymbol{Y}$: ①若 $\boldsymbol{Y}\subseteq\boldsymbol{X}$, 则称为**平凡的**(trivial)函数依赖; ②若 $\boldsymbol{Y}\not\subseteq\boldsymbol{X}$, 则称为**非平凡的**(nontrivial)函数依赖; ③若对于 $\boldsymbol{X}$ 的任何一个真子集 $\boldsymbol{X}'$, 都有 $\boldsymbol{X}'\nrightarrow\boldsymbol{Y}$, 则称 $\boldsymbol{Y}$ 对 $\boldsymbol{X}$ **完全函数依赖**(full functional dependency),记作 $\boldsymbol{X}\overset{\mathrm{F}}{\to}\boldsymbol{Y}$；④若 $\boldsymbol{Y}$ 不完全函数依赖于 $\boldsymbol{X}$, 则称 $\boldsymbol{Y}$ 对 $\boldsymbol{X}$ **部分函数依赖**(partial functional dependency), 记作 $\boldsymbol{X}\overset{\mathrm{P}}{\to}\boldsymbol{Y}$.

若 $\boldsymbol{X}\to\boldsymbol{Y}$, $\boldsymbol{Y}\to\boldsymbol{Z}$ 并且 $\boldsymbol{Y}\nrightarrow\boldsymbol{X}$, $\boldsymbol{Y}\not\subseteq\boldsymbol{X}$, $\boldsymbol{Z}\not\subseteq\boldsymbol{Y}$, 则称 $\boldsymbol{Z}$ 对 $\boldsymbol{X}$ **传递函数依赖**(transitive functional dependency), 记作 $\boldsymbol{X}\overset{\mathrm{T}}{\to}\boldsymbol{Z}$.

为了避免符号的混淆和歧义, 用 "$p\Rightarrow q$" 表示命题 "若 p 则 q". 分别运用等价命题 $p\Rightarrow q\equiv\neg p\vee q$ 和 $p\Rightarrow q\equiv\neg q\Rightarrow\neg p$, 可以得到函数依赖的等价命题如下.

命题 1.1 $\boldsymbol{X}\to\boldsymbol{Y}\equiv$ 对于 $\boldsymbol{R}(\boldsymbol{U})$的任意一个关系 r, r 中任意两个元组, 若二者在 $\boldsymbol{X}$ 上的属性值相等, 则在 $\boldsymbol{Y}$ 上的属性值也相等, 即

$$\boldsymbol{X}\to\boldsymbol{Y}\equiv\forall r\in\boldsymbol{r}(\boldsymbol{R}(\boldsymbol{U}))\forall \boldsymbol{t}_1,\boldsymbol{t}_2\in r\ (\boldsymbol{t}_1[\boldsymbol{X}]=\boldsymbol{t}_2[\boldsymbol{X}]\Rightarrow\boldsymbol{t}_1[\boldsymbol{Y}]=\boldsymbol{t}_2[\boldsymbol{Y}])$$

命题 1.2 $\boldsymbol{X}\to\boldsymbol{Y}\equiv$ 对于 $\boldsymbol{R}(\boldsymbol{U})$的任意一个关系 r, r 中任意两个元组, 若二者在 $\boldsymbol{Y}$ 上的属性值不相等, 则在 $\boldsymbol{X}$ 上的属性值也不等, 即

$$\boldsymbol{X}\to\boldsymbol{Y}\equiv\forall r\in\boldsymbol{r}(\boldsymbol{R}(\boldsymbol{U}))\forall \boldsymbol{t}_1,\boldsymbol{t}_2\in r\ (\boldsymbol{t}_1[\boldsymbol{Y}]\neq\boldsymbol{t}_2[\boldsymbol{Y}]\Rightarrow\boldsymbol{t}_1[\boldsymbol{X}]\neq\boldsymbol{t}_2[\boldsymbol{X}])$$

简言之, $\boldsymbol{X}\to\boldsymbol{Y}\equiv$ 对于每个 $\boldsymbol{X}$ 属性值, 对应唯一的 $\boldsymbol{Y}$ 属性值, 即 $\forall r\in\boldsymbol{r}(\boldsymbol{R}(\boldsymbol{U}))\forall\boldsymbol{t}\in r\exists!\ \boldsymbol{t}[\boldsymbol{Y}]$ 与 $\boldsymbol{t}[\boldsymbol{X}]$ 对应.

数据依赖是一种**完整性约束**(integrity constraint, IC), 可视为**键(key)**概念的推广, 下面讨论关系的键.

若一个关系的某一属性集的值能唯一地标识该关系的任一元组, 则称该属性集为**超键**或**超码**(superkey, 或称**扩键**或**扩码**). 若一个超键的任一真子集皆非超键, 则称为**键**或**候选键**(candidate key). 即键(候选键)具有"极小性", 而超键是键的一个超集(或称扩集, superset).

设 $\boldsymbol{K}$ 为关系 $\boldsymbol{R}(\boldsymbol{U})$的一个属性组. 由函数依赖易知, $\boldsymbol{K}$ 为 $\boldsymbol{R}$ 的一个超键当且仅当 $\boldsymbol{K}\to\boldsymbol{U}$; $\boldsymbol{K}$ 为 $\boldsymbol{R}$ 的一个键当且仅当 $\boldsymbol{K}\overset{\mathrm{F}}{\to}\boldsymbol{U}$.

键(或候选键)中的属性称为**主属性**(prime attribute); 不属于任意键的属性称为**非主属性**(non-prime attribute)或**非键属性**(non-key attribute).

若一个关系有多个键, 则选定其中一个为**主键**(primary key, PK). 通常, 主键是数据库设计者为某一应用而选定或设计的.

关系 $\boldsymbol{R}$ 的一个属性组 $\boldsymbol{\Phi}$ 称为**外键**(foreign key, FK), 若满足以下两个条件: ①存在一个关系 $\boldsymbol{S}$, 其主键为 $\boldsymbol{\Psi}$, 使得 $\boldsymbol{\Phi}$ 和 $\boldsymbol{\Psi}$ 有相同个数的属性并且对应的属性

具有相同的域和语义; ②对于 $\boldsymbol{R}$ 的任一元组 $\boldsymbol{t}_r$, 要么存在 $\boldsymbol{S}$ 的元组 $\boldsymbol{t}_s$ 使得 $\boldsymbol{t}_r[\boldsymbol{\Phi}] = \boldsymbol{t}_s[\boldsymbol{\Psi}]$, 要么 $\boldsymbol{t}_r[\boldsymbol{\Phi}]$ = NULL. NULL 意为**空值**, 就是"不知道"、"不存在" 或"无意义"的值.

关系数据库必须满足如下基本规则.

规则 1(第一范式规则, 1NF rule): 关系的每个分量必须是不可分的数据项. 即对于任一元组 $\boldsymbol{t}$ 和任一属性 A, $\boldsymbol{t}[A]$必须是单一的原子值.

规则 2(唯一行规则, the unique row rule): 在任意时刻, 同一个表中的任意两行不能完全相同. 即一个表的每个元组都是唯一的.

规则 3(实体完整性规则, entity integrity rule): 主键的任一属性不能取空值.

规则 4(参照完整性规则, referential integrity rule): 任一关系不能包含不匹配的外键值. 也就是说, 外键要么取空值, 要么等于其对应的主键值.

在关系数据库中, 规范化理论的内容非常丰富, 本章只简述与函数依赖有关的规范化. 首先概述范式的相关内容, 其次为数据依赖的逻辑推理系统.

范式是符合某一种级别的关系模式的集合. 关系数据库中的关系必须满足一定的要求, 满足不同程度的要求为不同范式, 而且满足第一范式是必要条件(规则 1).

设关系模式 $\boldsymbol{R}\in$1NF, 关于 2NF、3NF 和 BCNF 的定义如下(王珊等, 2014; Connolly et al., 2005; Hoffer et al., 2004).

定义 1.7(2NF)　若 $\boldsymbol{R}$ 的每一个非键属性都完全函数依赖于任意一个键, 则 $\boldsymbol{R}\in$2NF. 也就是说, 对于 $\boldsymbol{R}$ 的任意一个键 $\boldsymbol{K}$ 及其任意真子集 $\boldsymbol{X}\subsetneq\boldsymbol{K}$, 对于任意一个非键属性 A, 有 $\boldsymbol{X}\nrightarrow A$.

定义 1.8(3NF)　若 $\boldsymbol{R}$ 中不存在键 $\boldsymbol{K}$、属性组 $\boldsymbol{Y}$ 及非键属性组 $\boldsymbol{Z}(\boldsymbol{Z}\not\subseteq\boldsymbol{Y}, \boldsymbol{Y}\nrightarrow\boldsymbol{K})$, 使得 $\boldsymbol{K}\to\boldsymbol{Y}$, $\boldsymbol{Y}\to\boldsymbol{Z}$ 成立, 则称 $\boldsymbol{R}\in$3NF.

注意: 在 3NF 的定义中不要求 $\boldsymbol{Y}\not\subseteq\boldsymbol{K}$, 因此, 若 $\boldsymbol{R}\in$3NF, 则 $\boldsymbol{R}\in$2NF. 也就是说, 3NF 既消除了非键属性对键的部分函数依赖也消除了传递函数依赖.

定义 1.9(BCNF)　若 $\boldsymbol{X}\to\boldsymbol{Y}$ 且 $\boldsymbol{Y}\not\subseteq\boldsymbol{X}$ 时 $\boldsymbol{X}$ 必是一个超键, 则 $\boldsymbol{R}\in$BCNF. 换言之, 如果每一个决定因素皆为一个超键, 则 $\boldsymbol{R}\in$BCNF.

BCNF(Boyce Codd normal form)是修正的第三范式, 有时也称为扩充的第三范式.

定理 1.5　若一个关系模式仅有两个属性, 则其属于 BCNF.

设关系模式 $\boldsymbol{R}(\boldsymbol{U}, \boldsymbol{F})\in$1NF, 下面给出 2NF、3NF 和 BCNF 的一些等价定义(Ramakrishan, 1998; Silberschatz et al., 2002; Ullman et al., 2008).

$\boldsymbol{R}\in$2NF $\equiv$ 若对于任一非平凡的函数依赖 $\boldsymbol{X}\to\boldsymbol{Y}$, 则 $\boldsymbol{Y}$ 的每一个属性皆为主属性, 或 $\boldsymbol{X}$ 不是任意键的真子集.

$\boldsymbol{R}\in$3NF $\equiv$ 若对于任一函数依赖 $\boldsymbol{X}\to A$, 其中 A 是 $\boldsymbol{R}$ 的一个属性, 则下列三者

至少一个为真: ①$A\in \boldsymbol{X}$($\boldsymbol{X}\to A$ 为平凡函数依赖); ②A 是一个主属性(A 属于某个键); ③$\boldsymbol{X}$ 是一个超键.

$\boldsymbol{R}\in$BCNF $\equiv$ 若对于任一函数依赖 $\boldsymbol{X}\to A$, 其中 A 是 $\boldsymbol{R}$ 的一个属性, 则下列二者至少一个为真: ①$A\in \boldsymbol{X}$ ($\boldsymbol{X}\to A$ 为平凡函数依赖); ②$\boldsymbol{X}$ 是一个超键.

由上述可知, 各种范式之间存在关系:1NF $\supsetneq$ 2NF $\supsetneq$ 3NF $\supsetneq$ BCNF.

下面介绍数据依赖的逻辑推理系统(或称为数据依赖的公理系统). 设 $\boldsymbol{R}(\boldsymbol{U}, \boldsymbol{F})$ 是一个关系模式, $\boldsymbol{F}$ 为一些函数依赖的集合.

定义 1.10(逻辑蕴含)　若对于 $\boldsymbol{R}(\boldsymbol{U}, \boldsymbol{F})$的任一关系 r, 函数依赖 $\boldsymbol{X}\to\boldsymbol{Y}$ 都成立, 则称 $\boldsymbol{F}$ 逻辑蕴含 $\boldsymbol{X}\to\boldsymbol{Y}$($\boldsymbol{F}$ logically implies $\boldsymbol{X}\to\boldsymbol{Y}$), 记为 $\boldsymbol{F}\vDash\boldsymbol{X}\to\boldsymbol{Y}$. 换言之, $\forall r\in r(\boldsymbol{R}(\boldsymbol{U}, \boldsymbol{F}))\forall \boldsymbol{t}_1, \boldsymbol{t}_2\in r(\boldsymbol{t}_1[X] = \boldsymbol{t}_2[X] \Rightarrow \boldsymbol{t}_1[Y] = \boldsymbol{t}_2[Y])$.

定义 1.11($\boldsymbol{F}$ 的闭包)　函数依赖集合 $\boldsymbol{F}$ 逻辑蕴含的函数依赖的全体所构成的集合称为 $\boldsymbol{F}$ 的**闭包**, 记为 $\boldsymbol{F}^+$. 也就是说, $\boldsymbol{F}^+ = \{\boldsymbol{X}\to\boldsymbol{Y}: \boldsymbol{F}\vDash\boldsymbol{X}\to\boldsymbol{Y}\}$.

显然, $\boldsymbol{F}\subseteq\boldsymbol{F}^+$. 设 $\boldsymbol{X}, \boldsymbol{Y}\subseteq\boldsymbol{U}$, 在 $\boldsymbol{F}$ 中不含有 $\boldsymbol{X}\to\boldsymbol{Y}$, 根据逻辑蕴含的定义, 很难判断 $\boldsymbol{X}\to\boldsymbol{Y}$ 是否属于 $\boldsymbol{F}^+$, 因为这将涉及任一合法关系 r 和 r 中任意元组 $\boldsymbol{t}_1$、$\boldsymbol{t}_2$. Armstrong 推理系统能够很好地解决这一问题, 其中包括如下推理规则(inference rules, IR).

IR1 **自反律**(reflexivity rule): 若 $\boldsymbol{Y}\subseteq\boldsymbol{X}\subseteq\boldsymbol{U}$, 则 $\boldsymbol{X}\to\boldsymbol{Y}$.

IR2 **增广律**(augmentation rule): 若 $\boldsymbol{Z}\subseteq\boldsymbol{U}$, 则$\{\boldsymbol{X}\to\boldsymbol{Y}\}\vDash\boldsymbol{XZ}\to\boldsymbol{YZ}$.

IR3 **传递律**(transitivity rule): $\{\boldsymbol{X}\to\boldsymbol{Y}, \boldsymbol{Y}\to\boldsymbol{Z}\}\vDash\boldsymbol{X}\to\boldsymbol{Z}$.

记"$\boldsymbol{X}\to\boldsymbol{Y}$ 能由 $\boldsymbol{F}$ 根据 Armstrong 规则导出"为 $\boldsymbol{F}\vdash_{\mathrm{A}}\boldsymbol{X}\to\boldsymbol{Y}$, 简记为 $\boldsymbol{F}\vdash\boldsymbol{X}\to\boldsymbol{Y}$. 将由 $\boldsymbol{F}$ 根据 Armstrong 规则导出的所有函数依赖的集合记为 $\boldsymbol{F}^{\mathrm{A}}$, 即 $\boldsymbol{F}^{\mathrm{A}} = \{\boldsymbol{X}\to\boldsymbol{Y}: \boldsymbol{F}\vdash\boldsymbol{X}\to\boldsymbol{Y}\}$. 显然, $\boldsymbol{F}\subseteq\boldsymbol{F}^{\mathrm{A}}$. Armstrong 推理系统是**有效的**(sound)和**完备的**(complete) .

定理 1.6(有效性)　$\boldsymbol{F}^{\mathrm{A}}$ 中的每个函数依赖皆为 $\boldsymbol{F}$ 逻辑蕴含的函数依赖, 即 $\boldsymbol{F}^{\mathrm{A}}\subseteq\boldsymbol{F}^+$.

定理 1.7(完备性)　$\boldsymbol{F}^+$中的每个函数依赖皆可由 $\boldsymbol{F}$ 根据 Armstrong 规则导出, 即 $\boldsymbol{F}^+\subseteq\boldsymbol{F}^{\mathrm{A}}$.

由定理 1.6 和定理 1.7 知, $\boldsymbol{F}^+ = \boldsymbol{F}^{\mathrm{A}}$, 即 "**蕴含**(imply)" 和 "**导出**(infer)" 等价. 定理 1.6 和定理 1.7 的证明参见文献(王珊等, 2014).

定义 1.12(属性集 $\boldsymbol{X}$ 的闭包)　设 $\boldsymbol{R}(\boldsymbol{U}, \boldsymbol{F})$是一个关系模式, $\boldsymbol{X}\subseteq\boldsymbol{U}$. 记 $\boldsymbol{X}_{\boldsymbol{F}}^+=\{A: A\in\boldsymbol{U}, \boldsymbol{X}\to A\in\boldsymbol{F}^{\mathrm{A}}\}$, 则称 $\boldsymbol{X}_{\boldsymbol{F}}^+$ 为属性集 $\boldsymbol{X}$ 关于函数依赖集 $\boldsymbol{F}$ 的**闭包**.

易知, $\boldsymbol{X}\subseteq\boldsymbol{X}_{\boldsymbol{F}}^+\subseteq\boldsymbol{U}$. 因为 $\boldsymbol{U}$ 包含有限个属性, 所以属性集 $\boldsymbol{X}_{\boldsymbol{F}}^+$ 是有限的.

定理 1.8　设 $\boldsymbol{R}(\boldsymbol{U}, \boldsymbol{F})$是一个关系模式, $\boldsymbol{X}, \boldsymbol{Y}\subseteq\boldsymbol{U}$. $\boldsymbol{X}\to\boldsymbol{Y}\in\boldsymbol{F}^{\mathrm{A}}$ 当且仅当 $\boldsymbol{Y}\subseteq\boldsymbol{X}_{\boldsymbol{F}}^+$.

根据定理 1.8, 由 $\boldsymbol{F}^+ = \boldsymbol{F}^{\mathrm{A}}$ 知, 判断 $\boldsymbol{X}\to\boldsymbol{Y}$ 是否属于 $\boldsymbol{F}^+$, 只需判断 $\boldsymbol{Y}$ 是否为属性集 $\boldsymbol{X}_{\boldsymbol{F}}^+$ 的子集. 也就是说, 只需求出 $\boldsymbol{X}$ 关于函数依赖集 $\boldsymbol{F}$ 的闭包 $\boldsymbol{X}_{\boldsymbol{F}}^+$. 对此, 有算法 1.1 (王珊等, 2014).

算法 1.1: 求 $\boldsymbol{X}$ 关于函数依赖集 $\boldsymbol{F}$ 的闭包 $\boldsymbol{X}_{\boldsymbol{F}}^+$

输入: $\boldsymbol{X}, \boldsymbol{F}$

输出: $\boldsymbol{X}_{\boldsymbol{F}}^+$

1. 令 $\boldsymbol{X}^{(0)} = \boldsymbol{X}$;　// $i = 0$;

/*求属性集 $\boldsymbol{B}$, 即在 $\boldsymbol{F}$ 中找 $\boldsymbol{V}\to\boldsymbol{W}$ 使得 $\boldsymbol{V} \subseteq \boldsymbol{X}^{(i)}$, 则 $\boldsymbol{B}$ 由所有 $\boldsymbol{W}$ 中的属性 A 组成*/

2. $\boldsymbol{B} = \{A: \exists \boldsymbol{V}, \boldsymbol{W}\ (\boldsymbol{V}\to\boldsymbol{W}\in\boldsymbol{F}\wedge\boldsymbol{V} \subseteq \boldsymbol{X}^{(i)} \wedge A\in\boldsymbol{W})\}$;
3. $\boldsymbol{X}^{(i+1)} = \boldsymbol{X}^{(i)} \cup \boldsymbol{B}$;
4. 判断 $\boldsymbol{X}^{(i+1)} = \boldsymbol{X}^{(i)}$ 或 $\boldsymbol{X}^{(i+1)} = \boldsymbol{U}$;
5. 若否, 则 $i = i+1$, 返回第 2 步;
6. 若是, 则 $\boldsymbol{X}_{\boldsymbol{F}}^+ = \boldsymbol{X}^{(i+1)}$, 算法终止.

简言之, 求 $\boldsymbol{X}$ 闭包 $\boldsymbol{X}_{\boldsymbol{F}}^+$ 的算法 1.1 就是: 找左部($\boldsymbol{V} \subseteq \boldsymbol{X}^{(i)}$), 并右部($\cup \boldsymbol{W}$).

1.2.4　关系模式的分解

设 $\boldsymbol{R}(\boldsymbol{U})$是一个关系模式. 一个关系模式的集合$\{\boldsymbol{R}_1(\boldsymbol{U}_1), \boldsymbol{R}_2(\boldsymbol{U}_2), \cdots, \boldsymbol{R}_n(\boldsymbol{U}_n)\}$称为 $\boldsymbol{R}(\boldsymbol{U})$的一个**分解**, 如果 $\boldsymbol{U} = \boldsymbol{U}_1 \cup \boldsymbol{U}_2 \cup \cdots \cup \boldsymbol{U}_n$, 并且 $\boldsymbol{U}_i \not\subseteq \boldsymbol{U}_j\ (i \neq j, 1 \leqslant i, j \leqslant n)$.

若$\{\boldsymbol{R}_1(\boldsymbol{U}_1), \boldsymbol{R}_2(\boldsymbol{U}_2), \cdots, \boldsymbol{R}_n(\boldsymbol{U}_n)\}$是 $\boldsymbol{R}(\boldsymbol{U})$的一个分解, $r\in\boldsymbol{r}(\boldsymbol{R}(\boldsymbol{U}))$是 $\boldsymbol{R}(\boldsymbol{U})$的一个关系实例, 则 $r \subseteq \pi_{U_1}(r) \bowtie \pi_{U_2}(r) \bowtie\cdots\bowtie \pi_{U_n}(r)$. 模式分解可能导致信息丢失, 也就是说, 可能添加一些错误的元组, 如图 1.3 所示.

无损连接性(lossless join; 也称**无添加连接性**, non-additive join): $\{\boldsymbol{R}_1(\boldsymbol{U}_1), \boldsymbol{R}_2(\boldsymbol{U}_2), \cdots, \boldsymbol{R}_n(\boldsymbol{U}_n)\}$是 $\boldsymbol{R}(\boldsymbol{U})$的一个无损连接分解, 如果对于 $\boldsymbol{R}(\boldsymbol{U})$的任意一个关系实例 $r\in\boldsymbol{r}(\boldsymbol{R}(\boldsymbol{U}))$, 有 $r = \pi_{\boldsymbol{U}_1}(r) \bowtie\ \pi_{\boldsymbol{U}_2}(r) \bowtie\ \cdots\ \bowtie \pi_{\boldsymbol{U}_n}(r)$.

定理 1.9　设 $\boldsymbol{R}(\boldsymbol{U}, \boldsymbol{F})$是一个关系模式, 其中 $\boldsymbol{F}$ 是 $\boldsymbol{R}$ 的一些函数依赖的集合. $\boldsymbol{R}(\boldsymbol{U})$ 的一个分解 $\{\boldsymbol{R}_1(\boldsymbol{U}_1), \boldsymbol{R}_2(\boldsymbol{U}_2)\}$ 是无损连接的, 当且仅当函数依赖$(\boldsymbol{U}_1 \cap \boldsymbol{U}_2)\to(\boldsymbol{U}_1-\boldsymbol{U}_2)$或$(\boldsymbol{U}_1 \cap \boldsymbol{U}_2)\to(\boldsymbol{U}_2-\boldsymbol{U}_1)$成立.

由定理 1.9 可知, 一个关系模式的"带主键"分解具有无损连接性, 换言之, 设$\{\boldsymbol{R}_1(\boldsymbol{U}_1), \boldsymbol{R}_2(\boldsymbol{U}_2), \cdots, \boldsymbol{R}_n(\boldsymbol{U}_n)\}$是 $\boldsymbol{R}(\boldsymbol{U})$的一个分解, 其中每个 $\boldsymbol{U}_i\ (1\leqslant i \leqslant n)$ 包含 $\boldsymbol{R}$ 的主键 $\boldsymbol{\varPsi}$ 及 $\boldsymbol{U}-\boldsymbol{\varPsi}$ 的一个子集, 则 $\boldsymbol{R}(\boldsymbol{U}) = \boldsymbol{R}_1(\boldsymbol{U}_1)\ \bowtie_{\boldsymbol{\varPsi}} \boldsymbol{R}_2(\boldsymbol{U}_2)\ \bowtie_{\boldsymbol{\varPsi}}\cdots\ \bowtie_{\boldsymbol{\varPsi}} \boldsymbol{R}_n(\boldsymbol{U}_n)$. 这种分解是分布式数据库系统中常用的一种分解, 即**垂直分解**(Özsu et al., 2011).

R

A	B	C	D
a1	b1	c1	d1
a2	b2	c2	d2
a3	b3	c1	d3

R_1

A	B	C
a1	b1	c1
a2	b2	c2
a3	b3	c1

R_2

C	D
c1	d1
c2	d2
c1	d3

$R_1 \bowtie R_2$

A	B	C	D
a1	b1	c1	d1
a1	**b1**	**c1**	**d3**
a2	b2	c2	d2
a3	**b3**	**c1**	**d1**
a3	b3	c1	d3

图 1.3　模式分解导致信息丢失, $\boldsymbol{R}_1 \bowtie \boldsymbol{R}_2$ 中添加了两个错误的元组(**粗体字**)

设 $\boldsymbol{R}(\boldsymbol{U}, \boldsymbol{F})$是一个关系模式, 其中 $\boldsymbol{F}$ 是 $\boldsymbol{R}$ 的一些函数依赖的集合. 对于任一属性集 $\boldsymbol{U}' \subseteq \boldsymbol{U}$, $\boldsymbol{F}$ 在 $\boldsymbol{U}'$ 上的**限制**(restriction)是闭包 $\boldsymbol{F}^+$中属性皆属于 $\boldsymbol{U}'$的所有函数依赖的集合. $\boldsymbol{F}$ 在 $\boldsymbol{U}'$上的限制也称为 $\boldsymbol{F}$ 在 $\boldsymbol{U}'$上的**投影**. 记为$\pi_{U'}(\boldsymbol{F}) = \{\boldsymbol{X}\to\boldsymbol{Y}: \boldsymbol{X}\to\boldsymbol{Y}\in\boldsymbol{F}^+$且 $\boldsymbol{XY} \subseteq \boldsymbol{U}'\}$. 注意, 这里是 $\boldsymbol{X}\to\boldsymbol{Y}\in\boldsymbol{F}^+$, 而非 $\boldsymbol{X}\to\boldsymbol{Y}\in\boldsymbol{F}$, 即 $\boldsymbol{F}$ 在 $\boldsymbol{U}'$上的限制(或投影)是由 $\boldsymbol{F}^+$定义的. 由闭包 $\boldsymbol{F}^+$的定义知, $\pi_{U'}(\boldsymbol{F}) = \{\boldsymbol{X}\to\boldsymbol{Y}: \boldsymbol{F} \vDash \boldsymbol{X}\to\boldsymbol{Y}$ 且 $\boldsymbol{XY} \subseteq \boldsymbol{U}'\}$, 并且 $\pi_{U'}(\boldsymbol{F}) = \pi_{U'}(\boldsymbol{F}^+)$.

对于关系模式 $\boldsymbol{R}(\boldsymbol{U}, \boldsymbol{F})$, 它的一个分解$\{\boldsymbol{R}_1(\boldsymbol{U}_1), \boldsymbol{R}_2(\boldsymbol{U}_2), \cdots, \boldsymbol{R}_n(\boldsymbol{U}_n)\}$称为**保持函数依赖**(preserve functional dependency; 也称为**依赖保持**, dependency-preserving), 如果 $\boldsymbol{F}^+ = (\boldsymbol{F}_1 \cup \boldsymbol{F}_2 \cup \cdots \cup \boldsymbol{F}_n)^+$, 其中 $\boldsymbol{F}_i = \pi_{U_i}(\boldsymbol{F}) = \{\boldsymbol{X}\to\boldsymbol{Y}: \boldsymbol{X}\to\boldsymbol{Y}\in\boldsymbol{F}^+$且 $\boldsymbol{XY} \subseteq \boldsymbol{U}_i\}$, 即 $\boldsymbol{F}$ 在 $\boldsymbol{U}_i$ 上的限制, $i = 1, \cdots, n$.

关于模式分解有如下结论.

(1) 若要求分解保持函数依赖, 则模式分解总可以达到 3NF, 但不一定达到 BCNF.

(2) 若要求分解是无损连接的, 则一定可达到 BCNF.

(3) 若要求分解保持函数依赖, 并且是无损连接的, 则可以达到 3NF, 但不一定达到 BCNF.

在函数依赖范畴内, BCNF 实现了模式的彻底分解, 达到了最高的规范化程度, 消除了插入异常和删除异常. 另外, 无损连接的分解还可以达到更高的范式, 例如, 对于**多值依赖**(multi-valued dependency, MVD), 无损连接的分解一定可达到 4NF(王珊等, 2014). 然而, 保持函数依赖的分解能且仅能达到 3NF. 存在达到 3NF 的分解既具有无损连接性, 又保持函数依赖, 因此 3NF 在数据库设计中至关重要, 3NF 设计方法是逻辑数据库设计阶段的重要方法之一.

1.3 Top-N 查询模式

对于数据库系统支持 Top-N 查询的研究可追溯到 1988 年(Motro, 1988), 学者 Motro 强调在数据库查询语言中需要支持**近似匹配**(approximate match)和**排序匹配**(ranked match), 他扩展了 Quel 语言, 能够区分**精确**(exact)和**含糊**(vague)谓词; 他给出了**含糊查询**(vague query)的定义, 并且为了对查询的结果进行排序, 给出一个复合评分函数. Motro 的工作产生了**查询松弛**(query relaxation)的观念, 即运用附加的元数据弱化用户查询而提供近似匹配. 从 20 世纪 90 年代后期(Fagin, 1996; Carey et al., 1997, 1998; Donjerkovic et al., 1999), Top-N 查询成为一个非常活跃的研究领域; 对此, 综述文献(Ilyas et al., 2008)有相关介绍. 至今, 仍有许多关于 Top-N 查询的研究. Top-N 查询也称为 Top-K 查询(或 Top-k 查询)、K 近邻查询(或 k 近邻查询, 即 KNN 查询或 kNN 查询, 其中 NN 指 nearest neighbor)[①]、排序查询、相似查询、松弛(relax)查询、含糊(vague)查询等; 针对不同的环境和应用, 这些术语的含义及查询模式可能是相同的, 或者略有不同. 作为示例, 本节选择与本书内容相关的三个查询模式进行简要介绍.

1.3.1 距离空间 KNN 查询

在一个**度量空间**(或称**距离空间**, 见 1.1.2 节)中, KNN 查询是指在其一个数据集合中, 对于任意一个给定查询对象, 查找其距离最近的 K 个数据对象. KNN 查询问题定义如下(Jagadish et al., 2005): 设$\Re$为实数集, $(\Re^n, d(\cdot,\cdot))$是 n 维实距离空间, 其中 $d(\cdot,\cdot)$为距离函数. 设 $\boldsymbol{R}\subset\Re^n$ 是一个数据集. 对于任意一个查询点 $Q\in\Re^n$, 按照距离函数 $d(\cdot,\cdot)$查找 $\boldsymbol{R}$ 中包含 K 个点的一个集合 $\boldsymbol{A}(\boldsymbol{A}\subset\boldsymbol{R})$, 使得对于任意 $\boldsymbol{a}\in\boldsymbol{A}$, $\boldsymbol{b}\in(\boldsymbol{R}-\boldsymbol{A})$满足 $d(Q,\boldsymbol{a})\leqslant d(Q,\boldsymbol{b})$.

当 $K=1$ 时, KNN 查询称为**最近邻搜索**(nearest neighbor search, NNS). NNS 源于计算几何学. 距离空间中的 NNS 通常使用**欧几里得距离**. NNS 在计算机科学的诸多应用领域中是普遍存在的(Fagin et al., 2003a), 因此已经成为一个重要的研究课题, 引起了学术界的广泛关注(Indyk, 2004; Tsaparas, 1999). 例如, 在数据压缩、数据库、数据挖掘、信息检索、图像和视频数据库、机器学习、模式识别和信号处理等领域, NNS 都有重要应用(Har-Peled et al., 2012).

---

① 在术语 Top-K 或 Top-k 查询、KNN 或 kNN 查询中, 因各个学者的习惯不同而使用大写 K 或小写 k.

一般而言，NNS 仅使用自身的数据特性和距离函数设计数据结构，构造算法，快速得到答案，与 DBMS 联系不大或没有联系. 针对低维距离空间(通常维数 $n < 10$), NNS 已经得到很好的解决(Tsaparas, 1999; Singh et al., 2012). 例如，针对二维平面上一个有限点集 $\boldsymbol{R}$ (含有$|\boldsymbol{R}|$个点)，可以在 $O(\log|\boldsymbol{R}|)$时间内找到每个查询的最近邻，而且仅使用 $O(|\boldsymbol{R}|)$存储空间(Tsaparas, 1999; Har-Peled et al., 2012). 然而，由于维数灾难(dimensionality curse)，在高维度量空间处理精确的 NNS 是一个最具挑战性的悬而未决的问题(Tsaparas, 1999)；因此，针对 NNS，许多学者提出了很多仅寻找近似结果的有效方法(Indyk, 2004; Tsaparas, 1999; Schäler et al., 2013; Fagin et al., 2003a). 不同于精确 NNS，近似 NNS 能够避免维数灾难，因而容易处理(Borodin et al., 1999). 对于那些需要快速、精确地支持 NNS 的应用程序，至关重要的是：定义良好的数据结构，设计快速的算法，并且这些结构和算法对数据集的大小和维数具有良好的扩展性(Schäler et al., 2013). 目前针对 NNS 的各种复杂的索引结构和访问方法是基于数据划分或空间划分的，传统的关系数据库管理系统(RDBMS)通常不能很好地支持这些结构和方法(Bruno et al., 2002).

本书所讨论的关系 Top-*N* 查询与 *K*NN 查询既有联系又有区别. 本书中的 Top-*N* 查询与 *K*NN 查询的模式基本一致. 区别在于本书建立的所有算法与 DBMS 是有联系的，其中一些方法在 RDBMS 之上构建一个薄层(如知识库、索引、直方图等)，扩展并利用 RDBMS 来处理 Top-*N* 查询(*K*NN 查询)，还有一些算法虽然不直接利用 RDBMS，却是 DBMS 友好的.

1.3.2　单调排序函数的 Top-*K* 查询

1996 年，学者 Fagin 针对一类广泛的应用研究了 Top-*K* 查询算法. 1996～2003 年，Fagin 及其合作者在文献(Fagin, 1996, 1999; Fagin et al., 2001, 2003b)中，根据不同数据访问方式提出了 FA、TA、TAθ、TAz、NRA 和 CA 等多种算法，其中 TAθ 为**近似算法**(approximation algorithm)，其他为**精确算法**(exact algorithm). 阈值算法(threshold algorithm, TA)简单、巧妙而且有效，是最具代表性的算法. 基于各种环境和应用，这些原始算法(尤其是 TA、NRA)有很多变体、改写和优化算法(Ilyas et al., 2008)，形成了一个算法家族(family)，称为 TA-家族，其中的算法称为 TA-类(TA-like, TA-style)算法. TA-类算法是数据库友好的，所处理的查询模式可以规范如下(Fagin et al., 2003b).

假设 $\boldsymbol{R}\subset[0, 1]^n$ 是一个有限的关系(或数据集)，其中$[0, 1]^n$是 n 个闭区间$[0, 1]$的笛卡儿积，并且 $f(\boldsymbol{x})$是$[0, 1]^n$上定义的 F-单调递增函数(见 1.1.2 节). 关于 $\boldsymbol{R}$ 的一个 Top-K 查询是指：对于所有 $\boldsymbol{t}\in\boldsymbol{R}$，查找具有最高函数值 $f(\boldsymbol{t})$的 K 个元组$\langle \boldsymbol{t}_1, \boldsymbol{t}_2, \cdots, \boldsymbol{t}_K\rangle$. 文献(Fagin et al., 2003b)称 $f(\boldsymbol{x})$为**聚集函数**(aggregation function).

等价地，按照聚集函数 $f(\boldsymbol{x})$，$\boldsymbol{R}$ 中的一个有序子集 $\boldsymbol{Y} = \langle \boldsymbol{t}_1, \boldsymbol{t}_2, \cdots, \boldsymbol{t}_K \rangle$ 是 Top-K 查询的一个**结果序列**，当且仅当 $f(\boldsymbol{t}_1) \geqslant f(\boldsymbol{t}_2) \geqslant \cdots \geqslant f(\boldsymbol{t}_K)$ (对于函数值相等的元组，任取其一)，且对于任意 $\boldsymbol{t} \in (\boldsymbol{R}-\boldsymbol{Y})$ 有 $f(\boldsymbol{t}_K) \geqslant f(\boldsymbol{t})$.

注：某些文献(如 Ilyas et al., 2008)，也将**聚集函数**称为**评分函数**(scoring function)或**排序函数**(ranking function).

如图 1.4 所示，在 2 维空间中，针对评分函数 $f(\boldsymbol{x}) = x_1+2x_2$ 的 Top-5 查询，阴影三角形区域的五个元组“•”：$\boldsymbol{Y} = \langle \boldsymbol{t}_5, \boldsymbol{t}_2, \boldsymbol{t}_6, \boldsymbol{t}_3, \boldsymbol{t}_1 \rangle$ 或 $\langle \boldsymbol{t}_5, \boldsymbol{t}_2, \boldsymbol{t}_6, \boldsymbol{t}_3, \boldsymbol{t}_4 \rangle$ 即为 Top-5 元组，其中 $f(\boldsymbol{t}_1) = f(\boldsymbol{t}_4)$ 可以任取其一.

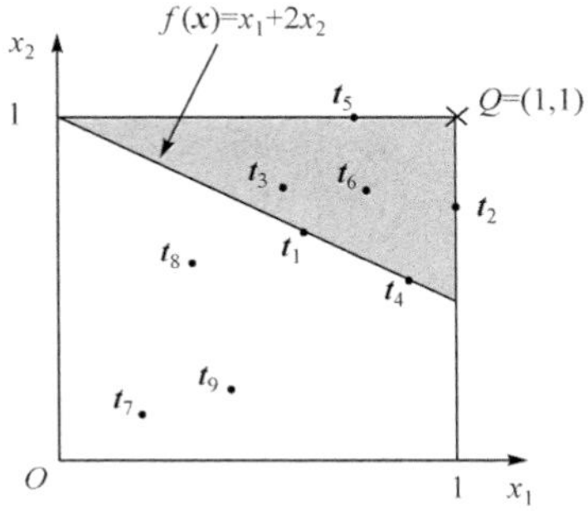

图 1.4　针对评分函数 $f(\boldsymbol{x}) = x_1+2x_2$ 的 Top-5 查询，“•”表示元组，“×”为查询点 $Q = (1, 1)$

为了便于讨论，假设 $\boldsymbol{R} \subset \Re^n$ 是一个有限的关系(或数据集)，模式为 $\boldsymbol{R}(\text{tid}, A_1, \cdots, A_n)$，其中 tid 是元组标识符(tuple identifier)，$(A_1, \cdots, A_n)$ 为 n 个属性或 n 个(单科)分数. 关系 $\boldsymbol{R}$ 的 n 个属性 $(A_1, \cdots, A_n)$ 对应 $\Re^n = \Re_1 \times \cdots \times \Re_n$，其中每个数轴 $\Re_i(1 \leqslant i \leqslant n)$ 皆为 $\Re$；并且称 $(\min(A_1), \min(A_2), \cdots, \min(A_n))$ 和 $(\max(A_1), \max(A_2), \cdots, \max(A_n))$ 分别为 $\boldsymbol{R}$ 的最小点和最大点. 显然，当规范化 $\min(A_1) = \min(A_2) = \cdots = \min(A_n) = 0$ 且 $\max(A_1) = \max(A_2) = \cdots = \max(A_n) = 1$ 时，即文献(Fagin et al., 2003b)中的规范模式.

TA-类算法的数据结构非常简单，即 $m(1 \leqslant m \leqslant n)$ 个有序列表 $L_1, \cdots, L_m$，对于 TAz-类算法有 $1 \leqslant m < n$，其他皆为 $m = n$. 列表 $L_i(1 \leqslant i \leqslant m)$ 的每一项形如(tid, a)，其中 $a = \boldsymbol{t}[A_i]$ 是标识符为 tid 的元组 $\boldsymbol{t}$ 关于属性 A_i 的值，或称为关于属性 A_i 的单科分数；L_i 按照 a 的值从高到低对(tid, a)排序. TA-类算法将从高到低顺序访问这些有序列表 $L_1, \cdots, L_m$.

上述 Top-K 查询模式有如下特点：①排序函数是 F-单调的；②查询点 Q 是固定的，为最大点(如 $Q = (1, 1, \cdots, 1)$)或最小点(如 $Q = (0, 0, \cdots, 0)$)；③TA-类算法的数据访问方式为顺序访问(sorted access 或 sequential access)和/或随机访问(random access)，且必须满足非猜测性(no wild guesses).

顺序访问是指从一个有序列表的顶部依次查找，在该列表中获得某个元组的一个属性值. **随机访问**是指从一个列表可以一步获得某个元组的一个属性值. **非猜测**是指能够通过随机访问来获得属性值的元组, 必须是此前由顺序访问所遇见的元组, 也就是说, 必须是顺序访问**先**遇见的元组, 如果存在随机访问, 才能在其**后**进行随机访问; 简言之, 顺序访问是随机访问的必要条件.

数据库系统是支持顺序访问和随机访问的. 例如, 若一个 B^+树索引是根据某属性的值创建的, 扫描该 B^+树索引的叶级列表, 则提供了一个基于属性值的对元组的顺序访问. 另外, 若对元组标识符创建索引, 则可以通过该索引的搜索操作提供随机访问. 鉴于此, TA-类算法是数据库友好的. 此外, 内存空间和磁盘空间的访问都支持顺序访问和随机访问.

TA 是一种简单而又非常强大的算法, 并且是实例最优的(instance optimal), 所用空间为 $O(n|\boldsymbol{R}|)$, 其中$|\boldsymbol{R}|$为关系 $\boldsymbol{R}$ 中的元组数目($\boldsymbol{R}$ 的大小), n 是数据的维数. 针对不同的环境和应用, 已经有许多 TA 的变体和优化(Ilyas et al., 2008). 一般而言, Top-K 查询处理技术依赖于排序函数的性质. 在 TA-类算法中, 排序函数的 F-单调性起着核心作用. 由于针对非单调的排序函数的处理方法是一个挑战性问题(Ilyas et al., 2008), 目前绝大多数提出的处理技术考虑 F-单调的排序函数, 而只有极少文献所研究的处理方法考虑一般的排序函数.

在实际应用中, 例如, 某些选拔考试, 考生参加的考试课程为{语文, 数学, 外语, …}, 每门课程满分皆为 100 分, 且每门课程按照考试成绩从高到低对(学号, 成绩)进行排序, 可以得到相应的排序列表, 选拔**总成绩**排序的前 10 名. 又如, 考核大学或企业, 包括若干项, 每项单独评分且排序, 按照其**加权和**(或者**加权均值**)排名, 选出 100 强或 500 强. 这些都属于上述 Top-K 查询模式, 其中 $K = 10$, 100 或 500 等. 易知, 对于 $\boldsymbol{t} = (t_1, t_2, \cdots, t_n) \in [0, 1]^n$ (或$[0, 100]^n$), 求和函数(总成绩) $\mathrm{sum}(\boldsymbol{t}) = t_1 + t_2 + \cdots + t_n$, 加权和函数 $\mathrm{wsum}(\boldsymbol{t}) = w_1t_1 + w_2t_2 + \cdots + w_nt_n$, 其中 $w_i > 0$ $(1 \leqslant i \leqslant n)$且 $w_1 + w_2 + \cdots + w_n = 1$, 皆为 F-单调递增的. 等价地, 当 $f(\boldsymbol{x}) = \mathrm{sum}(\boldsymbol{x})$时, 这种 Top-$K$ 查询模式可以视为 KNN 查询模式的一个特例, 即查询点为**最大点** $Q = (1, 1, \cdots, 1)$, 距离函数为曼哈顿距离 $d_1(Q, \boldsymbol{t}) = \|Q - \boldsymbol{t}\|_1 = (1 - t_1) + \cdots + (1 - t_n)$的 KNN 查询.

相对 1.3.1 节中 KNN 查询的优化算法, 当 $K = 1$ 时, 针对二维平面上一个有限点集 $\boldsymbol{R}$(含有$|\boldsymbol{R}|$个点), TA-类算法, 如 TA 本身, 处理 Top-1 查询所需时间为 $O(1)$～$O(|\boldsymbol{R}|)$, 且使用 $O(|\boldsymbol{R}|)$存储空间. 可见, KNN 查询和 Top-K 查询既有联系又有区别.

1.3.3　数值属性的关系 Top-N 查询

在传统的关系数据库中, 查询处理的匹配方式为模式匹配. 当一个查询提交到一个数据库系统时, 检索出**完全**满足查询条件的元组. 传统查询以这种**精确匹**

配方式(exact-match paradigm)为标准，该方式基于以下两个假设：①数据库中仅存储确定的、精准的和正确的数据和信息；②用户可以准确地表示其搜索需求，并且不需要的结果将不匹配查询条件. 然而，这两个假设并非总能反映客观现实.

在实际中，用户往往缺乏关于实体的确切信息，因此很难用数据库的数据来表示相应的实体. 例如，“一个人的年龄约为 30 岁”是很难在传统的数据库系统中表示的. 另外，用户经常不能或难以准确地表示其搜索需求. 例如，用户可能仅知道其查询的一些不准确的信息、用于查询的信息较少(如只有一条信息或一两个查询词)、不能准确地使用查询工具(如 SQL)、不了解数据库的模式或者有拼写错误等，此时传统查询处理往往无法检索出用户满意的结果. 此外，用户很可能对与其查询相似或相近的结果感兴趣. 因此，支持**近似匹配方式**(approximate-match paradigm)是重要的，有两种途径，一种是在数据库中存储不确定和/或不精确的数据，如允许传统数据库系统中存储空值、模糊值或概率值；另一种方式是在大多数情况下采用的，也就是在数据库中存储精确数据，但支持近似匹配，如基于编辑距离的匹配(可以处理拼写错误)、基于概率的匹配、基于文本相似度的匹配(信息检索的方法)、基于距离的匹配(Top-*N* 查询)、基于语义相似度的匹配、基于结构的匹配(关键词搜索)等. 本书主要讨论后三种情况，作为示例，下面仅给出所涉及的数值属性的关系 Top-*N* 查询模式；而关于基于语义相似度的匹配和基于结构的匹配(关键词的搜索)的模式分别在第 5 章和第 6 章介绍.

例 1.1 考虑一个二手车数据库，其模式为 Usedcars(id#, Make, Model, Year, Price, Mileage). 假设一个客户想买一辆二手车，价格约为 5000 美元，所跑里程约为 6000 英里①. 一种可选的方法是指定如下 SQL 查询：

```
select * from Usedcars where Price = 5000 and Mileage = 6000
```

但是存在一个问题：在数据库 Usedcars 中可能不存在完全满足上述条件的汽车，只能返回空值；因而妨碍用户找到那些近似满足查询条件的汽车. 另一种可选的方法是指定如下 SQL 区域查询：

```
select * from Usedcars where(price between 4000 and 6000)
and(mileage between 1000 and 10000)
```

但是又会存在下列问题：①可能存在非常多的汽车满足查询条件，并且绝大多数都不是用户想要的，给用户带来太多无用消息，影响用户挑选；②对于一个客户而言，为每个属性确定恰当的查询区域是困难的，也可以说是不可能的，因为“猜中”的可能性极小. 查询区域太小，可能导致返回太少的结果；区域太大，返回的结果又可能太多.

---

① 1 英里 ≈ 1.61 千米.

Top-N 查询可以解决上述传统查询存在的问题: 给定一个查询, 对于用户指定的正整数 N, 如 N=10, 20 或 100, 检索出 N 个元组使其最好地匹配查询条件, 但不一定完全匹配查询条件; 输出结果按某种距离排序. 针对数值属性的 Top-N 查询描述如下.

设$\Re$为实数集, $(\Re^n, d(\cdot,\cdot))$是 n 维实距离空间, 其中 $d(\cdot,\cdot)$为距离函数. 假设 $\boldsymbol{R}\subset\Re^n$ 是一个有限数据集或关系(relation), 每个元组有 n 个属性$(A_1, A_2, \cdots, A_n)$. 一个元组 $\boldsymbol{t}\in\boldsymbol{R}$ 记为 $\boldsymbol{t} = (t_1, t_2, \cdots, t_n)$. 对于任意点 $Q = (q_1, \cdots, q_n)\in\Re^n$ 和整数 $N > 0$, 一个 Top-N 选择查询(Q, N), 简称 Top-N 查询, 就是从 $\boldsymbol{R}$ 中选择与 Q 距离最近的 N 个元组构成的有序集, 并且按距离从小到大排序. Top-N 查询的结果称为 Top-N 元组. 有时 Top-N 查询(Q, N)简记为 Q. 假设 $N < |\boldsymbol{R}|$, 否则只需检索 $\boldsymbol{R}$ 中的所有元组.

等价地, 按照距离函数 $d(\cdot,\cdot)$, $\boldsymbol{R}$ 的一个有序子集 $\boldsymbol{Y} = \langle \boldsymbol{t}_1, \boldsymbol{t}_2, \cdots, \boldsymbol{t}_N\rangle$是 Top-$N$ 查询(Q, N)的一个**结果序列**, 当且仅当$d(\boldsymbol{t}_1, Q) \leqslant d(\boldsymbol{t}_2, Q) \leqslant \cdots \leqslant d(\boldsymbol{t}_N, Q)$ (对于与 Q 的距离等于 $d(\boldsymbol{t}_N, Q)$的元组, 任取其一), 且对于任意 $\boldsymbol{t}\in(\boldsymbol{R}-\boldsymbol{Y})$有 $d(\boldsymbol{t}_N, Q) \leqslant d(\boldsymbol{t}, Q)$.

通常将 $\boldsymbol{R}\subset\Re^n$ 存储为数据库的一个基本关系(base relation, 也称为基本表或基表, base table), 模式为 $\boldsymbol{R}(\text{tid}, A_1, \cdots, A_n)$, 其中 tid 是元组标识符, $(A_1, \cdots, A_n)$为 n 个属性. 关系 $\boldsymbol{R}$ 的 n 个属性$(A_1, \cdots, A_n)$对应$\Re^n = \Re_1\times \cdots \times \Re_n$, 其中每个数轴$\Re_i$ $(1\leqslant i\leqslant n)$皆为$\Re$. 假设 $\boldsymbol{R}$ 是清洗过的, 满足一定范式(至少满足 1NF)的关系. 对于 $\boldsymbol{t}_1$, $\boldsymbol{t}_2\in\boldsymbol{R}$, 若 $\boldsymbol{t}_1[A_1, \cdots, A_n] = \boldsymbol{t}_2[A_1, \cdots, A_n]$, $\boldsymbol{t}_1[\text{tid}] \neq \boldsymbol{t}_2[\text{tid}]$, 则视 $\boldsymbol{t}_1$、$\boldsymbol{t}_2$ 为不同的元组. 例如, 两辆不同的二手车具有相同的价格和里程; 又如, 两位考生全部四门课程的考试成绩完全相同. 当不强调 tid 时, 通常不区分模式 $\boldsymbol{R}(\text{tid}, A_1, \cdots, A_n)$和 $\boldsymbol{R}(A_1, \cdots, A_n)$.

通常$\Re^n$是 n 维实向量空间, 常用的距离函数为 p-范数距离函数, 尤其 $p = 1, 2, \infty$时在许多应用程序中是非常重要的(见 1.1.2 节). 在 2 维空间中, 距离函数 $d_1(\boldsymbol{x}, \boldsymbol{y})$、$d_2(\boldsymbol{x}, \boldsymbol{y})$和 $d_\infty(\boldsymbol{x}, \boldsymbol{y})$的"球面"如图 1.5 所示, 分别为菱形、圆和正方形. Top-N 查询的结果, 即 Top-N 元组, 依赖于所用的距离函数; 不同的距离函数可能导致不同的 Top-N 元组和/或排序. 如图 1.5 所示, 符号"×"表示查询点 Q, 针对上述三种 p-范数距离函数, 其 Top-10 元组是不同的.

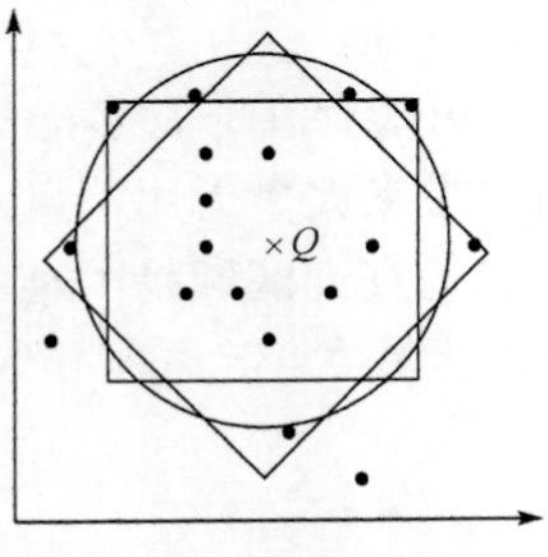

图 1.5 常用距离函数的"球面"及查询$(Q,10)$的不同结果("×"表示查询点,"•"表示元组)

值得注意的是，对于任意给定的距离函数，相应的超球面上的任一点和查询点之间的距离是相等的. 因此，如果该(闭)球包含至少 N 个元组，那么可以保证查询的 Top-N 元组被含于此球. 如果一个空间的“边界”不平行于关系 $\boldsymbol{R}(\text{tid}, A_1, \cdots, A_n)$的属性 A_i 所对应的数轴$\Re_i$ ($1\leqslant i\leqslant n$)，那么传统数据库系统将无法有效地搜索该空间. 如图 1.1(a)所示，对于欧氏距离函数的超球(二维空间是圆)，传统数据库系统不能提供有效的技术来检索只属于该球空间(二维空间圆)中的元组；相反，该超球的外切 n-正方形(二维空间为 2-正方形，即平面上的正方形)，其所围空间的“边界”平行于轴线，传统数据库系统的 SQL 区域查询语句能够有效地搜索该空间. 从图 1.1(a)易知，距离函数 $d_1(\boldsymbol{x}, \boldsymbol{y})$的超球的大小(这里指体积)是最小的，其外切 n-正方形的大小与之相比增加得最多，如在二维空间，外切正方形比菱形增加一倍. 然而，对于距离函数 $d_\infty(\boldsymbol{x}, \boldsymbol{y})$，超球和其外切 n-正方形重合，搜索空间大小没有增加. 因此，在上述距离函数中，如果外切 n-正方形作为搜索空间获得 Top-N 查询的候选元组，处理距离 $d_1(\boldsymbol{x}, \boldsymbol{y})$开销最大，而距离 $d_\infty(\boldsymbol{x}, \boldsymbol{y})$开销最小；对此，从范数$\|\cdot\|_p$ 的 p-单调性也可获知(见定理 1.2，即$\|\cdot\|_p$ 的 p-单调性定理).

在应用距离函数时，不同属性的重要性(或权重)可能不同. 例如，在购买二手汽车时，相差 100 美元比 100 英里重要得多. 解决这类问题，可以使用带权的距离函数(Chen et al. 2003; Yu et al. 2001). 不失一般性，对元组的排序，本书假设所有的属性是同等重要的，并且距离函数能直接应用(否则使用重要性因子/权重进行适当调整).

上述 Top-N 查询模式与 1.3.1 节的 KNN 查询模式类似，与文献(Motro, 1988)中查询模式的语义是一致的. 不同于 1.3.2 节的 Top-K 查询模式，Top-N 查询的查询点是任意的，排序函数(这里是距离函数)不要求是 F-单调的.

本书所讨论的关系 Top-N 查询与 KNN 查询既有联系又有区别. 本书中的 Top-N 查询与 KNN 查询的模式基本一致. 区别在于本书建立的所有算法是与 DBMS 有联系的；其中一些方法在 RDBMS 之上构建一个薄层(如知识库、索引、直方图等)，扩展并利用 RDBMS 来处理 Top-N 查询(KNN 查询)，或者是数据库友好的算法.

对于上述三类查询模式，皆存在朴素算法(naïve algorithm, NA)：①扫描数据集或关系 $\boldsymbol{R}$ 中的每个对象或元组 $\boldsymbol{t}$；②计算每个对象或元组与查询点之间的距离 $d(Q, \boldsymbol{t})$，或排序函数值 $f(\boldsymbol{t})$；③对 $d(Q, \boldsymbol{t})$或 $f(\boldsymbol{t})$按上升或下降顺序排序，将排在前面的(一个或多个)对象或元组展示给用户即可. 当 $\boldsymbol{R}$ 较大时，朴素算法是低效的，通常作为一个基准来衡量其他算法. 因此，需要寻求快速的处理方法，其主旨是创建一些数据结构和算法尽量避免扫描整个数据集. 另外，维数灾难是 NNS 的一个最具挑战性的悬而未决的问题；同样，如文献(Berchtold et al., 2000)所述，如果一个数据库有较多属性，那么传统的多维索引结构的性能将迅速恶化，当数据的维数超过 12 时，甚至专门的高维索引结构的性能也会下降. 所以，在研究查询处理的过程中，高维数据是需要关注的.

本书的其余部分安排如下：第 2～6 章将在 RDBMS 之上构建结构和算法，利用 SQL 的 Select 查询语句处理相关的查询问题. 第 2～4 章为上述数值属性的关系 Top-N 查询. 第 2 章主要介绍基于学习的处理方法. 针对多查询的并发处理和查询流处理，第 3 章和第 4 章分别优化第 2 章的方法，给出相应的处理方法. 第 5 章是基于语义距离的排序查询，即基于语义相似度的匹配. 第 6 章是中文关键词查询，即关键词搜索的模式. 针对上述数值属性的关系 Top-N 查询，第 7 章给出数据库友好的算法，不必使用 Select 查询语句.

参 考 文 献

王珊，萨师煊. 2014. 数据库系统概论. 5 版. 北京：高等教育出版社.

吴品三. 1979. 近世代数. 北京：人民教育出版社.

夏道行，吴卓人，严绍宗，等. 1979. 实变函数论与泛函分析. 北京：高等教育出版社.

Berchtold S, Böhm C, Keim D A, et al. 2000. Optimal multidimensional query processing using tree striping// Proceedings of the 2nd Int. Conf. Data Warehousing and Knowledge Discovery (DaWaK'00): 244-257.

Borodin A, Ostrovsky R, Rabani Y. 1999. Lower bounds for high dimensional nearest neighbor search and related problems// Proceedings of the 31st Annual ACM Symposium on Theory of Computing (STOC), Atlanta: 312-321.

Bruno N, Chaudhuri S, Gravano L. 2002. Top-k selection queries over relational databases: Mapping strategies and performance evaluation. ACM Transactions on Database Systems, 27(2): 153-187.

Carey M, Kossmann D. 1997. On saying "enough already!" in SQL// Proceedings of the ACM Int. Conf. Management of Data (SIGMOD), Tucson: 219-230.

Carey M, Kossmann D. 1998. Reducing the braking distance of an SQL query engine// Proceedings of 24th International Conference on Very Large Databases (VLDB), New York: 158-169.

Chen C, Ling Y. 2002. A sampling-based estimator for top-k selection query// Proceedings of the 18th International Conference on Data Engineering (ICDE'02), San Jose: 617-627.

Chen Y, Meng W. 2003. Top-N query: Query language, distance function and processing strategies// Proceedings of International Conference on Web-age Information Management, Chengdu: 458-470.

Connolly T, Begg C. 2005. Database Systems: A Practical Approach to Design, Implementation and Management. 4th ed. Beijing: Addison Wesley and Publishing House of Electronics Industry.

Cormen T H, Leiserson C E, Rivest R L, et al. 2001. Introduction to Algorithms. Cambridge: MIT Press.

Donjerkovic D, Ramakrishnan R. 1999. Probabilistic optimization of Top-N queries// Proceedings of the 25th International Conference on Very Large Databases (VLDB'99), Edinburgh: 411-422.

Fagin R. 1996. Combining fuzzy information from multiple systems// Proceedings of the 15th ACM Symp. on Principles of Database Systems(PODS'96): 216-226.

Fagin R. 1999. Combining fuzzy information from multiple systems. J. Comput. Syst. Sci., 58(1): 83-99.

Fagin R, Kumar R, Sivakumar D. 2003a. Efficient similarity search and classification via rank aggregation// Proceedings of the ACM Int. Conf. Management of Data (SIGMOD), San Diego: 301-312.

Fagin R, Lotem A, Naor M. 2001. Optimal aggregation algorithms for middleware// Proceedings of the 20th ACM Symp. on Principles of Database Systems (PODS'01): 102-113.

Fagin R, Lotem A, Naor M. 2003b. Optimal aggregation algorithms for middleware. J. Comput. Syst. Sci., 66(4): 614-656.

Har-Peled S, Indyk P, Motwani R. 2012. Approximate nearest neighbor: Towards removing the curse of dimensionality. Theory of Comput., 8(1):321-350.

Hoffer J A, Prescott M, McFadden F R. 2004. Modern Database Management. 6th ed. Beijing: Prentice Hall and Publishing House of Electronics Industry.

Indyk P. 2004. Nearest Neighbors in High-Dimensional Spaces, Handbook of Discrete and Computational Geometry. 2nd ed. New York: CRC Press.

Ilyas I F, Beskales G, Soliman M A. 2008. A survey of top-k query processing techniques in relational database systems. ACM Comput. Surv., 40(4): Article 11.

Jagadish H, Ooi B, Tan K L, et al. 2005. iDistance: An adaptive B^+-tree based indexing method for nearest neighbor search. ACM Trans. Database Syst., 30(2): 364-397.

Motro A. 1988. VAGUE: A user interface to relational databases that permits vague queries. ACM Trans. Office Inf. Syst., 6(3): 187-214.

Özsu M T, Valduriez P. 2011. Principles of Distributed Database Systems. 3rd ed. New York: Springer-Verlag.

Raïssouli M, Jebril I H. 2010. Various proofs for the decrease monotonicity of the schatten's power norm, various families of Rn-norms and some open problems. Int. J. Open Problems Compt. Math., 3(2): 164-174.

Ramakrishan R. 1998. Database Management Systems. New York: WCB/McGraw-Hill.

Schäler M, Grebhahn A, Schröter R, et al. 2013. Queval: Beyond high-dimensional indexing á la carte// Proceedings of the VLDB Endowment, 6(14): 1654-1665.

Silberschatz A, Korth H F, Sudarshan S. 2002. Database System Concepts. 4th ed. New York: McGraw-Hill.

Singh V, Singh A K. 2012. SIMP: Accurate and efficient near neighbor search in high dimensional spaces// Proceedings of the 15th Int. Conf. Extending Database Technol. (EDBT), Berlin: 492-503.

Tsaparas P. 1999. Nearest neighbor search in multidimensional spaces. Toronto: University of Toronto.

Ullman J D, Widom J. 2008. A First Course in Database Systems. 3rd ed. Beijing: Pearson Education Asia Limited and China Machine Press.

Yu C, Sharma P, Meng W, et al. 2001. Database selection for processing k nearest neighbors queries in distributed environments// Proceedings of ACM/IEEE Joint Conference on Digital Libraries (JCDL'01), Roanoke: 215-222.

Yu C, Philip G, Meng W. 2003. Distributed top-N query processing with possibly uncooperative local systems// Proceedings of the 29th International Conference on Very Large Databases (VLDB'03), Berlin: 117-128.

Zhu L, Meng W, Liu C, et al. 2010. Processing top-N relational queries by learning. Journal of Intelligent Information Systems, 34(1): 21-55.

第 2 章　基于学习的 Top-N 查询处理

本章介绍数值属性的关系 Top-N 查询模式(见 1.3.3 节)的处理方法. 首先概述基于直方图的方法和基于抽样的方法; 接着讨论数据维数对查询处理的影响; 然后介绍本章的主要内容, 基于学习的方法及相关实验结果, 本章对 1.3.3 节所描述的 Top-N 查询模式有所限制, 为便于讨论重述如下.

设$\Re$为实数集, $\Re^n$ 是 n 维实向量空间, $d(\cdot,\cdot)$为$\Re^n$ 上的距离函数. 假设 $\boldsymbol{R}\subset\Re^n$ 是一个有限数据集或关系, 每个元组有 n 个属性$(A_1, A_2, \cdots, A_n)$. 一个元组 $\boldsymbol{t}\in\boldsymbol{R}$ 记为 $\boldsymbol{t} = (t_1, t_2, \cdots, t_n)$. 对于任意点 $Q = (q_1, q_2, \cdots, q_n)\in\Re^n$ 和整数 $N > 0$, 一个 Top-N 选择查询(Q, N), 简称 Top-N 查询, 就是从 $\boldsymbol{R}$ 中选择与 Q 距离最近的 N 个元组构成的有序集, 并且按距离从小到大排序. Top-N 查询的结果称为 Top-N 元组. 有时 Top-N 查询(Q, N)简记为 Q. 假设 $N < |\boldsymbol{R}|$ (其中$|\boldsymbol{R}|$为 $\boldsymbol{R}$ 的大小, 即 $\boldsymbol{R}$ 所含有元组的个数), 否则只需检索出 $\boldsymbol{R}$ 中所有的元组.

等价地, 按照距离函数 $d(\cdot,\cdot)$, $\boldsymbol{R}$ 中的一个有序子集 $\boldsymbol{Y} = \langle \boldsymbol{t}_1, \boldsymbol{t}_2, \cdots, \boldsymbol{t}_N\rangle$是 Top-$N$ 查询(Q, N)的一个**结果序列**, 当且仅当$d(\boldsymbol{t}_1, Q) \leqslant d(\boldsymbol{t}_2, Q) \leqslant \cdots \leqslant d(\boldsymbol{t}_N, Q)$ (若存在多个元组与 Q 的距离等于 $d(\boldsymbol{t}_N, Q)$, 则任取其一), 且对于任意 $\boldsymbol{t}\in(\boldsymbol{R}-\boldsymbol{Y})$有 $d(\boldsymbol{t}_N, Q) \leqslant d(\boldsymbol{t}, Q)$.

通常 $\boldsymbol{R}\subset\Re^n$ 为关系数据库的一个基本关系或称为基本表, 具有模式 $\boldsymbol{R}(\text{tid}, A_1, A_2, \cdots, A_n)$, 其中 tid 为元组标识, 由 RDBMS 来管理.

本章所介绍的方法主要是针对空间$(\Re^n, \|\cdot\|_p)$, 如 $p = 1, 2, \infty$的三种范数距离函数 $d_p(\boldsymbol{x}, \boldsymbol{y}) = \|\boldsymbol{x} - \boldsymbol{y}\|_p$, 即曼哈顿距离 $d_1(\boldsymbol{x}, \boldsymbol{y})$、欧氏距离 $d_2(\boldsymbol{x}, \boldsymbol{y})$和最大距离 $d_\infty(\boldsymbol{x}, \boldsymbol{y})$; 这些方法在 RDBMS 之上构建一个薄层(如知识库、索引、直方图等), 扩展并利用 RDBMS 来处理 Top-N 查询.

2.1　关系 Top-N 查询处理

朴素算法是低效的, 因此寻求有效的策略来快速处理 Top-N 查询并得到准确的查询结果是一个重要的焦点问题, 其基本思想是创建一些数据结构, 且构造相应的算法尽量避免扫描整个数据集. 为此, 文献(Chaudhuri et al., 1999; Bruno et al., 2002; Chen et al., 2002)提出了一些有效的方法, 其基本思路是找到中心在查询点 Q 的一个尽可能小的区域, 使该区域包含所有 Top-N 元组和尽量少的其他元组.

这样，处理一个关系 Top-N 查询可以通过如下三个步骤实现.

(1) 运用一些方法、技术和策略给查询条件中的每个属性确定一个查询范围. 若有 n 个相关属性，则该查询范围形成一个 ***n* 维超矩形**(称为**搜索区域**).

(2) 基于搜索区域构造一个 SQL 区域查询，由 RDBMS 检索出搜索区域中的元组(数据点)；搜索区域中的元组称为**候选元组**，所有候选元组的集合称为 Top-N 查询的**候选集**.

(3) 计算候选元组和查询 Q 的距离，根据这些距离对候选元组排序并输出其前 N 个元组，即得到 Top-N 元组.

显然，上述第(1)步确定搜索区域是关键步骤. 第(2)步将 Top-N 查询转换为 SQL 区域查询(Select-From-Where 语句)可以充分利用 RDBMS 来处理关系 Top-N 查询.

用 $R = \prod_{i=1}^{n}[a_i, b_i]$表示一个 n 维超矩形，用 $v(R) = \prod_{i=1}^{n}(b_i - a_i)$表示 R 的体积. 设 $Q = (q_1, q_2, \cdots, q_n)\in\Re^n$ 是一个 Top-N 查询并且 $r > 0$ 为一个实数，用 $S(Q, r) = \prod_{i=1}^{n}[q_i - r, q_i + r]$表示中心在 Q 点、边长为 $2r$ 的 ***n* 维正方形**. 本章将介绍一些方法，用来找到一个尽量小的搜索距离 r，使得 $S(Q, r)$按照给定的距离函数包含 Top-N 元组，并且称 r 为**搜索距离**. 对于 Top-N 查询 Q，用 $S(Q, r, N)$表示所有包含 Top-N 元组的 n 维正方形 $S(Q, r)$中的最小者，并且称这个**最小正方形** $S(Q, r, N)$的 r 为**最优搜索距离**. 有时将 n 维超矩形记为 n-矩形，n 维正方形记为 n-正方形.

如第 1 章所述，关于 1.3.2 节的 Top-K 查询模式，针对非单调排序函数的处理方法是一个挑战性问题(Ilyas et al., 2008)，因此目前所提出的绝大多数处理技术考虑 F-单调的排序函数，而只有少数文献所研究的处理方法考虑一般的排序函数. 类似地，针对 1.3.3 节的 Top-N 查询模式，也只有较少的文献，其中一些有效的方法包括：文献(Chaudhuri et al., 1999; Bruno et al., 2002)提出的基于直方图(histogram)的方法、文献(Chen et al., 2002)提出的基于抽样(sampling)的方法、文献(Chen et al., 2003)提出的基于数据融合(data fusion)的方法、文献(Zhu et al., 2004; Zhu et al., 2010)提出的基于学习(learning)的方法. 按照文献(Ilyas et al., 2008)的分类，这些方法不属于 TA-家族，而属于另一类，即过滤-重启类(filter-restart category)；SQL 语句块 Select-From-Where 是这些方法的重要组成部分. 然而，在 TA-类算法中不使用 SQL 语句.

针对数值属性的关系 Top-N 查询有许多研究内容，例如：①查询语言，怎样扩展经典的 SQL 使其能够描述不同类型的 Top-N 查询？②距离函数(评分函数)，对于一个给定的查询，应该用何种距离函数对元组排序？③查询处理，如何对 Top-N 查询进行快速且准确的处理？

文献(Chen et al., 2003)提出一种机制，即原集合(raw set)机制，用数据融合的方法研究 Top-N 查询，其中包括查询语言、距离函数和处理策略等内容. 文献

(Chen et al., 2003)扩充了 SQL，对距离函数作了详细讨论，其中所论述的数据是低维的；在理论上将其方法与文献(Chaudhuri et al., 1999)中的方法进行了对比. 此外，该文献还提出了区域 Top-N 查询的概念. 本章主要讨论基于学习的方法(Zhu et al., 2004; Zhu et al., 2010)并且与基于直方图的方法(Chaudhuri et al., 1999; Bruno et al., 2002)和基于抽样的方法(Chen et al., 2002)进行比较. 为此，下面简述后两种方法.

2.1.1 基于直方图的方法

直方图方法是数据库中估计**选择率因子**(selectivity factor)的一种重要方法. 鉴于此方法，针对 Top-N 查询，文献(Chaudhuri et al., 1999; Bruno et al., 2002)提出了基于直方图的方法，后者是前者的研究扩展，简述如下.

对于关系 $\boldsymbol{R}(A_1, \cdots, A_n)\subset\Re^n$，得到包含关系 $\boldsymbol{R}$ 的最小 n-矩形 $R = [\min(A_1), \max(A_1)] \times\cdots\times [\min(A_n), \max(A_n)]$. 将该 n-矩形 R 进行划分，构造一个直方图 $\mathscr{H}=\{(R_1, f_1), (R_2, f_2), \cdots, (R_m, f_m)\}$，称$(R_k, f_k)$为直方图 $\mathscr{H}$ 的**桶**(bucket)，$1 \leqslant k \leqslant m$，其中 $R_k =\prod_{i=1}^{n}[R_k.a_i, R_k.b_i]$为 n-矩形，由其最小点$(R_k.a_1, \cdots, R_k.a_n)$和最大点$(R_k.b_1, \cdots, R_k.b_n)$来确定，$f_k$ 是 R_k 中所含关系 $\boldsymbol{R}$ 的元组的数目$(f_k = |\boldsymbol{R}\cap R_k|)$，称为桶$(R_k, f_k)$或 R_k 的**频率**，$\mathscr{H}$ 中的 n-矩形是互不相交的，且其并集$\bigcup_{k=1}^{m} R_k$ 覆盖关系 $\boldsymbol{R}$，即 $\boldsymbol{R}\subset\bigcup_{k=1}^{m} R_k$；所以，$\forall \boldsymbol{t}\in \boldsymbol{R}$, $\exists! R_k$ 使得 $\boldsymbol{t}\in R_k$. 有时称 R_k 为桶.

文献(Chaudhuri et al., 1999)中有两种基本策略，一种是“乐观的”，另一种是“悲观的”. 用直方图方法分别计算出两个搜索距离 dRq 和 dNRq 对应乐观和悲观的两种策略. 设 Q 是一个查询点：①对于乐观策略，其搜索距离由直方图 $\mathscr{H}$ 中靠近 Q 的某个或某些桶中，与 Q 最近元组的距离来确定，记为 dRq，称为“重新开始搜索距离(Restart search distance)”，由 dRq 确定的区域查询返回的元组数小于 N，需要放大 dRq, dRq := dRq + δ，使得重新开始的区域查询返回的元组数大于或等于 N；②对于悲观策略，其搜索距离由直方图 $\mathscr{H}$ 中靠近 Q 的某个或某些桶中，与 Q 最远元组的距离来确定，记为 dNRq，称为“非重新开始搜索距离(no restart search distance)”，由 dNRq 确定的区域查询返回的元组数大于或等于 N. 另外，文献(Chaudhuri et al., 1999)还给出了两种中间方法——Inter1 和 Inter2，分别对应搜索距离(2dRq + dNRq)/3 和(dRq + 2dNRq)/3.

对于文献(Chaudhuri et al., 1999)中的这四种策略，在文献(Bruno et al., 2002)中进行了改进. 后者给出一种策略，称为动态(dynamic)策略，其搜索距离的表达式为 $\mathrm{dq}(\alpha) = \mathrm{dRq} + \alpha(\mathrm{dNRq} - \mathrm{dRq})$, $0 \leqslant \alpha \leqslant 1$, α 称为最佳参数. 文献(Bruno et al., 2002)用训练例来计算 α 的近似值 α^*. 因此，α^* 的值依赖于训练例和关系 $\boldsymbol{R}$ 的特性.

直方图方法是一种**准确**(exact)的方法，即能够保证返回 Top-N 个元组．然而，这种方法存在一个关键问题，即无法解决高维数据，在实际中维数不能超过 3 维(Bruno et al., 2002; Lee et al., 1999)．例如，对于包含 $\boldsymbol{R}$ 的最小 n-矩形 $R=\prod_{i=1}^{n}[a_i, b_i]$，如果每一维$[a_i, b_i]$仅分成两份$[a_i, c_i]$和$[c_i, b_i]$来构造直方图 $\mathscr{H}$，则 $\mathscr{H}$ 中含有 2^n 个桶，当维数 n 较大时，其所用空间和遍历时间的开销都是巨大的，并且这样的直方图很难准确描述数据集 $\boldsymbol{R}$ 的分布情况．另外，当查询点 Q 落在某些桶的边界或靠近其边界时，得到的搜索区域可能较大，使得效率较低．

文献(Bruno et al., 2002)的实验报告了 2～4 维数据的情况，并且与文献(Chen et al., 2002)中基于抽样方法的实验结果进行了比较．实验结果表明，对于 2～4 维数据集以及偏倚和均匀分布的查询集合，文献(Bruno et al., 2002)中的动态方法和文献(Chen et al., 2002)中的 Para 方法之间的差别非常小．

2.1.2　基于抽样的方法

数据库中估计选择率因子有多种方法，其中抽样方法是另一种常用的方法，类似地，文献(Chen et al., 2002)提出了基于抽样的方法来改进文献(Chaudhuri et al., 1999)的策略．

基于抽样的方法的基本思想是概率统计学中"钓鱼问题"的解决方法(王梓坤, 1976)，也就是从数据集 $\boldsymbol{R}$ 中随机抽取 s 个样本 $\boldsymbol{x}_1, \boldsymbol{x}_2, \cdots, \boldsymbol{x}_s$．对于一个 Top-$N$ 查询(Q, N)，按给定的距离函数 $d(\cdot,\cdot)$从小到大对样本集合 $\mathscr{S}=\{\boldsymbol{x}_1, \boldsymbol{x}_2, \cdots, \boldsymbol{x}_s\}$排序，不失一般性，设 $d(\boldsymbol{x}_1, Q)\leqslant d(\boldsymbol{x}_2, Q)\leqslant\cdots\leqslant d(\boldsymbol{x}_s, Q)$．令$\lambda=N\cdot(s/|\boldsymbol{R}|)$，则$\{\boldsymbol{x}_1, \boldsymbol{x}_2, \cdots, \boldsymbol{x}_\lambda\}$的最小有界矩形(minimum bounding rectangle, MBR)将近似包含$\lambda\cdot(|\boldsymbol{R}|/s)=N$ 个元组，其中$|\boldsymbol{R}|$为 $\boldsymbol{R}$ 包含的元组数目．文献(Chen et al., 2002)构造一些算法，如 Para，得到搜索距离 $r>0$，然后确定搜索区域是中心为 Q、边长为 $2r$ 的 n-正方形即可．

不同于基于直方图的方法，基于抽样的方法是一种近似方法，适用于高维数据并且在实际中容易实现，能够克服维数灾难问题，这是基于直方图的方法无法解决的问题．然而，由于基于抽样的方法是一种近似方法，只能得到一个 Top-N 查询的近似 N 个元组，不能保证返回 N 个元组．针对 2～104 维的各种数据集，文献(Chen et al., 2002)的实验讨论了返回 $N\cdot 90\%$和 $N\cdot 95\%$个元组的情况，没有报告返回 $N\cdot 100\%$个元组的情况；其实验的焦点是基于抽样的方法的查准率(precision)和召回率(recall)．

对于大型数据集，这种方法可能是低效的．例如，当一个关系中有 1000000 个元组时，根据文献(Chen et al., 2002)，其 5%的样本集合包含 50000 个元组将在内存中用于处理 Top-N 查询，其空间和时间开销都很大．另外，当 N 和 s 都较小时(如 $N<20$，以及 5%的样本)，出现 $\lambda=N\cdot(s/|\boldsymbol{R}|)<1$ 的情况，取 $\lambda=1$ 可能导致误差较大．

2.1.3　数据维数对查询处理的影响

现在讨论数据空间的维数 n 对 Top-N 查询处理效率的影响. 为了便于讨论, 假设 $\boldsymbol{R}$ 中元组的分布是均匀的且具有密度ρ. 因此, 对于 Top-N 查询(Q, N)有 $N \propto v(S(Q, r, N))\rho$, 其中 $S(Q, r, N)$的体积 $v(S(Q, r, N)) = (2r)^n$. 考虑查询 Q 的 Top-N 元组和 Top-N_1 元组, 其最小正方形分别为 $S(Q, r, N)$和 $S(Q, r_1, N_1)$, 其中 $N_1 > N$ 且 $r_1 > r$.

因为元组的分布是均匀的, 即ρ是一个常数, 所以 $S(Q, r, N)$中元组的数目只依赖于 $v(S(Q, r, N))$, 因而只依赖于搜索距离 r 和维数 n. 设 $r_1 = r + \delta$, 得到

$$\frac{N_1}{N} = \frac{v(S(Q,r_1,N_1))}{v(S(Q,r,N))} = \frac{(2r_1)^n}{(2r)^n} = \frac{(r+\delta)^n}{r^n} = \left(1+\frac{\delta}{r}\right)^n$$

若 $\delta = r/n$, 则 $N_1 / N = \left(1+\dfrac{1}{n}\right)^n$. 因为 $2 \leqslant \left(1+\dfrac{1}{n}\right)^n < \mathrm{e} < 3$, 所以当 $r_1 = r + r/n$ 时, 得到

$$2 \leqslant \frac{N_1}{N} = \left(1+\frac{\delta}{r}\right)^n = \left(1+\frac{1}{n}\right)^n < 3 \tag{2-1}$$

由式(2-1)可知, Top-N 元组的搜索距离和 Top-$2N$ 元组的搜索距离之差不超过 $r_1 - r = r/n$. 如果维数 n 足够大, 那么 $r_1 - r$ 会非常小.

对于一个固定实数 $a > 0$, 函数 $f(x) = (1 + a/x)^x$, $x > 0$ 是一个单调递增函数, 当 $x\to\infty$时, $(1 + a/x)^x \to \mathrm{e}^a$ 并且对于 $x \geqslant a$, 有 $2^a \leqslant (1 + a/x)^x < \mathrm{e}^a < 3^a$. 因此, 对于正整数 m, 如果 $\delta = (m/n)r$, 那么对于 $n = m, m+1, \cdots$, 得到

$$2^m \leqslant N_1 / N = \left(1+\frac{\delta}{r}\right)^n < 3^m \tag{2-2}$$

由式(2-2)可知, 当数据服从均匀分布时, 对于 $n \geqslant m$, Top-N 元组的搜索距离和 Top-2^mN 元组的搜索距离之差不超过$(m/n)r$ (注: 上述 $\mathrm{e} = 2.71828\cdots$, 为欧拉数).

例如, 若关系 $\boldsymbol{R}$ 具有均匀分布且 n =100 维, Top-10 元组的搜索距离是 r = 1, 对于 m = 10, 则 Top-2^m·10 = Top-10240 (或大约为 Top-10000)元组的搜索距离不超过$(1 + 10/100)r = 1.1$.

上述分析阐明对于高维均匀分布的数据, 当搜索距离只稍许增加时, n-正方形将会含有大量元组, 导致非常高的检索开销.

当维数 n 充分大时, 如前所述, 不仅构造直方图 $\mathscr{H}$的难度大, 而且空间和时间开销也是巨大的, 甚至是不能实现的(如 n =100 维). 另外, 基于直方图方法的搜索距离 dq(α) = dRq + α(dNRq − dRq), 因此在高维空间, dq(α)引发的开销可能远大于 dRq.

如前所述，基于直方图的方法(Bruno et al., 2002)和基于抽样的方法(Chen et al., 2002)是确定 Top-N 查询的搜索距离 $r > 0$ 的两种很好的策略，各有优势和不足. 基于直方图的方法是一种**准确**方法，能保证返回 N 个元组，但是这种方法不能处理高维数据. 基于抽样的方法是一种**近似**方法，适用于高维数据(其实验数据集为 2～104 维)，但是此方法不能保证返回 N 个元组. 文献(Zhu et al., 2004; Zhu et al., 2010)提出的基于学习的方法结合上述两种方法的优点，同时克服了二者的不足；也就是说，既适用于高维数据也能保证返回 Top-N 个元组，并且有较好的性能. 后面将介绍这种基于学习的方法.

2.2　基于学习的 Top-N 查询处理方法

针对关系 Top-N 查询处理，本节介绍基于学习的方法. 此方法的基本思想相当简单，描述如下：首先，辨析频繁提交的查询，并且将这些查询的处理策略存储在一个知识库中；然后，对于每个新提交的查询，若其处理策略已经被存储，或相似于知识库中一些查询，则从知识库中相同查询或某些相似查询的处理策略推导出这个新查询的一种处理策略.

这种方法针对一个重复查询(repeating query，即新提交的查询和知识库中的某个查询相同)，能够最快地得到结果. 直观地，如果重复查询有较高的百分比，例如，100 个查询中有 30～50 个或更多的查询与知识库的查询相同，此方法将会非常有效.

针对基于学习的方法，需要研究的问题包括：①知识库中应该存储什么样的查询，以及应该存储哪些信息？②如何使用所存储的信息来处理新提交的查询？③新查询处理之后和/或数据库变化之后，如何维护知识库？④知识库的稳定性如何？下面将逐一讨论这些问题.

2.2.1　查询信息的存储

最初知识库是空的. 当一个新查询提交给系统时，可用现有的方法，如文献(Bruno et al., 2002)的基于直方图的方法或(Chen et al., 2002)的基于抽样的方法，或朴素算法来处理查询. 本质上，文献(Bruno et al., 2002)或(Chen et al., 2002)方法找到一个 n-正方形，然后在该 n-正方形中检索出元组. 查询处理完毕而且其结果返回给用户之后，系统不忙碌时，一个离线程序开始运行寻找最小 n-正方形，使其包含相关查询的 Top-N 元组. 从查询和检索出的 Top-N 元组之间的距离能够获得该最小 n-正方形. 设 $Q = (q_1, \cdots, q_n)$为查询点，并且 $\boldsymbol{t}_i = (t_{i1}, \cdots, t_{in})$, $i = 1, \cdots, N$ 为 Top-N 元组，则最小 n-正方形的搜索距离为

$$r = \max_{1 \leqslant i \leqslant N} \{d_\infty(Q, \boldsymbol{t}_i)\} = \max_{1 \leqslant i \leqslant N} \{\max_{1 \leqslant j \leqslant n} \{|q_j - t_{ij}|\}\}$$

当获得最小 n-正方形之后，收集和存储一些信息，形成查询 Q 的简档(profile).

定义 2.1(查询简档, query profile)　对于 Top-N 查询 Q, 称六元组$\zeta(Q) = (Q, N, r, f, c, d)$为查询 Q 的简档，其中 r 为最优搜索距离，用来构成最小 n-正方形 $S(Q, r, N)$包含 Q 的 Top-N 元组; f 表示 $S(Q, r, N)$的频率($S(Q, r, N)$中元组的个数，显然 $N \leqslant f$); c 表示 Q 被提交的次数; d 表示 Q 被提交的最近时刻.

在系统被应用一段时间之后，一些查询的简档被创建并且存储在**知识库**中，用$\mathcal{P} = \{\zeta_1, \zeta_2, \cdots, \zeta_m\}$表示该知识库，即一些简档构成的集合. 该**简档集合**(知识库)驻留在主存中, 也可以存储为关系数据库的一个**关系/表**，称为**知识库关系/知识库表**，以备后用，由系统维护该知识库. 主存中存放的知识库可以是知识库表中的全部或部分简档，用来处理新提交的 Top-N 查询. 如无特殊说明，$\mathcal{P}$指主存中的知识库, 并且是第二级存储设备(如硬盘)的知识库表中的全部简档. 称$\mathcal{P}$中的查询为**简档查询**，且称 n-正方形 $S(Q, r, N)$为**简档区域**.

显然，由于存储和维护的开销，存储所有被处理查询的简档是不可能的. 为解决此问题，应该只保存那些最近的、频繁被提交的查询所对应的简档，参数 c 和 d 反映查询是否“频繁”和“最近”等情况，来确定简档查询的**优先级**，用于$\mathcal{P}$的维护.

在实现中，初始知识库并非建立于真实用户查询，而是建立于从可能的查询空间中任意挑选的查询.

知识库$\mathcal{P}$与直方图 $\mathscr{H}$ 比较如下：①构建直方图 $\mathscr{H}$ 是困难和复杂的工作，而创建知识库$\mathcal{P}$是容易和简单的. ②$\mathscr{H}$ 中的桶覆盖关系 $\boldsymbol{R}$，即 $\boldsymbol{R} \subset \bigcup_{k=1}^{m} R_k$，而$\mathcal{P}$中的搜索区域 $S(Q, r, N)$的并集不一定覆盖关系 $\boldsymbol{R}$. ③$\mathscr{H}$ 中的桶是互不相交的，实际上对于任意 $i \neq j$, $1 \leqslant i, j \leqslant m$, $(\boldsymbol{R} \cap R_i)$与$(\boldsymbol{R} \cap R_j)$不相交，即$(\boldsymbol{R} \cap R_i) \cap (\boldsymbol{R} \cap R_j) = \varnothing$；而$\mathcal{P}$中的 $S(Q, r, N)$彼此是否相交是随机的，没有任何限制. ④$\mathscr{H}$ 中桶的数目与关系 $\boldsymbol{R}$ 的维数 n 有关，若每一维至少分成两份，则桶的数目$|\mathscr{H}|$至少是 2^n；而$\mathcal{P}$中简档的数目与维数 n 无关. ⑤$\mathcal{P}$比 $\mathscr{H}$ 包含更多的信息，当 $n<4$ 时，$\mathcal{P}$中每个简档$\zeta = (Q, N, r, f, c, d)$所需存储空间的大小超过 $\mathscr{H}$ 中每个桶(R, f)的大小，当 $n=4$ 时，二者相等，当 $n>4$ 时，后者超过前者. ⑥$\mathcal{P}$有益于重复查询，针对重复查询，运用$\mathcal{P}$可以最快地进行处理；然而，运用 $\mathscr{H}$ 处理任何查询的开销是一样的.

知识库$\mathcal{P}$与样本集合 $\mathscr{S}$ 比较如下：①二者都是简单和容易实现的，虽然样本集合 $\mathscr{S}$实现更容易，但是确定 $\mathscr{S}$的大小是困难的，样本太少，则误差较大，准确性不够好，样本太多，则开销较大；②$\mathcal{P}$比 $\mathscr{S}$包含更多和更精确的信息.

2.2.2　新提交查询的处理

当系统收到一个新提交的 Top-N 查询 Q 时，需要为其找到适当的搜索距离 r.

如果系统没有存储任何简档，如同任何新查询一样，对此查询进行处理；例如，可用文献(Bruno et al., 2002)或(Chen et al., 2002)中讨论的方法寻找搜索距离 r，或直接运用朴素算法. 当知识库中存储了一些查询的简档之后，对用户新提交的查询 Q，运用知识库中的简档获得 Q 的搜索距离 r 成为可能. 本节讨论如何在新查询的处理过程中运用查询简档，其基本步骤如下.

步骤 1　用查询点之间的距离确定$\mathcal{P}$中是否包含与 Q 相似的查询. 若是，则由这些查询的简档导出 Q 的搜索距离 r. 若否，则用某种存在的方法(如直方图方法、抽样方法，或朴素算法)得到 r 并且返回 Top-N 元组，然后转到步骤 3.

步骤 2　检索 n-正方形 $S(Q, r)$中所有的元组. 如果检索的元组数目大于或等于 N，则将这些元组按其与 Q 的距离从小到大进行排序，若得到 Top-N 元组，则输出结果，然后转到步骤 3；否则，选择较大的 r 使其保证返回 Q 的 Top-N 元组(一般而言，用不同的距离函数得到的结果和排序可能是不同的).

步骤 3　维护$\mathcal{P}$. 当新的查询被处理或数据库发生变化时，需要维护知识库$\mathcal{P}$.

1. 确定搜索距离

设知识库$\mathcal{P} = \{\zeta_1, \zeta_2, \cdots, \zeta_m\}$，$m \geqslant 1$，即简档集合$\mathcal{P}$非空. 对于一个新提交的查询$(Q, N)$，关键是得到其搜索距离 r，描述如下.

首先，基于距离函数 $d(\cdot,\cdot)$，从$\mathcal{P}$中确定简档$\zeta' = (Q', N', r', f', c', d')$使得 $Q'= (q_1', q_2', \cdots, q_n')$ 与 Q 之间的距离最近，即 $d(Q, Q') = \min\{d(Q, Q_i): Q_i$ 为$\mathcal{P}$中的简档查询, $i=1, \cdots, m\}$.

然后，讨论下列情形.

(1) $d(Q, Q') = 0$，即 $Q' = Q$. 此时，在$\mathcal{P}$中找出所有简档，其查询点为 Q'，但是具有不同的 N 值，$N_1 < N_2 < \cdots < N_k$. 图 2.1 描述了 2 维空间的一个示例，其中实线正方形表示$\mathcal{P}$中简档查询的搜索区域；虚线正方形表示新查询 Q 的搜索区域. 现在有三种情况需要考虑:

① 存在 $N' \in \{N_1, N_2, \cdots, N_k\}$使得 $N = N'$. 也就是说，$\mathcal{P}$有一个 Top-N 查询和新查询完全一致(查询点和 N 值皆一致)，$(Q', N') = (Q, N)$. 此时，令 $r := r'$，其中 r'属于简档$\zeta' = (Q', N', r', f', c', d')$. 无疑 r'是 Q 的最优搜索距离.

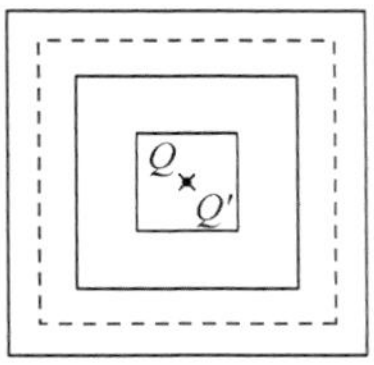

图 2.1　$Q = Q'$

② 不存在 $N' \in \{N_1, N_2, \cdots, N_k\}$满足 $N = N'$，但是存在 $N' \in \{N_1, N_2, \cdots, N_k\}$使得 $N' > N$ 且 N'是$\{N_1, N_2, \cdots, N_k\}$中最靠近 N 的整数，如图 2.1 所示. 此时，令 $r := r'$，并可确保检索出 Q 的所有 Top-N 元组. 在实际中，不同的 N 值之间的差异不可能太大，因此使用 r'将不会检索出太多的无用元组.

③ $N_k < N$. 在此情况下，假设 Q 和 Q'的搜索区域具有相同的局部分布密度. 基于此假定, $N/(2r)^n = N_k/(2r_k)^n$. 据此推出 $r = (\sqrt[n]{N/N_k})r_k$. 然而，这里得到的 r 可能较小，不能确保检索出 Q 的所有 Top-N 元组；此时，就需要增大 r 值，以保证检索出全部 Top-N 元组.

(2) $d(Q, Q') \neq 0$, 即 $Q' \neq Q$, 有两种情况需要考虑.

① Q 属于 Q'的搜索区域，即最小 n-正方形 $S(Q', r', N')$. 此时，在$\mathcal{P}$中找出所有的查询点使其最小 n-正方形包含 Q. 设这些查询点为$\{Q_1, \cdots, Q_k\}$, 如图 2.2 所示.

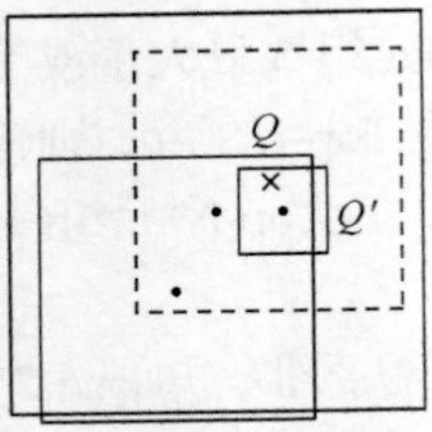

图 2.2　$Q \in S(Q', r', N')$

为了估计 Q 的搜索距离 r, 首先使用 $Q_1, \cdots, Q_k$ 搜索区域的加权平均局部分布密度来估计 Q 的搜索区域的局部分布密度. 对于每个 Q_i, 对应权重 w_i 的计算依赖于其搜索区域体积的大小及 $Q_i(i = 1, \cdots, k)$与 Q 之间的距离. 权重 w_i 是 Q_i 搜索区域体积大小的单调递增函数和距离的单调递减函数. 权重 w_i 由下列公式计算得到

$$w_i = v(S(Q_i, r_i, N_i))/(d(Q, Q_i))^{\alpha} \tag{2-3}$$

其中，α是一个参数，称为最优参数 (由实验，根据训练和统计可以获得, $\alpha_0=3n/4$ 是其一个很好的近似值); Q_i 搜索区域 $S(Q_i, r_i, N_i)$的局部分布密度为$\rho_i = f_i/(2r_i)^n$. 因此, Q 搜索区域的局部分布密度ρ由下式估计

$$\rho = \left(\sum_{i=1}^{k} w_i\, \rho^{\,i}\right)/\left(\sum_{i=1}^{k} w_i\right) \tag{2-4}$$

基于此密度ρ, 估计 Q 的搜索距离 r 为

$$r = (\sqrt[n]{2N/\rho})/2 \tag{2-5}$$

其中，为了增加检索 Q 所有 Top-N 元组的可能性，用 $2N$ 代替 N 来估计 r, 其目的是使 Q 的搜索区域包含 $2N$ 个元组.

② Q 不属于 Q'的搜索区域 $S(Q', r', N')$, 如图 2.3 所示. 此时，令 $h := d(Q, Q')$为 Q 和 Q'之间的距离，构造 n-正方形 $S(Q, h)$. 设$\{Q_1, \cdots, Q_k\}$为$\mathcal{P}$中所有查询点，其搜索区域与 $S(Q, h)$相交. 显然 $k \geqslant 1$, 因为 $Q' \in \{Q_1, \cdots, Q_k\}$. 这样，用步骤(2)中①的方法来估计 Q 的搜索距离 r.

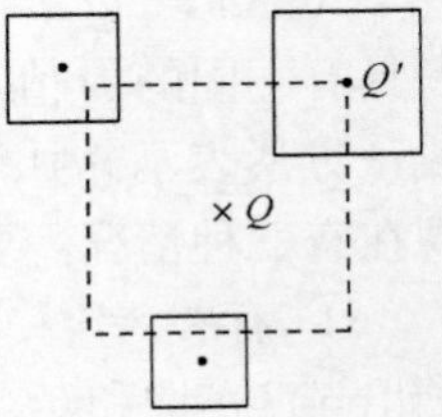

图 2.3　$Q \notin S(Q', r', N')$

上面步骤(2)的①或②获得的搜索距离 r 有时可能太小或太大. 为矫正之, r 需要作下列调整，考虑两种如下情形.

(1) $N = N'$.

① 如果 $r < r'$或 $r < d(Q, Q')$, 那么 r 可能太小. 例如，由于 Q 和 Q'检索的元组数相同，若 Q 和 Q'的搜索区域具有相似的密度(这是有可能的，因为 Q 和 Q'是最靠近的), 则 r 和 r'应该大约相等. 因此,“$r < r'$”预示着 r 可能太小. 用下列公式

调整 Q 的搜索距离 r

$$r = \max(r\_\text{Median}, r\_\text{Mean}, r)/2 + (r'+d(Q, Q'))/2$$

其中, $r\_\text{Median} = (\sqrt[n]{2N/N_{\text{median}}})r_{\text{median}}$，而 r_{median} 是知识库 $\boldsymbol{\mathcal{P}}$ 所有搜索区域中密度为中位数的搜索区域的搜索距离，N_{median} 是对应简档的 N 值；$r\_\text{Mean} = (\sqrt[n]{2N/\rho_{\text{mean}}})/2$，而 ρ_{mean} 是 $\boldsymbol{\mathcal{P}}$ 所有搜索区域密度的平均值. 上述公式结合全局信息(r_Median 和 r_Mean)和一些相关的局部信息(r, r' 和 $d(Q, Q')$)来推导出一个合理的 r. 注意, 如果 $r'+ d(Q, Q')$作为 Q 的搜索距离, 那么将包含 Q'的整个搜索区域, 能够确保检索 Q 的所有 Top-N 元组, 但是这可能导致 Q 的搜索区域过大.

② 若 $r > r'+ d(Q, Q')$, 则 r 太大. 因为 $r = r' + d(Q, Q')$已经能保证检索 Q 的所有 Top-N 元组. 在此情形下, 令 $r := r' + d(Q, Q')$即可.

(2) $N \neq N'$. 处理方式类似于上述情形(1), 除了插入一个常数因子 $\lambda = \sqrt[n]{N/N'}$ 用以调整 N 和 N' 的差异.

① 若 $r < \lambda r'$或 $r < d(Q, Q')$, 则 $r := \max(r\_\text{Median}, r\_\text{Mean}, r)/2 + (\lambda r' + d(Q, Q'))/2$.

② 若 $r > \lambda r'+ d(Q, Q')$, 则 $r := \lambda r'+ d(Q, Q')$.

至此, 得到新提交查询(Q, N)的搜索距离 r.

本节利用数据分布的局部密度确定搜索距离 r, 这是因为 Top-N 查询的结果是由“局部”来决定的, 而“密度”是客观存在的一种“本性”. 例如, 金、银、铜、铁等有不同的密度, 由密度可知是何种金属. 此外, “密度”和“密度函数”在概率论及其相关学科中起着重要的作用. 本节为了得到局部密度, 权重 w_i 的计算是重要的. 关于式(2-3)中参数 α 的确定源于直观和实验两方面. 直观上, 在 3 维空间中, **平方反比公式**是许多物理规律的数学描述, 如牛顿万有引力定律, 以及电、磁、光、声等学科中也都存在平方反比定律. 因此, 直观上式(2-3)在 3 维空间中应该有 $\alpha=2$. 通过训练和统计方法, 由实验得到 $\alpha = 3n/4$ 是一个很好的值, 其中 $3n/4$ 是整除, 当 $n = 3$ 时, $\alpha = 3n/4 = 2$.

2. 查询映射策略

对于一个给定的 Top-N 查询 $Q = (q_1, \cdots, q_n)$, 当得到其搜索距离 r 之后, 为了检索出其搜索区域 $S(Q, r)$中所有的元组, 一种策略是将 Top-N 查询映射为一个 SQL 区域查询, 形式如下(Bruno et al., 2002):

select * from $\boldsymbol{R}$ where($q_1-r \leqslant A_1 \leqslant q_1+r$)and ⋯ and($q_n-r \leqslant A_n \leqslant q_n+r$)

若该查询返回的候选元组集 $\boldsymbol{C} = \{\boldsymbol{t}_1, \cdots, \boldsymbol{t}_M\}$满足 $M \geqslant N$, 则判断集合 $\boldsymbol{B} = \{\boldsymbol{t}: \boldsymbol{t}\in\boldsymbol{C} \wedge d(Q, \boldsymbol{t}) \leqslant r\}$是否至少含有 N 个元组; 若$|\boldsymbol{B}| \geqslant N$, 则按照元组与 Q 之间的距离从小到大排序, 然后输出 Top-N 元组.

一个潜在问题是所估计的搜索距离 r 不够大, 使得 $|S(Q, r)| < N$ 或 $|\boldsymbol{B}| < N$. 此时, 需要增加 r 的值以保证得到 Top-N 元组, 然后**重新开始查询**(restart query), 简称**重查**. 注意与术语"**重复查询**(repeating query)"的区别. 为此, 给出如下解决方法: 从 $\mathcal{P}$ 中选择 N 个查询点, 使其与 Top-N 查询 Q 的距离最近; 按距离对其进行升序排列. 设排序后的 N 个查询点为 $Q_1, \cdots, Q_N$ 及其对应简档是 $\zeta_1, \zeta_2, \cdots, \zeta_N$. 存在正整数 $h, 1 \leqslant h \leqslant N$, 使得 $N_1 + \cdots + N_h \geqslant N$. 在计算总和时, 若 $S(Q_i, r_i, N_i) \cap S(Q_j, r_j, N_j) \neq \varnothing$, 则用 $\max\{N_i, N_j\}$ 代替上述计算"总和"中的"$N_i + N_j$"以保证 $\{Q_1, \cdots, Q_N\}$ 的前 h 个查询的搜索区域至少包含 N 个独立元组. 令 $r := \max\limits_{1 \leqslant i \leqslant h} \{d(Q, Q_i) + r_i\}$, 则这 h 个搜索区域全部包含在 $S(Q, r)$ 中; 因此, 以该 r 为搜索距离对 Q 重新开始查询, 将会保证检索到 Q 的所有 Top-N 元组. 用此方法, 对于每个 Top-N 查询, 重查最多一次.

若存在直方图, 用文献(Bruno et al., 2002)中的基于直方图的方法估计的搜索距离 dNRq 能够保证检索出所有 Top-N 元组, 则重查的搜索距离 r 能以下列方法获得

$$r := \min\{\max_{1 \leqslant i \leqslant h} \{d(Q, Q_i) + r_i\}, \text{dNRq}\}$$

2.2.3　知识库 $\mathcal{P}$ 的维护

知识库 $\mathcal{P}$ 的维护包括两方面: ① $\mathcal{P}$ 的**更新**, 即新简档添加到 $\mathcal{P}$ 中, 或用新简档替换某些存在的旧简档; ② $\mathcal{P}$ 中简档的**调节**, 即对于某一简档, 改变其中的某些信息, 但其查询点不变.

两种情形将会影响 $\mathcal{P}$ 的维护: ①当一个查询被处理之后; ②数据库的状态发生变化之后. 情形①既可能导致 $\mathcal{P}$ 更新, 也可能引起一些简档的调节; 然而, 情形②只可能引起 $\mathcal{P}$ 中一些简档的调节.

1. 查询处理后知识库的维护

为了有效地管理查询简档, 引入**简档优先权**的观念. 简档优先权是一个数值, 反映该简档查询在不久的将来会再一次出现的可能性. 直观地, 频繁出现和/或最近出现的一个查询在不久的将来再次出现的可能性更高. 据此, 对于一个简档 $\zeta = (Q, N, r, f, c, d)$, 定义其优先权为 $I_1 \cdot c/(I_2 \cdot (w-d)+1)$, 其中 I_1 和 I_2 是权重(或称为放缩比例因子), 根据系统的需求取不同的值, 如 I_1=1 和/或 I_2=1. c 是 Q 的提交次数, d 是 Q 最近提交的时间, w 是系统的当前时间. 对于一个新的查询 $w = d$, 因此 $w-d = 0$. 当 $I_1 = I_2$=1 时, 简档优先权为 $c/((w-d)+1)$.

根据优先权将查询的简档分为两组. 基于一个阈值, 第一组包含少数的高优先权简档; 第二组包含剩余的简档. 知识库 $\mathcal{P}$ 对应第一组而且驻留在内存中. 第二组将会保存在第二级存储设备(如硬盘)并且用查询点索引之, 因而第二组也可

以或可能为空.

维护$\mathcal{P}$的目的是：保证$\mathcal{P}$具有关于数据和查询分布的“更好的知识”，使得对于新的查询，基于$\mathcal{P}$中的这些知识能够很好地估计查询的搜索区域. 在一个查询的简档中，频率f和搜索距离r是必要的信息，因为二者能用来估计查询搜索区域的局部分布密度.

当 Top-N 查询处理完毕之后，得到其最小搜索距离 r^*(注意：r^*可能不同于 2.2.2 节中获得的最初的搜索距离 r)，知识库$\mathcal{P}$将会被更新或调节. 知识库的更新包括两种情形：增加或替换，这将依赖于$\mathcal{P}$是否已经“满”. 此处“满”的意思是$\mathcal{P}$的大小(用$|\mathcal{P}|$表示)已经达到其上限，不能再增加新的简档.

对于一个新的 Top-N 查询，设$\zeta' = (Q', N', r', f', c', d') \in \mathcal{P}$是距离 Q 最近的简档. 考虑下列四种查询类型.

(1) 类型-1 查询: $Q = Q'$且非重查(如图 2.1 所示，不需要重新开始查询的情形). 在这种情况下，查询(Q, N)与(Q', N')相同($N=N'$)或相似($N \neq N'$)，并且$\mathcal{P}$中的知识足够好，能够获得(Q, N)的正确搜索距离. 因此无须在$\mathcal{P}$内加入(Q, N)的简档，而只需调节ζ'：用 N 更换 N'，用 r^*代替 r'，c'加 1，而且f'和 d'分别用新频率和新时间戳来替换.

(2) 类型-2 查询: $Q \in S(Q', r')$, $Q \neq Q'$且非重查(如图 2.2 所示，不需要重新开始查询的情形). 在此情况下，查询(Q, N)仍然很好地相似于查询(Q', N')并且$\mathcal{P}$中的知识足够好，能获得(Q, N)合适的搜索距离. 因此，对于新的简档，如果$\mathcal{P}$满，则不强迫使用新的简档代替$\mathcal{P}$中任意现存简档. 特别地，对于一个类型-2 查询，首先使用查询点索引，在第二组中搜寻这个类型-2 查询的简档. 如果没有发现，则为之创建新的简档，插入第二组或替换其中最低优先权的简档. 若$\mathcal{P}$不满，则将新的简档加到$\mathcal{P}$中. 如果在第二组中发现其简档，如同类型-1 查询的情形，调节简档且计算优先权；如果其优先权变得大于$\mathcal{P}$中现有简档的最低优先权，则将其与$\mathcal{P}$中最低优先权的简档交换.

(3) 类型-3 查询: $Q \notin S(Q', r')$且非重查(如图 2.3 所示，不需要重新开始查询的情形). 图 2.3 表示这种情形的一个例子. 在这种情况下，Q 和 Q'不相似(二者有大的距离)；虽然有可能不会引起 Q 的重查，但是对不同的 N 引起重查的机会大. 因此，Q 的简档应该存储在$\mathcal{P}$中. 如果$\mathcal{P}$不满，则将此简档加入$\mathcal{P}$，否则替换$\mathcal{P}$中最低优先权的简档.

(4) 类型-4 查询: (Q, N)引起重查. 这表明$\mathcal{P}$中的知识对这个查询不够好. 因此，在此情形下，如同类型-3 查询的情况，Q 的新简档加入$\mathcal{P}$中或替换$\mathcal{P}$中最低优先权的简档.

在实验中(2.3 节)，只使用了第一组简档. 在此情况下，当$\mathcal{P}$变满之后，对类型-2

查询，由于$\mathcal{P}$中的知识仍然足够好，$\mathcal{P}$不作任何更新(见上述(2))．此外，实验基于最坏的情形，即相同的查询是很稀少的(除了高维数据集的偏倚分布查询集合)，也就是说，类型-1 查询是很稀少的．在后来的讨论中主要把焦点集中在类型-3 查询和类型-4 查询．

2. 数据库变化后知识库的维护

当增加、删除或修改操作使数据库状态发生改变时，知识库$\mathcal{P}$也可能需要维护．数据库的修改操作可视为先删除后增加两个操作，因此，只需考虑增加和删除操作．

假设 $\boldsymbol{t}$ 是一个将增加到关系 $\boldsymbol{R}$ 的元组或将从 $\boldsymbol{R}$ 中删除的元组，设 $d(\boldsymbol{t}, Q)$表示 $\boldsymbol{t}$ 和查询 Q 之间的距离．

(1) 增加操作．对于$\mathcal{P}$中每个$\zeta = (Q, N, r, f, c, d)$，考虑下列三种情形：

① $d(\boldsymbol{t}, Q) > r$，无须变化；

② $d(\boldsymbol{t}, Q) = r$，只需 f 加 1，无须其他变化；

③ $d(\boldsymbol{t}, Q) < r$，只需 N 与 f 二者分别加 1，无须其他变化．

(2) 删除操作．对于$\mathcal{P}$中每个$\zeta = (Q, N, r, f, c, d)$，考虑下列三种情形：

① $d(\boldsymbol{t}, Q) > r$，无须变化；

② $d(\boldsymbol{t}, Q) = r$，若 $f>N$，则只需 f 减 1，无须其他变化，若 $f = N$，则只需将 N 与 f 二者分别减 1，无须其他变化；

③ $d(\boldsymbol{t}, Q) < r$，将 N 与 f 二者分别减 1，无须其他变化．

显然，数据库状态的变化可能导致$\mathcal{P}$中一些简档的调节，但是既不影响$\mathcal{P}$的大小也不引起$\mathcal{P}$中任何简档的替换．因此，对于$\mathcal{P}$的更新，若数据库状态的变化不频繁，则可以忽略不计．

注意，如果数据库变化太频繁，可能有许多增加和/或删除操作．对于增加的情况，若 N 变得非常大，则对简档区域 $S(Q, r, N)$包含的元组重新进行排序，获得新的 N、r 和 f．类似地，对于删除的情况，若简档区域中的元组数目变得太小，则针对适当的 N 值，用 2.2.2 节中的方法扩大 r 来调节简档．

2.2.4 知识库$\mathcal{P}$的稳定性

设知识库$\mathcal{P} = \{\zeta_k: k = 1, 2, \cdots, p\}$具有大小 p ($|\mathcal{P}| = p$)，而$\langle Q_1, Q_2, \cdots, Q_i, \cdots\rangle$是一个 Top-$N$ 查询序列．用 $c(i)$表示一个计数函数，当 Q_i 被处理之后，$c(i)$记录$\mathcal{P}$更新的次数．如 2.2.3 节所讨论的，在查询 Q_i 处理完毕之后，$\mathcal{P}$可能被更新，即新的简档可能插入$\mathcal{P}$中或代替$\mathcal{P}$中最低优先级的简档．$\mathcal{P}$每更新一次，$c(i)$加 1．因此，$c(i)$是一

个单调非减函数.

直观地, 当$|\mathcal{P}|$充分大时, $\mathcal{P}$更新的次数应该变得较少, 也就是说, 因为$\mathcal{P}$的绝大多数变化将会是调节, 所以 $c(i)$函数值的增加将会减慢. 当一个查询处理完毕之后, 本章用**稳定性**来测量$\mathcal{P}$将会发生改变的可能性. 显然, 更稳定的$\mathcal{P}$是所希望的, 因为这意味着维护$\mathcal{P}$的开销更少.

定义另一函数 $p(i)$, 表示第 i 个查询 Q_i 处理完毕之后$\mathcal{P}$的大小. 如果$\mathcal{P}$的大小没有上限, 那么能持续把新的简档加入$\mathcal{P}$, 在此情况下, $p(i) = c(i)$; 否则($\mathcal{P}$的大小有限), 存在一个正整数 i_0, 使得当 $i \leqslant i_0$ 时有 $p(i) = c(i)$, 当 $i > i_0$ 时有 $p(i) = |\mathcal{P}|$ ($\mathcal{P}$"满").

本节将用 $c(i)$的**差商**和**时间序列**的理论与方法讨论知识库$\mathcal{P}$的稳定性.

一个时间序列是一些观测值 z_t 的(有序)集合, 其中每个观测值为指定时刻 t 的记录. 如果一个时间序列的统计特性(如均值和方差)随着时间演变基本保持不变, 则称为**平稳的**. 有一些时间序列显示为**季节性**, 即表现为周期性的变化. 例如, 零售业的售卖额在某些节假日期间容易达到峰值, 节假日之后回落.

可以用**样本自相关**(sample autocorrelation, SAC)**函数**确定一个时间序列是**平稳的**还是**非平稳的**. 对于时间序列值 $z_b, z_{b+1}, \cdots, z_m$, 在间隔 k 的**样本自相关**是

$$r_k = \left(\sum\nolimits_{t=b}^{m-k}(z_t-\mu)(z_{t+k}-\mu)\right)\Big/\left(\sum\nolimits_{t=b}^{m}(z_t-\mu)^2\right), \quad \mu=\sum\nolimits_{t=b}^{m} z_t/(m-b+1)$$

当 $k = 1, 2, \cdots$时, 其样本自相关对应的 SAC 函数是一个列表或图表. 一般而言, 对于非季节性的数据能够证明如下结论(Bowerman et al., 1993).

(1) 对于时间序列值 $z_b, z_{b+1}, \cdots, z_m$, 如果其 SAC 函数很快中止(cut off)或很快变小(die down), 那么此时间序列应被视为平稳的.

(2) 对于时间序列值 $z_b, z_{b+1}, \cdots, z_m$, 如果其 SAC 函数非常缓慢地变小, 那么此时间序列应被视为非平稳的.

现在假设$\mathcal{P}$的大小是无限的, 讨论$\mathcal{P}$的稳定性. 基于数学分析(Fleming, 1977; 陈传璋等, 1983)中的有限覆盖定理(Heine-Borel 定理), 如果$\mathcal{P}$的大小是无限的, 那么存在有限的简档使得由这些简档构造的"开的 n-正方形" 将会覆盖"闭的 n-矩形" $\Pi_{j=1}^{n}[\alpha_j, \beta_j]$, 其中$[\alpha_j, \beta_j] = [\min(A_j), \max(A_j)]$是第 j 个属性 A_j 的值域. 因此, 当$\mathcal{P}$中保存充分多的简档时, 类型-3 查询(2.2.3 节)将不会出现.

如果$\mathcal{P}$的大小足够大, 那么对于任意 Top-N 查询 $Q\in\Pi_{j=1}^{n}[\alpha_j, \beta_j]$, 它将属于某个/些简档的 n-正方形(简档区域), 并且这个/些简档查询靠近 Q. 这样能够相当精确地估计 Q 的搜索区域的局部密度. 另外, 基于学习的方法用 $2N$ 代替 N 计算搜索距离 r. 结合二者可知, 用此搜索距离 r, 查询 Q 重新开始的可能性将会非常小. 因此, 当$\mathcal{P}$无限时, 类型-4 查询的数目会非常小.

综上所述，若$\mathcal{P}$无限，则其稳定. 然而在实际中，$\mathcal{P}$的大小将是有限的. 一个值得思考的问题是如何获得$\mathcal{P}$的**适当大小**使得$\mathcal{P}$是相当稳定的，同时$|\mathcal{P}|$又不太大. 下面将用 $c(i)$的多项式趋势线和训练方法解决此问题.

设 $C(x)$是 $c(i)$的一个**多项式趋势线**，且

$$C(x) = a_m x^m + a_{m-1}x^{m-1} + \cdots + a_1 x + a_0$$

则 $C(x)$非常接近 $c(i)$，即对定义域中的所有 i, $|C(i) - c(i)|$非常小. 在本章的实验中(2.3 节)，m=5，即 $C(x) = a_5x^5 + a_4x^4 + a_3x^3 + a_2x^2 + a_1x + a_0$. 另外，用$C'(x)$和$C''(x)$分别表示 $C(x)$的一阶和二阶导数.

设M为训练查询集合的大小(本章实验中，M=10000)，用$C'(x)$ (和$C''(x)$，如果必要)确定$\mathcal{P}$的适当大小. 第一步，假设$\mathcal{P}$的大小是无限的，对于 $1 \leqslant i \leqslant M$，得到 $c(i)$ (注意，$\mathcal{P}$无限时 $p(i) = c(i)$). 第二步，得到 $C(x)$、$C'(x)$和 $C''(x)$. 因为 $c(i)$是单调非减的，所以 $C(x)$亦然($1 \leqslant x \leqslant M$). 若存在正整数 $i_0<M$ 使得 $C'(i_0)$在 $1 \leqslant i \leqslant M$ 范围内达到最小值，则 $C(x)$的变化在 i_0 是最小的；因此确定 $p = p(i_0) = c(i_0)$为$\mathcal{P}$的适当大小. 对于所有 $i<M$，如果 $C'(x)$没有最小值，则用 $C''(x)$确定 i_0 使得 $i_0<M$ 并且 $C'(x)$的变化在 i_0 是最小的，然后取 $p = p(i_0) = c(i_0)$为$\mathcal{P}$的适当大小.

注意，函数 $c(i)$是单调非减的，当$\mathcal{P}$的大小为无限时，随着 i 的增加，$c(i)$的变化越来越小；对于 $1 \leqslant x \leqslant M$ 和 $1 \leqslant i \leqslant M$, $C(x)$非常接近于 $c(i)$. 然而，如果 x 充分大，那么首项 $a_m x^m$ 将会在 $C(x)$中起决定性作用，并且 $C'(x)(1 \leqslant x \leqslant M)$可能不是单调非增的. 如果 $C'(x)$是单调非增的，就必须使用 $C''(x)$.

为了定义$\mathcal{P}$的稳定性，引入 $c(i)$的**差商**

$$z(i) = [c(i+h) - c(i)]/h$$

其中，h 是一个固定的正整数. 有时 $z(i)$也称为$\mathcal{P}$的差商. 令 $i = k \cdot h$，且 $z(k) := z(k \cdot h)$ 其中 $k = 0, 1, 2, \cdots, K$，则 $z(k)$被视为“时间序列”. 本章所讨论的 $z(k)$是对于查询的指定下标以及 h 个查询的间隔所做的观察. $z(k)$能确切显示每间隔 h 个查询时 $c(i)$ 的变化. 从 $c(i)$的定义知 $0 \leqslant z(k) \leqslant 1$. 因此，$z(k)$的期望值(或均值)属于闭区间[0, 1].

在本章的实验中，将用 16000 个查询的序列进行模拟，且取 $c(0) = 0$, $h = 100$，则时间序列 $z(k) := z(k \cdot 100)$, $k = 0, 1, 2, \cdots, 159$，也是 $c(i)$变化的百分率.

定义 2.2(知识库的稳定性)　设$\mathcal{P}$是一个知识库，具有固定有限的大小 p, $c(i)$是$\mathcal{P}$更新的计数函数，$z(k)$是 $c(i)$的差商，$i_0 = \min\{i : c(i) = p\}$，其中 $i = 0, 1, 2, \cdots$. 对于所有 $k \geqslant i_0$，若时间序列 $z(k)$是平稳的，并且 $z(k)$的期望值为ε，则称$\mathcal{P}$为 $1-\varepsilon$ 稳定的. 特别地，若$\varepsilon = 0$，则$\mathcal{P}$称为稳定的；若$\varepsilon = 1$ 或 $z(k)$是非平稳的，则称$\mathcal{P}$为非稳定的.

在定义 2.2 中，$i_0 = \min\{i: c(i) = p\}$意为“$i_0$是使得 $c(i_0) = p$ 成立的第一个正整数”. 据上述讨论，对于平稳的 $z(k)$，当 $p \to \infty$时，有$\varepsilon \to 0$，也就是说，较大的 p 会

得到较小的ε, 使得$\mathcal{P}$具有较好的稳定性 $1-\varepsilon$.

2.3　实验与数据分析

本节报告实验结果并且分析得到的结果数据. 2.3.1 节描述实验中所用的数据集和性能的测量. 2.3.2 节用本章中基于学习(learning-based, LB)的方法与以下两种方法进行比较, 即 2.1.1 节中基于直方图的方法(Bruno et al., 2002)和 2.1.2 节中基于抽样的方法(Chen et al., 2002). 对于这部分实验, 知识库的构建完全基于随机产生的查询, 因此可以验证, 即使 LB 方法不是基于用户查询, 同时知识库不作更新, 则该方法相对于基于直方图的方法和基于抽样的方法仍然具有极高的竞争力. 2.3.3 节报告另外一些实验结果验证 LB 方法的性能. 2.3.4 节对于具有特定百分比重复率的一些查询, 即存在用户查询与知识库中的简档查询相同的情况, 实验结果测试 LB 策略对于有重复查询的应用的性能. 2.3.2～2.3.4 节中, 知识库是静态的, 也就是没有更新. 最后, 2.3.5 节报告 LB 方法的模拟实验结果且验证知识库的稳定性.

2.3.1　数据集和准备

本节描述实验中所用到的数据集, 用来测试本章所介绍方法性能的查询集合、查询处理技术和性能的测量.

1. 数据集

为了便于比较, 使用文献(Bruno et al., 2002; Chen et al., 2002)中相同的数据集和参数. 这些数据集包括低维(2 维、3 维和 4 维)和高维(25 维、50 维和 104 维). 对于低维数据集, 使用文献(Bruno et al., 2002)中合成的和真实的数据集. 真实数据集包括 Census2D 和 Census3D(皆含有 210138 个元组), 以及 Cover4D(581010 个元组). 合成数据集是 Gauss3D(500000 个元组, 具有 Gauss 分布)和 Array3D(507701 个元组, 具有 Zipf 分布). 对于高维数据集, 实验采用源自 LSI 的真实数据集, 这些数据集和文献(Chen et al., 2002)相同, 具有 20000 个元组且使用 25、50 和 104 个属性建立具有 25、50 和 104 维的数据集, 分别表示为 Lsi25D、Lsi50D 和 Lsi104D. 在所有数据集的名字里, 后缀“*n*D”表示该数据集是 *n* 维的.

低维数据集的所有属性值皆为整数. 对于 Census2D 和 Census3D: $1 \leqslant$ Age $\leqslant 99$, $-25897 \leqslant$ Income $\leqslant 347998$, $0 \leqslant$ WeeksWorkedPerYear $\leqslant 52$. 对于 Cover4D: $1859 \leqslant$ Elevation $\leqslant 3858$, $0 \leqslant$ Aspect $\leqslant 360$, $0 \leqslant$ Slope $\leqslant 66$, $0 \leqslant$ DistanceToRoadways $\leqslant 7117$. 对于 Gauss3D: $0 \leqslant A_1 \leqslant 9999$, $0 \leqslant A_2 \leqslant 9999$, $315 \leqslant A_3 \leqslant 9999$. 对于 Array3D: $56 \leqslant A_1 \leqslant 9991$, $396 \leqslant A_2 \leqslant 9937$, $61 \leqslant A_3 \leqslant 9425$. 高维数据集的所有属性值为双精

度浮点数，取值范围为[-3.3991×10^{38}, -8.01543×10^{-43}]∪[1.03108×10^{-41}, 3.40237×10^{38}]. 这八个数据集的基本特征如表 2.1 所示.

表 2.1　八个数据集的基本特征

数据集	维数	元组数目	属性名称	类型
Census2D	2	210138	Age, Income	真实
Census3D	3	210138	Age, Income, WeeksWorkedPerYear	真实
Cover4D	4	581010	Elevation, Aspect, Slope, DistanceToRoadways	真实
Gauss3D	3	500000	A_1, A_2, A_3	合成
Array3D	3	507701	A_1, A_2, A_3	合成
Lsi25D	25	20000	$A_1, A_2, \cdots, A_{25}$	真实
Lsi50D	50	20000	$A_1, A_2, \cdots, A_{50}$	真实
Lsi104D	104	20000	$A_1, A_2, \cdots, A_{104}$	真实

所有实验在一台 PC 上运行，配置为 Pentium 4 CPU/2.8GHz, 768MB 内存，软件为 Windows XP, Microsoft SQL Server 2000 和 VC++ 6.0.

2. 测试查询集合

编写一个程序创建实验中所用的各种查询集合(workload). 测试查询集合中的查询服从两种不同的分布，这是因为其具有用户行为的代表性(Bruno et al., 2002).

(1) 偏倚分布：每个查询点是数据集中随机选择的数据点(元组).

(2) 均匀分布：查询点是数据集的值域中均匀分布的随机点.

为了方便与文献(Bruno et al., 2002; Chen et al., 2002)中的实验结果比较，报告结果基于一个**默认设定**：对于低维数据集(2 维、3 维和 4 维)，测试集合为偏倚分布且包含 100 个查询，$N = 100$(每个查询检索 Top-100 元组)，而且使用 Maximum 距离函数 $d_\infty(\cdot,\cdot)$. 对于高维数据集(25 维、50 维和 104 维)，测试集合为偏倚分布且包含 100 个查询，$N = 20$(每个查询检索 Top-20 元组)，并且使用 Euclidean 距离函数 $d_2(\cdot,\cdot)$. 当使用不同的设定时，将会明确说明.

3. 查询处理技术

处理一个 Top-N 查询最基本的方法是顺序扫描(scan)方法(Carey et al., 1997, 1998; Bruno et al., 2002). 此方法要对整个关系顺序扫描，计算每个元组与查询的距离，然后对所有距离排序获得 Top-N 元组. 顺序扫描方法是朴素算法，对于大型数据库，显然这种方法效率低下，因此通常不用. 本章对下列四种 Top-N 查询处理技术进行比较.

(1) 最优技术(Opt)(Bruno et al., 2002): 对于给定的 Top-*N* 查询(Q, N), 作为基准(也称为基准线或基线, baseline), 此技术是理想的最优技术, 使用包含实际 Top-*N* 元组的最小搜索区域 $S(Q, r, N)$, 其中利用顺序扫描技术可以得到最小搜索区域. 确切地说, 首先通过扫描整个数据集得到 Top-*N* 个元组, 然后为每个查询构建包含 Top-*N* 元组的最小搜索区域. 此技术在实际中是不能实现的, 仅用作基准来衡量其他技术.

(2) 基于直方图的技术(Bruno et al., 2002): 只引用其**动态策略**(Dyn)所产生的结果. Dyn 是文献(Bruno et al., 2002)的所有基于直方图技术中最好的.

(3) 基于抽样的技术(Chen et al., 2002): 只引用其**参数策略**(Para)所产生的结果. 文献(Chen et al., 2002)的所有基于抽样技术中, Para 是最好的.

(4) 基于学习的技术: 本章 2.2 节所描述的技术.

对于一个给定的数据集 $\boldsymbol{R}$, 为了将 LB 与 Dyn、Para 比较, 知识库(或简档集合)$\mathcal{P}$构造如下. 首先, 从 $\boldsymbol{R}$ 中随机选取一些元组构成一个集合. 随机元组集合的大小按如下方法确定, 在对比 Dyn 和 Para 方法时, $\mathcal{P}$的大小分别不超过直方图集合的大小或样本集合的大小. 对于直方图技术(Bruno et al., 2002), 实验使用 250 个桶. 每个桶使用两个点和一个频率值(2.1.1 节). 因此, 在 n 维空间中, 每个桶有 $2n+1$ 个数值(每个点有 n 个数值, 每个数值对应一个维, 两个点共有 $2n$ 个数值; 此外, 有一个数值为频率值). 当数据集为 n 维时, 因为每个简档 $\zeta = (Q, N, r, f, c, d)$ 有 $n+5$ 个数值(Q 有 n 个数值, N、r、f、c、d 各有一个数值), 所以$\mathcal{P}$中简档的数目确定为 $m = 250(2n+1)/(n+5)$. 这样, 对于 2 维、3 维和 4 维数据集, $\mathcal{P}$分别包含 178、218 和 250 个简档. 对于每个高维数据集, 在文献(Chen et al., 2002)中, 样本集合为数据集大小的 5%, 公式 $m = |\boldsymbol{R}|\cdot n\cdot 5\%/(n+5)$用来确定简档集合的大小, 其中$|\boldsymbol{R}|$是数据集 $\boldsymbol{R}$ 中元组的数目, 也就是 $\boldsymbol{R}$ 的大小. 因此, 对于 25 维、50 维和 104 维的数据集, 简档集合$\mathcal{P}$的大小分别取值为 833、909 和 954. 对于$\mathcal{P}$中的每个查询点, 用顺序扫描技术构造知识库中的简档.

4. 性能测量

为了便于比较, 采用文献(Bruno et al., 2002)中的性能测量如下.

重新开始查询的百分比. 查询集合中需要重新开始查询(简称重查)的百分比. 所谓重新开始查询, 是指若其搜索区域内没有检索出 Top-*N* 个元组, 则需要增大搜索距离, 导致查询重新开始. 无疑, 一种方法重查的百分比越低, 这种方法越好, 因为重查会导致额外的处理开销. 在报告实验结果时, 用 Method(x%)表示“当使用 Method 方法时, 重查的百分比是x%”. 例如, LB(3%)表示用 LB 方法时, 有 3%的重查.

检索元组的百分比. 这是查询集合中所有查询从相应的数据集中检索的元组

数目的平均百分比，即$\sum_{i=1}^{k}|S(Q_i, r_i)|/(k|\boldsymbol{R}|)$，其中 k 为查询的个数. 当 Top-N 个元组被检索时，被检索元组的百分比越低表示效率越高. 将报告**成功的最初查询**(successful original query, SOQ)百分比和**失败的最初查询**(insufficient original query, IOQ)百分比. 前者是查询初始搜索区域检索元组的百分比，当最初查询没有检索足够的元组时，后者是一个重新开始查询检索元组的百分比.

虽然在实验中，2.3.3 节报告了运行 LB 方法所需要的时间，即 SOQ 时间和 IOQ时间之和(Bruno et al., 2002)，但是由于实验环境不同，仅报告时间，不进行比较. 另外，实验数据来自文献(Zhu et al., 2010)，其中 Dyn 和 Para 方法的数据分别为文献(Bruno et al., 2002)和(Chen et al., 2002)的作者所提供的.

2.3.2　性能比较

对于低维(2 维、3 维和 4 维)数据集, LB 方法与直方图方法进行性能比较；对高维(25 维、50 维和 104 维)数据集, LB 方法与 Para 方法进行性能比较.

1. LB 与 Dyn 方法比较

在文献(Bruno et al., 2002)中，针对低维数据集以及具有偏倚和均匀分布的查询集合，报告了 Dyn 和 Para 方法比较的实验结果，而且两种方法之间的差别非常小. 因此，对于低维数据集，只需将 LB 与二者之一作比较即可.

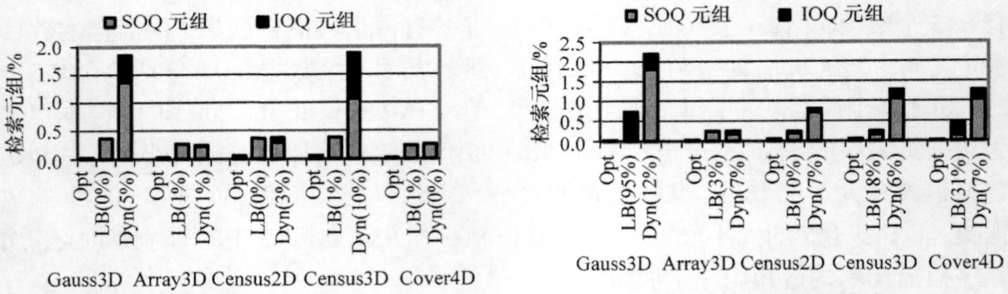

(a) 偏倚分布查询集合

(b) 均匀分布查询集合

图 2.4　LB 和 Dyn 方法比较

对不同的数据集的偏倚和均匀分布两种查询集合，图 2.4 显示了 LB 和 Dyn 方法性能的比较. 由图 2.4(a)可知，就偏倚查询集合，对于数据集 Gauss3D 和 Census3D, LB 显著优于 Dyn；对于 Array3D、Census2D 和 Cover4D, LB 和 Dyn 有相似的性能. 如图 2.4(b)所示，对于均匀分布查询集合，有 4 个数据集 LB 明显优于 Dyn，有一个数据集 LB 略好于 Dyn. 然而对于 Gauss3D 和 Cover4D，LB 有很高的重查百分比(分别为 95%和 31%). 另外，由图 2.4 可知, LB 方法相比 Dyn 方法是稳定的，即没有大起大落的情况, 这也验证了基于局部密度来计算搜索区域是更准确和更可靠的.

2. LB 与 Para 方法比较

Para 方法不能保证检索所有的 Top-N 元组. 对于 Top-20(也就是 $N = 20$), 文献(Chen et al., 2002)报告的结果为检索 N 的 90% (表示为 Para/90)和 95%(表示为 Para/95)的情况. 与其不同, 对于每个查询, LB 方法保证检索所有的 Top-N 元组.

对于 Top-20 查询和偏倚分布查询集合, 图 2.5 比较了 LB 和 Para 方法的性能. 如图 2.5(a)所示, 当使用欧几里得距离函数时, 对于 25 维和 50 维的数据集, LB 稍逊于 Para/95, 但是对于 104 维数据, LB 显著胜过 Para/95. 图 2.5(b)显示了对于 50 维的数据集, 使用不同距离函数的实验结果, 可见对于开销最大的 Sum 函数, LB 方法明显好于 Para/95; 对于欧几里得距离函数, Para/95 略胜过 LB 方法, 对于 Max 函数, Para/95 明显优于 LB 方法.

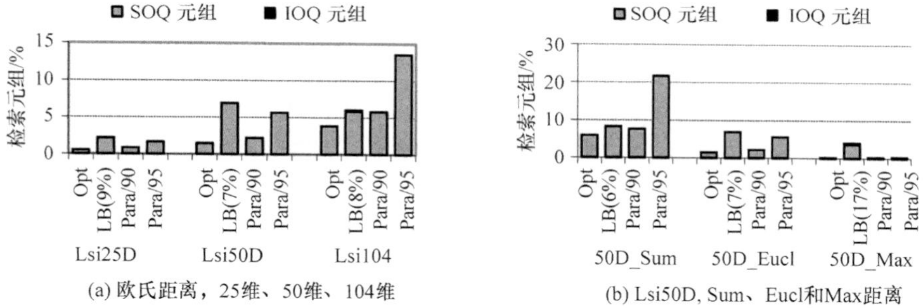

图 2.5　LB 和 Para 方法的比较

总之, 对于非常高维的数据(如 104 维)和最大开销的 Sum 函数, 可以看出 LB 方法显著胜过 Para 方法. 对于其他情形, 因为在文献(Chen et al., 2002)中没有报告 Para/100 的结果, 所以比较结果是不能确定的. 但是由于 Para/90 和 Para/95 之间的性能变化较大, 有理由认为从 Para/95 变到 Para/100 的性能将会急剧恶化. 从而, 对于这些情形, 能够推测 LB 方法对 Para 方法有很好的竞争力. 从图 2.5 还可以看出, 针对不同的维数和距离函数, LB 方法相比 Para 方法是稳定的, 没有大起大落的情况, 因此验证了用局部密度来构建搜索区域对于高维数据也是可靠的.

通过 LB、Dyn 和 Para 三种方法的比较可知, LB 方法有很好的性能和竞争力, 其原因是 LB 方法的知识库$\mathcal{P}$中所存储的信息结合了 Dyn 的直方图集合和 Para 的样本集合各自所存储信息的优势, 同时克服了后两者的不足. 直方图或简档集合比样本集合能够更好地反映数据集的局部分布情况; 简档或样本比直方图更灵活, 具有随机性; 利用简档得到的局部密度比直方图更好地反映一个数据集的局部分布情况. 此外, 知识库只需存储少量的数据, 即可得到比直方图和样本集合更多、更准确的信息.

2.3.3　LB 方法的其他实验

本节通过另外一些实验获得关于 LB 方法性能更多的观测. 下面报告这些实验的结果.

1. 测试不同查询集合的敏感性

如前所述, 每个测试集合包含 100 个查询, 这些查询是随机选取的, 服从特定的分布(偏倚或均匀分布). 为了观察不同的查询集合对性能的影响, 使用随机产生的不同查询集合进行实验. 当使用不同的查询集合时, 观察性能的变化, 其差别是相当小的. 用 2000 个简档建立知识库, 作为示例, 图 2.6 描述了使用数据集 Census2D 的三个不同查询集合, Top-100 查询所检索元组的数目. 为了便于观察, 对每个查询集合中的查询所检索元组的数目递增排序. 由图 2.6 可知, LB 方法对查询集合是不敏感的, 即对任意查询集合其性能是一致的.

2. 不同 N 值对查询结果的影响

为 LB 方法建立知识库时, 对于某整数 N, 随机产生一些 Top-N 查询. 本实验将观察知识库中不同 N 值的选择对其他 N' 值的 Top-N' 查询性能是否有影响. 例如, 使用一些 Top-100 查询(N=100)和一些 Top-50 查询(N=50)分别建立知识库, 然后使用这两个知识库处理 Top-100 查询, 观察其性能的差异. 下面设计两组实验测试其影响程度.

在第一组实验中, 基于数据集 Census2D, 用 Top-50、Top-100、Top-250 和 Top-1000 查询分别构造 4 个不同的知识库, 每个知识库大小相同, 为 $|\mathcal{P}| = 1459$. 然后用这些知识库处理含有 100 个 Top-100 查询的一个测试集合. 图 2.7 显示了实验结果, 可以看出使用 Top-50 和 Top-100 查询构成的知识库几乎产生相同的性能, 即图 2.7 中 LT50 和 LT100 两条曲线. 使用 Top-250 查询的知识库获得最好的性能, 即图 2.7 中曲线 LT250, Top-1000 查询的知识库产生最差的结果, 即图 2.7 中曲线 LT1000, 但是四种结果的总体差距很小.

在第二组实验中, 我们使用一些 Top-100 查询为 5 个低维数据集分别建立一个知识库. 分别用 178、218 和 250 个查询为 2 维、3 维和 4 维的数据集建立知识库. 然后用每个知识库分别处理 Top-50、Top-100、Top-250 和 Top-1000 查询的四个集合. 实验结果如图 2.8(a)所示. 总体来看, 除了 Top-1000, 查询结果相当好. 甚至对于 Top-1000 查询, 一般来说, 在最坏的情况下被检索的元组不超过 2%. 将图 2.8(a)与图 2.8(b)(Bruno et al., 2002)进行比较, 可以看出 LB 方法的性能总体

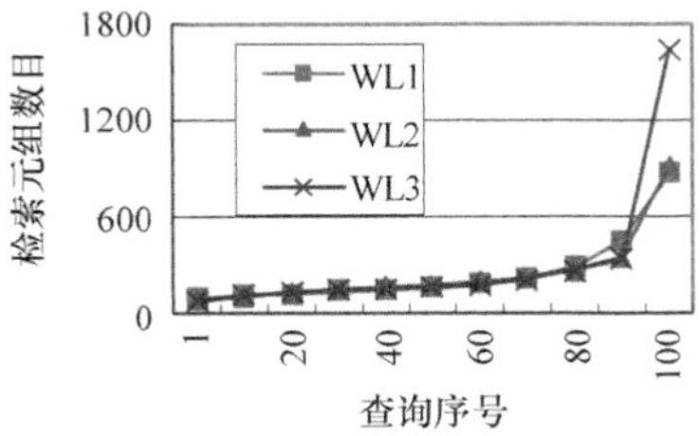

图 2.6　三个不同查询集合的比较

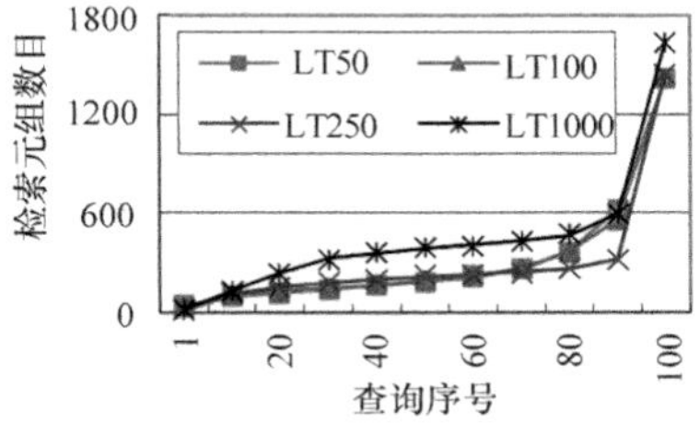

图 2.7　不同的 *N* 影响

上显著优于文献(Bruno et al., 2002)中的 Dyn 方法. 例如, 在图 2.8(a)中只有两种情况被检索的元组超过 1%, 但是, 如图 2.8(b)所示, 即文献(Bruno et al., 2002)的图 22(b)中, 有 10 种情况被检索的元组超过 1%, 其中有 5 种情况超过 2%.

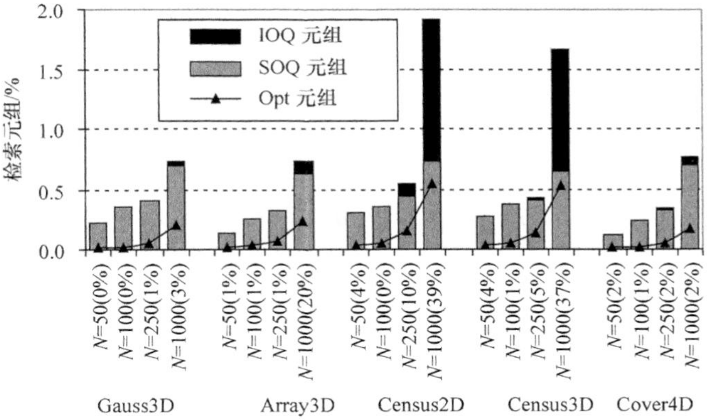

(a) LB方法

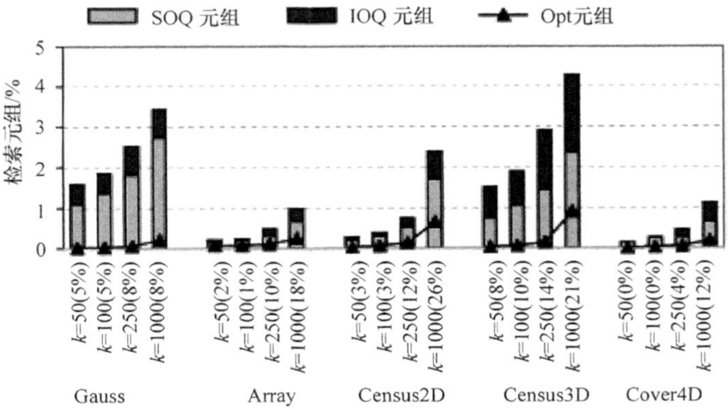

(b) 摘自文献(Bruno et al., 2002)的图22(b)的Dyn方法

文献(Bruno et al., 2002)使用术语“Top-*k*查询”, 图中的*N*和*k*有相同含义

图 2.8　对于不同的 *N* 值返回的元组

从实验结果可以得到下列结论：首先，使用特定 *N* 的 Top-*N* 查询构造的知识库能用来有效地处理不同 *N* 的 Top-*N* 查询(例如，在图 2.7 中的最好和最坏的性能之间的差距很小)；其次，当知识库中的 *N* 大约是用户 *N'* 的 2 倍时，用户查询能达成最好的性能.

3. 知识库不同大小对查询结果的影响

直观地，构造知识库的简档查询越多，知识库包含的简档也就越多，估计新查询的搜索距离越准确，因而系统的性能就越好. 为了观察知识库的大小如何影响性能，作为示例，对于数据集 Census2D，分别使用 100、200、400、800、1000 和 2000 个查询构造知识库. 用包含 100 个 Top-100 查询的集合进行测试，实验结果如图 2.9 所示. 当知识库包含 100 个简档时，在测试查询集合中大约有 20 个查询，其检索的元组数目超过 2000 个，如图 2.9 中曲线 P100 所示. 与此对比，当 2000 个查询用于构造知识库时，所有的测试查询检索的元组数目都少于 1000 个，如图 2.9 中曲线 P2000 所示. 实验结果证实了知识库的大小对性能影响的直觉判断，也就是说，知识库包含的简档越多，估计新查询的搜索距离就越准确. 当然，也存在极少例外的情况，如对于“序号为 100”的查询，运用包含 1000 个简档的知识库，其检索元组数目略大于运用包含 800 个简档的知识库时检索元组数目.

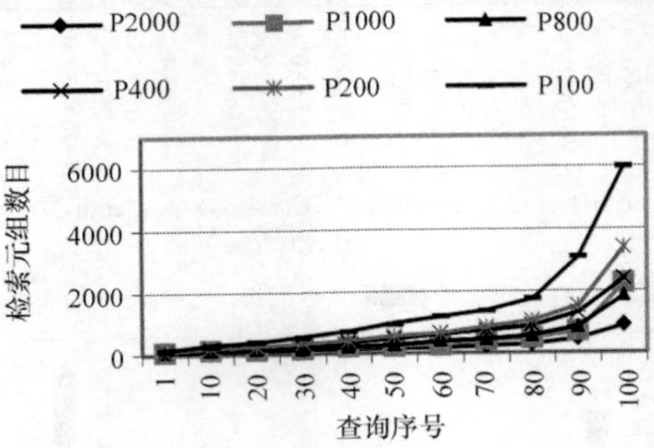

图 2.9　知识库大小的影响

4. 不同距离函数的效果

LB 方法效果的变化可能依赖于所用的距离函数. 对于各种不同的低维数据集和三种广泛使用的距离函数(Max、Euclidean 和 Sum)，如图 2.10(a)所示，实验结果表明 LB 方法的性能是相似的. 通过比较图 2.10(b)(文献(Bruno et al., 2002)的图 21(b))，对于 Gauss3D、Census3D 和 Cover4D 数据集，LB 方法明显优于 Dyn 方法，有 7 种情况 Dyn 检索的元组超过 1%，其中 5 种情况超过 2%；而对于所有情况, LB 检索的元组都少于 0.6%; 对于另外两个数据集 Array3D 和 Census2D, 两种方法有相似的性能. 比较图 2.10(a)和图 2.10(b)可知, LB 方法比 Dyn 方法有更好的稳定性, 对于不同的数据集和距离函数, 没有大起大落的情况; 并且失败的最初查询(IOQ)百分比低于 Dyn 方法.

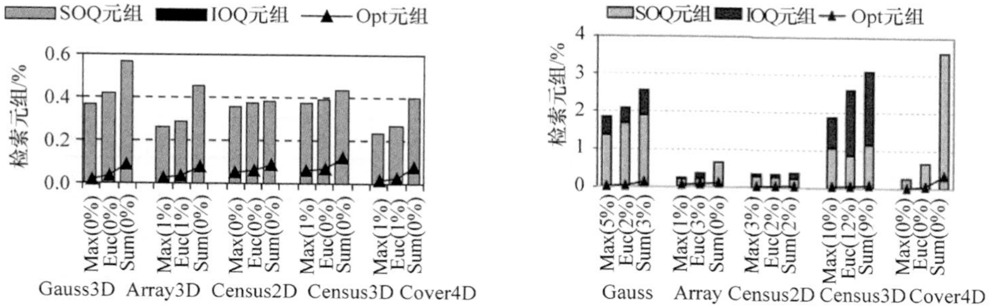

(a) LB方法　　(b) 摘自文献(Bruno et al., 2002)的图21(b)的Dyn方法

图 2.10　不同距离函数的效果

5. 查询的运行时间

下面报告基于学习的方法在八个数据集上处理 Top-*N* 查询的运行时间, 只报告 Opt、LB 和 Scan 三种处理方法的实验结果. Scan 是朴素算法, 对于大型数据库, 通常其效率低下; Opt 是理论上的最优处理技术, 在实际应用中不能实现, Opt 中最小 *n*-正方形是用 Scan 方法获得的. Opt 和 Scan 方法通常作为基准来衡量其他技术.

众所周知, 算法的开销依赖于内存缓冲区的大小. 当涉及开销估计时, 通常假定最坏的情况, 使得缓冲区的大小尽可能小(Silberschatz et al., 2002). 在实验中, Microsoft SQL Server 2000 的 max server memory 配置如下: 对数据集 Lsi50D 配置为 5MB, Lsi104D 配置为 8MB, 其他数据集配置为 4MB. 注意: 4MB 是 Microsoft SQL Server 2000 中 max server memory 的最小值.

基于默认设置, 即对于低维数据集(2 维、3 维和 4 维), $N = 100$, 距离函数为最大距离(maximum distance); 对于高维数据集(25 维、50 维和 104 维), $N = 20$, 距离函数为欧氏距离(Euclidean distance), 表 2.2 列出了三种技术的实验结果. 也就是说, 运用最优、基于学习和顺序扫描技术时, 一个查询的平均运行时间, 以及 Opt 和 LB 技术相对 Scan 技术运行时间的百分比. 针对 LB 技术, 其运行时间为 SOQ 时间和 IOQ 时间之和(2.3.1 节), 即确定搜索距离、在搜索空间中检索元组、计算距离和排序这三个步骤所花费时间之总和. 针对 Opt 或 Scan 技术, 其运行时间仅为 SOQ 时间, 仅包括上述三个步骤的后两步所花费时间之和. 对于 Scan 技术, 其主要问题是效率低, 尤其是当关系具有较多元组时. 表 2.2 的结果证实了这一点,例如，对于 Array3D、Gauss3D 和 Cover4D 三个数据集，其元组数目较大，所花费时间也较长.

表 2.2　平均运行时间　(单位：ms)

数据集	Opt	LB	Scan	Opt/Scan	LB/Scan
Census2D	173	320	13017	1.33%	2.46%
Census3D	118	252	13651	0.86%	1.85%
Array3D	707	853	34389	2.06%	2.48%
Gauss3D	492	688	32948	1.49%	2.09%
Cover4D	756	902	39816	1.90%	2.27%
Lsi25D	240	341	2961	8.11%	11.52%
Lsi50D	447	528	4245	10.53%	12.44%
Lsi104D	724	850	6031	12.00%	14.09%

2.3.4　重复查询的效果

在实际应用中，查询通常服从 Zipf 分布(Adamic et al., 2002; Balke et al., 2005)，因此，能够很好地支持频繁提交的查询是重要的. 如前所述，LB 方法特别适合那些具有高百分比的重复查询的应用. 直观地，如果查询的简档存储在知识库中，那么当查询再一次提交时，LB 方法将会提供最优解. 对于数据集 Census2D 和 Lsi104D，如图 2.11 所示，报告了知识库$\mathcal{P}$分别包含查询集合中 80%、50%和 20%查询的实验结果. 在图 2.11 中，基于重复查询的百分比，*T* 表示期望的结果(也就是理论上的结果)，*E* 表示实验结果. 当$\mathcal{P}$包含一个查询集合中的全部查询(100%的查询)时，LB 方法就变为 Opt 方法了，也就是说，对于重复查询(简档查询)，LB 方法就是 Opt 方法了. 这些结果证实 LB 方法确实对重复查询是有利的，然而直方图方法和样本方法不具备这样的特性.

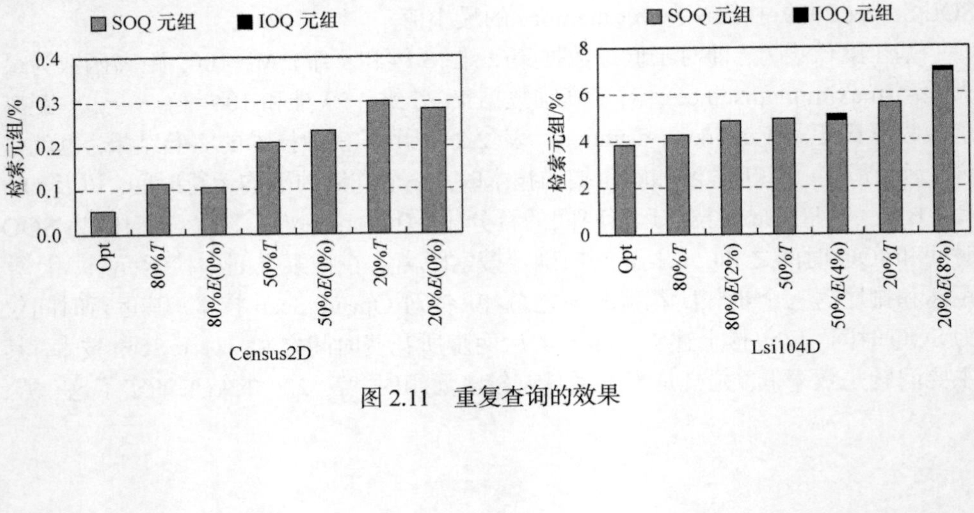

图 2.11　重复查询的效果

2.3.5　知识库的稳定性

本节介绍用训练方法确定$\mathcal{P}$的适当大小、LB 策略的模拟和知识库$\mathcal{P}$的稳定性.

用训练方法来确定$\mathcal{P}$的适当大小: 对于每个数据集 $\boldsymbol{R}$, 用 10000 个查询的序列$\langle Q_1, Q_2, \cdots, Q_{10000}\rangle$作为训练查询集合, 而且假设$|\mathcal{P}|$($\mathcal{P}$的大小)是无限的. 如 2.2.4 节所讨论的, 用 $c(i)$、$C(x)$和 $C'(x)$ (以及 $C''(x)$, 如果必要)获得$\mathcal{P}$的适当大小为 $p = p(i_0)$.

获得模拟结果: 对八个数据集中的每一个数据集, 以及所得到适当大小的$\mathcal{P}$, 将 16000 个查询的序列作为测试集合, 获得模拟结果.

分析稳定性: 对于每个$\mathcal{P}$, 基于模拟结果分析$\mathcal{P}$的稳定性.

为了便于讨论, 假设$\mathcal{P}$最初只有一个简档, 称为$\mathcal{P}$的初始简档. 初始简档可以从 2.3.1 节所构造的简档集合中随机选取一个简档; 不失一般性, 选取第一个简档.

因为 LSI 数据集只有 20000 个元组, 所以对于每个高维数据集, 10000 个查询和 16000 个查询的偏倚分布的查询集合将会有许多重复的查询. 另外, 基于 LSI 属性的数值, 能够产生很多可能的元组; 用下列方法为 LSI 产生均匀的查询集合: 对于每个查询 $Q = (q_1, \cdots, q_i, \cdots, q_n)$, i =1, 2, ···, n, 生成一个随机数 j, $1 \leqslant j \leqslant 20000$, 从 LSI 选择元组 t_j, 而且令 $q_i = t_j[A_i]$. 在下列实验中, 对于每个高维均匀查询集合, 得到的所有查询是彼此不同的.

所有的查询集合是随机选择或产生的. 除了高维的偏倚查询集合, 对于其他查询集合, 重复查询的数目为零或非常小. 因此, 对于 LB 方法, 其实验基于最坏的情境.

1. 确定知识库的适当大小

为了用训练方法发现$\mathcal{P}$的适当大小, 假设$|\mathcal{P}|$是无限的. 对于偏倚和均匀分布两种包含 10000 个查询的训练集合, 查询被逐一提交. 按照 2.2.3 节中维护$\mathcal{P}$的规则, 当一个 Top-N查询被处理之后, 如果是类型-3 或类型-4 查询, 那么将其简档加入$\mathcal{P}$, 但是不删除$\mathcal{P}$中任何简档, 也就是说, $\mathcal{P}$中存在的简档没有替换. $c(i)$是把一个新的简档加入$\mathcal{P}$的计数器, 由$|\mathcal{P}|$无限可知, $c(i) = p(i)$(2.2.4 节).

为了得到每个$\mathcal{P}$的适当大小, 使用 2.2.4 节所描述的策略. 第一, 对于 $c(i)$, 获得其 5 次多项式趋势线 $C(x)$. 第二, 得到 $C(x)$的导数 $C'(x)$, 若存在整数 i_0, $1\leqslant i_0 <10000$ 使得 $C'(i_0) = \min\{C'(i): 1\leqslant i<10000\}$, 则确定$\mathcal{P}$的适当大小为 $p = c(i_0) = p(i_0)$; 否则, 若对于所有 $1\leqslant i \leqslant 10000$, $C'(10000)$是最小值, 则求得二阶导数 $C''(x)$及 i_0, $1\leqslant i_0 <10000$ 使得 $C''(i_0) = \max\{C''(i): 1\leqslant i<10000\}$, 这样, 用 $p = c(i_0) = p(i_0)$作为$\mathcal{P}$的适当大小.

例 2.1 对于偏倚查询集合，以数据集 Census2D 和 Lsi104D 为例. 图 2.12(a)显示了关于这两个数据集的 $c(i)$，即图 2.12(a)中的图例 Cen2D 和 L104D (由于有 10000 个点，离散的点集在图中显示为连续的曲线)，二者分别对应数据集 Census2D 和 Lsi104D①. 对于每条曲线 Cen2D 或 L104D，得到其 5 次多项式趋势线，在图 2.12(a)中分别表示为曲线 p_Cen2D 或 p_L104D. 注意，每条曲线及其 5 次多项式趋势线是几乎相同的. 在图 2.12(a)中有四条曲线，曲线 Cen2D 和 L104D 用宽线条表示；另外两条曲线 p_Cen2D 和 p_L104D 用细线条表示. Cen2D 和 L104D 看起来分别像 p_Cen2D 和 p_L104D 的阴影一样.

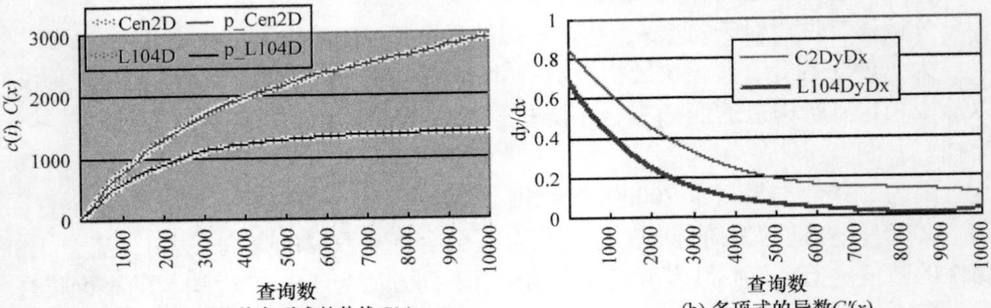

(a) $c(i)$及其多项式趋势线$C(x)$　　　　(b) 多项式的导数$C'(x)$

图 2.12　关于 Census2D 和 Lsi104D 及其偏倚查询集合的 $c(i)$、$C(x)$和 $C'(x)$

在图 2.12(b)中, C2DyDx 和 L104DyDx 分别是多项式 p_Cen2D 和 p_L104D 的导数. 对于曲线 L104DyDx，从图中可以看出其最小值在[8000, 9000]区间内，易知 L104DyDx(8626) = $C'(8626)$为 $C'(i)(i = 1, 2, \cdots, 10000)$的最小值. 因此，对于数据集 Lsi104D，可得 $p = c(8626) = 1387$ 为$\mathcal{P}$的适当大小.

从图 2.12(b)可以看出，C2DyDx 是单调递减的，C2DyDx(i)=$C'(i)$的最小值是 $C'(10000)$. 因此需要用如图 2.13 所示的二阶导数 C2ddydx 来确定$\mathcal{P}$的适当大小. 当二阶导数达到其最大值时(从图中可以看出在 7000 和 8500 之间)，导数 $C'(x)$的改变将会最小($1\leqslant x \leqslant 10000$). 对于 $i = 1, 2, \cdots, 10000$, $C''(7736)$是最大值；因而，对于数据集 Census2D，获得$\mathcal{P}$的适当大小是 $p = c(7736) = 2871$. 另外，从图 2.13 可以看到二阶导数 L104ddydx 有一个零点，对于数据集 Lsi104D，这个零点正是 $C'(x)$的最小值点.

对于每个数据集，使用上述方法得到$\mathcal{P}$的适当大小和 i_0 的值，如表 2.3 所示，其中$|\mathcal{P}|$表示知识库$\mathcal{P}$的适当大小，而且 i_0 的值是 Top-*N* 查询序列$\langle Q_1, Q_2, \cdots, Q_{10000}\rangle$的某个下标索引($1\leqslant i_0 <10000$)，使得 $p(i_0)$达到$|\mathcal{P}|$.

① 在 2.3.5 节所有的图中，为了尽量避免混淆，安排图例及其对应的曲线有相同的次序；图例的次序是从左到右(如果有)，然后从上到下.

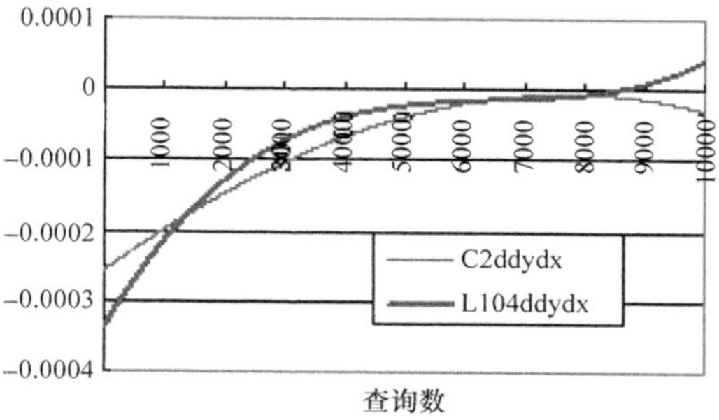

图 2.13　关于 Census2D 和 Lsi104D 及其偏倚查询集合的二阶导数 $C''(x)$

表 2.3　知识库$\mathcal{P}$的适当大小

数据集	偏倚分布查询		均匀分布查询	
	$\lvert\mathcal{P}\rvert$	i_0	$\lvert\mathcal{P}\rvert$	i_0
Census2D	2871	7736	401	1996
Census3D	3186	9924	815	5622
Array3D	3141	6655	3438	6112
Gauss3D	4662	9284	1249	8338
Cover4D	4659	8756	2953	8892
Lsi25D	1255	8522	3292	9613
Lsi50D	1319	8485	4081	6742
Lsi104D	1387	8626	5156	8893

下面对于每个数据集，基于表 2.3 中的结果讨论其模拟实验和稳定性.

2. 模拟实验

设$\mathcal{P}$具有固定的、有限的大小，如表 2.3 所示. 对于偏倚和均匀分布两种包含 16000 个查询的测试集合$\{Q_1, Q_2, \cdots, Q_{16000}\}$逐一提交每个查询，按照 2.2.3 节中$\mathcal{P}$的维护规则，$c(i)$是$\mathcal{P}$中增加或替换简档的计数器，因此，若 $i \leqslant i_0$，则 $p(i) = c(i)$；若 $i > i_0$，则 $p(i) = |\mathcal{P}|$ (2.2.4 节).

当$\mathcal{P}$的大小有限时，对于每个低维数据集，$\mathcal{P}$的更新计数 $c(i)$如图 2.14 所示. 图 2.14(a)显示偏倚查询集合的情况，图 2.14(b)为均匀查询集合. 对于每个数据集，$c(i)$的变化为：最初有大的增加，然而，在$\mathcal{P}$的大小达到其固定上限后，$c(i)$几乎趋于一条斜率小于 0.5 的直线.

图 2.15 显示了高维数据集的情形. 图 2.15(a)描述偏倚分布查询集合，图 2.15(b)为均匀分布查询集合. 在图 2.15(b)中，关于 Lsi104D 和 Lsi50D 的曲线几乎相同.

图 2.15(a)的三条曲线与图 2.15(b)相比有“较好的趋势”，其原因是偏倚分布查询集合中有许多查询是重复的，而均匀分布查询集合的查询是彼此不同的.

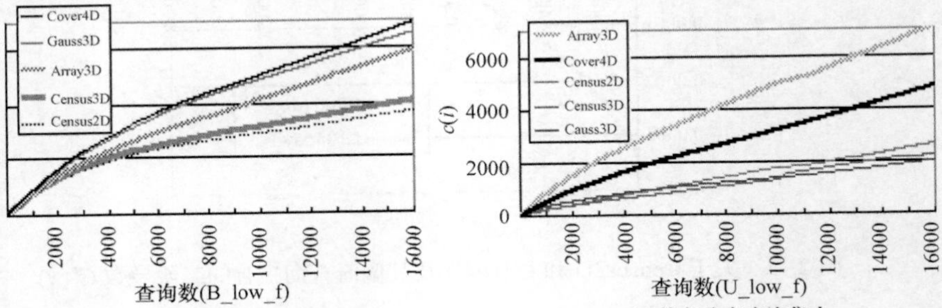

(a) 偏倚分布查询集合　　(b) 均匀分布查询集合

图 2.14　对于低维数据集当$|\mathcal{P}|$有限时$\mathcal{P}$的更新计数

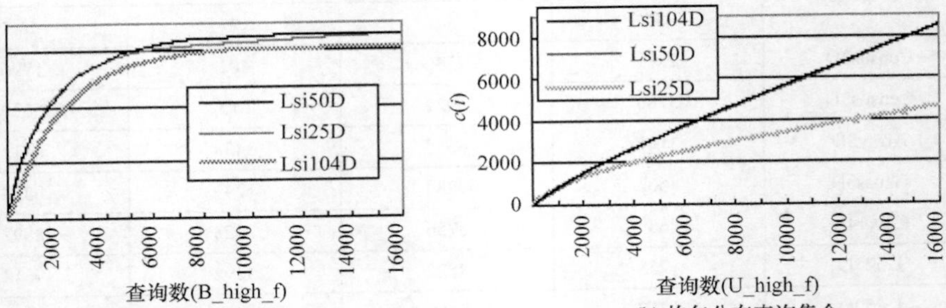

(a) 偏倚分布查询集合　　(b) 均匀分布查询集合

图 2.15　对于高维数据集当$\mathcal{P}$的大小有限时$\mathcal{P}$的更新

注意，测试集合中的查询是随机选择的，对于每个数据集，当$\mathcal{P}$的大小达到其固定上限后，$c(i)$几乎趋于一条斜率小于 0.5 的直线. 另外，图 2.15(a)表明，当 i 充分大时，对于每条曲线，其趋势线为斜度几乎为零的直线，这也进一步证实，LB 方法确实能够很好地适应具有许多重复查询的集合.

3. 知识库稳定性分析

根据定义 2.2，运用$c(i)$的差商$z(k)$及其 SAC(样本自相关函数 r_k)讨论$\mathcal{P}$的稳定性. 对于时间序列值$\{z(k): k = 0, 1, \cdots, 159\}$，若其 SAC 很快中止或很快变小，就认为时间序列是平稳的，因而$\mathcal{P}$是稳定的. 因为时间序列的观察区间是 100 个查询，所以在实验中，差商是$\mathcal{P}$更新的百分比. 在图 2.16 和图 2.17 中，用 DQ 和 $r(k)$分别表示 $z(k)$和 SAC，横坐标为查询组的序号，每组含有 100 个查询; B 和 U 分别表示偏倚和均匀分布，而 low 和 high 分别表示低维和高维数据集.

对于每个低维数据集，图 2.16(a)和图 2.16(c)分别显示了偏倚和均匀分布查询集合的差商 $z(k)$. 可以看出每个差商时间序列是非季节的，而且当充分多的查询被提交后(也就是$\boldsymbol{\mathcal{P}}$有充分多的简档之后)，差商在一条带子内随机摆动．例如，对于数据集 Census2D，当 6000 个查询被处理之后(在图 2.16(a)中，每 100 个查询所构成的一组，也就是横轴 60 之后)，C2DQ 的值在 0～0.2 摆动．当$\boldsymbol{\mathcal{P}}$含有充分多的简档后，引起$\boldsymbol{\mathcal{P}}$更新的查询将会少于 20%．图 2.16(b)和图 2.16 (d)表示差商的 SAC，所有 SAC 曲线很快下降；因此，每个差商时间序列是平稳的，根据定义 2.2，$\boldsymbol{\mathcal{P}}$是稳定的．每个时间序列 $z(k)$的期望值ε如表 2.4 所示．

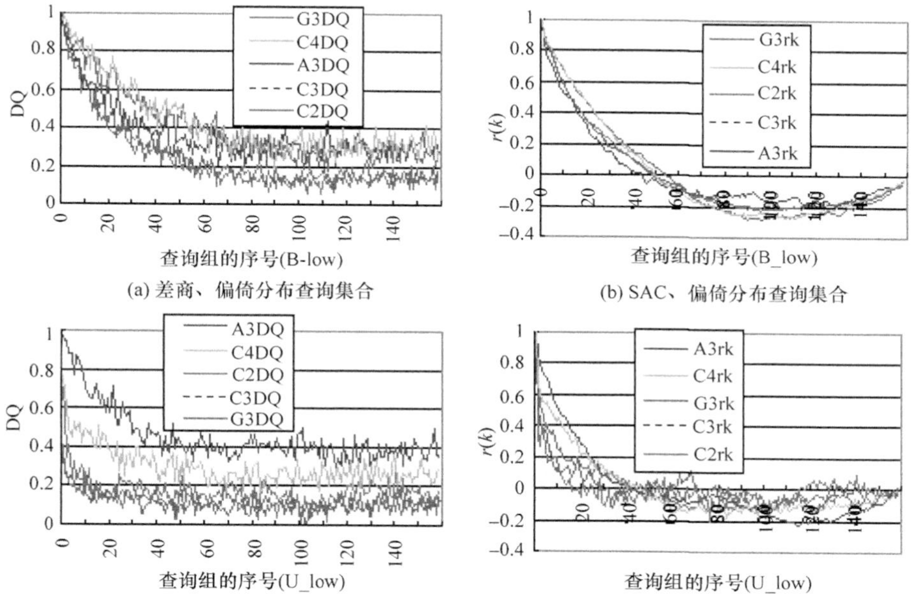

(a) 差商、偏倚分布查询集合　(b) SAC、偏倚分布查询集合

(c) 差商、均匀分布查询集合　(d) SAC、均匀分布查询集合

图 2.16　关于低维数据集的差商和 SAC

表 2.4　模拟实验的一些结果

数据集	偏倚分布查询		均匀分布查询	
	ε	$1-\varepsilon$	ε	$1-\varepsilon$
Census2D	0.128072	0.8719277	0.163688	0.8363121
Census3D	0.152459	0.847541	0.108942	0.891058
Array3D	0.291702	0.7082979	0.384141	0.615859
Gauss3D	0.276471	0.7235294	0.098182	0.9018182
Cover4D	0.310685	0.6893151	0.262083	0.7379167
Lsi25D	0.008831	0.9911688	0.20375	0.79625
Lsi50D	0.002895	0.9971053	0.476237	0.5237634
Lsi104D	0.002838	0.9971622	0.474444	0.5255556

对于高维数据集，图 2.17(a)和图 2.17(c)分别显示偏倚和均匀查询集合的差商. 图 2.17(b)和图 2.17(d)分别显示差商的 SAC. 显然，每个差商时间序列是非季节的，而且当充分多的查询被提交后，差商在一条带子内随机摆动. 在图 2.17(b)和图 2.17(d)中，所有 SAC 的曲线很快下降；因此，每个差商时间序列是平稳的，根据定义 2.2 可知，$\mathcal{P}$是稳定的. 图 2.17(a)表明，对于高维数据集的偏倚查询集合，期望值ε几乎为零，所以每个$\mathcal{P}$几乎是 1-稳定的(表 2.4 中第三列的最后三行).

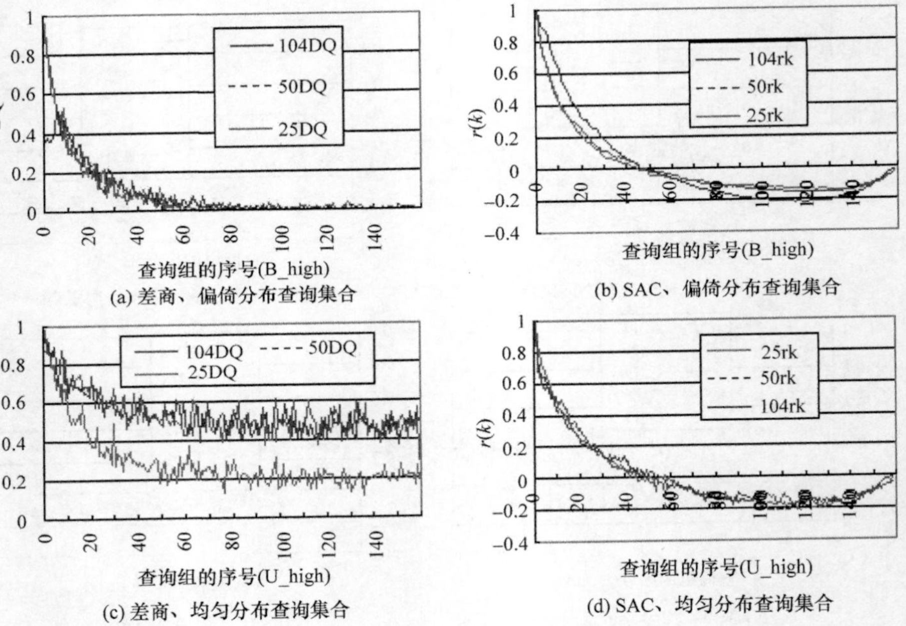

(a) 差商、偏倚分布查询集合

(b) SAC、偏倚分布查询集合

(c) 差商、均匀分布查询集合

(d) SAC、均匀分布查询集合

图 2.17　关于高维数据集的差商和 SAC

对于每个数据集，差商 $z(k)$的期望值(或平均值)ε如表 2.4 所示. 可以看出，对所有八个数据集及其偏倚和均匀分布查询集合，知识库$\mathcal{P}$有好的稳定性并且 $1-\varepsilon$ 在 0.52～1 范围内. 对于每个高维数据集(Lsi25D、Lsi50D、Lsi104D)和偏倚分布查询集合，$\mathcal{P}$几乎是 1-稳定的，因为偏倚分布查询集合有许多重复的查询，而重复查询不会使$\mathcal{P}$更新，只可能使$\mathcal{P}$的某个/些简档进行调节，此时 $c(i)$的函数值不变.

2.4　本 章 小 结

本章主要讨论一种基于学习的策略，它将 Top-*N* 选择查询映射为传统的 SQL 区域选择查询. 其主要思想是：在初始阶段，对于少数随机的 Top-*N* 查询，找出其最优的搜索区域并将相关信息存储在一个知识库中; 然后用知识库中的知识推导出新提交的 Top-*N* 查询的搜索区域. 随着被处理的 Top-*N* 查询的增加, 原始的知识库将被不断地更新. 本章还讨论了知识库的维护和稳定性问题. 基于学习的方法有如下特性: 第一, 可以处理多种距离函数; 第二, 不怕维数灾难, 因其对高维数据有效; 第三, 它能自动地适应用户查询模式, 因而对频繁提交的查询更加有效.

用多种具有不同维数(2～104 维)的数据集进行了广泛的实验. 实验结果表明, 基于学习的方法与文献(Bruno et al., 2002; Chen et al., 2002)分别提出的有效处理方法比较更有优势, 并且知识库具有很好的稳定性, 其中对于所有八个数据集及其偏倚和均匀分布两种查询集合, 稳定程度 $1-\varepsilon$在 0.52～1 范围内. 对于每个高维数据集(Lsi25D、Lsi50D、Lsi104D)及其偏倚分布查询集合, $\mathcal{P}$几乎是 1-稳定的, 因为其偏倚分布查询的集合具有许多重复查询. 对于其他数据集, 重复查询的数目为零或很小, 稳定程度 $1-\varepsilon$ 在 0.52～0.9 范围内. 通常, 知识库的稳定性和重复查询的百分比有关, 重复查询越多将导致稳定性越高, 意味着 LB 方法的效率越高.

参考文献

陈传璋, 金福临, 朱学炎, 等. 1983. 数学分析. 2 版. 北京: 高等教育出版社.

王梓坤. 1976. 概率论基础及其应用. 北京: 科学出版社.

Adamic L A, Huberman B A. 2002. Zipf's law and the Internet. Glottometrics, 3:143-150.

Balke W, Nejdl W, Siberski W, et al. 2005. Progressive distributed top-k retrieval in peer-to-peer networks// Proceedings of the 21st Int. Conf. Data Eng. (ICDE'05), Tokyo: 174-185.

Bowerman B L, O'Connell R T. 1993. Forecasting and Time Series: An Applied Approach. 3rd ed. Beijing: China Machine Press.

Bruno N, Chaudhuri S, Gravano L. 2002. Top-k selection queries over relational databases: Mapping strategies and performance evaluation. ACM Transactions on Database Systems, 27(2): 153-187.

Carey M, Kossmann D. 1997. On saying "Enough already!" in SQL// Proceedings of ACM International Conference on Management of Data (SIGMOD '97), Tucson: 219-230.

Carey M, Kossmann D. 1998. Reducing the braking distance of an SQL query engine// Proceedings of 24th International Conference on Very Large Data Bases (VLDB'98), New York : 158-169.

Chaudhuri S, Gravano L. 1999. Evaluating top-k selection queries// Proceedings of 25th International Conference on Very Large Data Bases (VLDB'99), Edinburgh: 397-410.

Chen C, Ling Y. 2002. A sampling-based estimator for top-k selection query// Proceedings of the 18th International Conference on Data Engineering (ICDE'02), San Jose: 617-627.

Chen Y, Meng W. 2003. Top-N query: Query language, distance function and processing strategies// Proceedings of International Conference on Web-Age Information Management, Chengdu: 458-470.

Fleming W. 1977. Functions of Several Variables. 2nd ed. New York: Addison-Wesley, Springer-Verlag.

Ilyas I F, Beskales G, Soliman M A. 2008. A survey of top-k query processing techniques in relational database systems. ACM Comput. Surv., 40(4): Article 11.

Lee J, Kim D, Chung C. 1999. Multi-dimensional selectivity estimation using compressed histogram information// Proceedings of ACM International Conference on Management of Data (SIGMOD'99), Philadelphia: 205-214.

Silberschatz A, Korth H F, Sudarshan S. 2002. Database System Concepts. 4th ed. New York: McGraw-Hill.

Zhu L, Meng W. 2004. Learning-based top-N selection query evaluation over relational databases// Proceedings of Advances in Web-Age Information Management: The 5th International Conference (WAIM'04), Dalian: 197-207.

Zhu L, Meng W, Liu C, et al. 2010. Processing top-N relational queries by learning. Journal of Intelligent Information Systems, 34(1): 21-55.

第 3 章　基于区域聚类的多 Top-N 查询优化

关于 Top-N 查询处理, 广泛关注的焦点问题之一是如何对查询进行快速处理. 大多数关于 Top-N 查询处理的研究是考虑一次处理一个查询; 然而, 存在许多环境和应用需要同时处理多个 Top-N 查询. 例如, 一个 Web 站点可能同时收到多个 Top-N 查询(如有多个查询, 检索 N 辆与查询条件最匹配的二手汽车). 又如, 一个猎头公司网站有很多工作岗位并且可能收到很多申请这些工作岗位的履历, 公司希望为每个工作岗位找到最优匹配的 N 个履历(Meng et al., 1998). 针对同时提交的多个 Top-N 查询, 可以使用现有技术逐一处理, 或使用某种算法同时处理这些查询.

在数据库及其相关领域, **多查询优化**(multiple-query optimization, MQO)是一个重要的研究课题(Sellis, 1988; Andrade et al., 2004; Wojciechowski et al., 2005). 鉴于此, 基于第 2 章的内容和 Top-N 查询模式, 本章讨论多 Top-N 查询优化.

设$\{Q_1, \cdots, Q_m\} \subset \Re^n$ 是 m 个点的集合, 且 $N_1, \cdots, N_m$ 是 $m(m > 1)$个正整数. 本章内容主要源自文献(Zhu et al., 2008), 介绍**区域聚类方法**(region clustering method, RCM), 快速处理 m 个 Top-N 查询的集合 $Q = \{(Q_1, N_1), \cdots, (Q_m, N_m)\}$. 这种方法的效率显著优于一次处理一个查询的方法, 是第 2 章所述基于学习的方法的优化.

3.1　问 题 分 析

继续考虑第 1 章例 1.1 的二手车数据库, 其模式为 Usedcars(id#, Make, Model, Year, Price, Mileage). 很多预期的购买者可能同时提交包括年份(Year)、价格(Price)和里程(Mileage)的查询, 并且希望得到和每个查询最匹配的前 20 个结果, 即 Top-20 查询. 因此, 怎样尽快响应这些用户同时提交的 Top-N 查询是一个需要解决的问题.

对于同时提交的多个查询, 一种处理方法是一次独立地处理一个查询, 在多查询优化的研究中, 将这种逐一处理的方法称为朴素方法(naïve method, NM); 由于朴素方法简单易懂, 在 MQO 的研究中, 通常被选作基准与其他优化方法进行对比(Fenk et al., 1999).

不同于第 1、2 章中的术语“朴素算法(naïve algorithm, NA)”, 在本章和第 4 章中，术语“朴素方法”与文献(Fenk et al., 1999)一致，是指对查询集合或查询流逐一独立地进行处理的方法.

对于多个 Top-N 查询，同样存在两种方法：一种是朴素方法；另一种是优化方法，即通过分析查询相关搜索区域之间的关联情况，把彼此靠近的一些搜索区域(如有较大交叠的区域)聚合成一个聚类，然后同时处理每个聚类中的查询，这将是本章所介绍的区域聚类方法. 这种区域聚类方法的基本思想是：若一个聚类包含多个区域，则找到包含所有这些区域的**最小包含区域**(smallest containing region, SCR)，检索 SCR 中的所有元组到内存；然后识别出属于各个区域的元组，计算出这些元组与该区域相应查询点的距离，为每个查询找到 Top-N 元组. 直观地，如果一个聚类中的多个区域相互接近并且有交叠，那么 RCM 可能更为有效，其原因如下：首先，减少了随机 I/O 操作的数目；从每个区域检索元组至少引发一次随机 I/O 操作. 当存在多个区域时，会引发多个随机 I/O 操作. 相反，搜索一个较大的连续区域(SCR)时，大部分 I/O 可能是顺序 I/O. 针对磁盘访问，因为随机 I/O 操作比顺序 I/O 操作的开销大很多，所以 RCM 有可能产生较低的 I/O 开销. 其次，避免了多次检索相同元组的可能. 如果同一个元组出现在 k 个不同的区域，使用朴素方法，这个元组将被检索 k 次. 如果 k 个区域被聚合到一起，那么使用 RCM 仅需要检索一次. 另外，RCM 可能检索更多的不被任何查询需要的元组，因为 SCR 可能覆盖不被任何查询搜索区域覆盖的区域. 为了使 RCM 有效，聚类必须使增益最大化而使损失最小化. 本章的焦点是研究有效的区域聚类策略；因此，假定每个 Top-N 查询的搜索区域已经通过现存方法(如第 2 章所介绍的 LB 方法)得到.

下面通过一个示例来分析 NM 和 RCM 处理多个 Top-N 查询所需开销的差别. 图 3.1 显示了在 2 维空间$\Re^2$中，两个 Top-N 查询(Q_1, N_1)和(Q_2, N_2)的搜索区域 $S(Q_1, r_1)$和 $S(Q_2, r_2)$，分别为两个实线表示的矩形及这两个区域的最小包含区域，即用虚线表示的矩形；图 3.1 中的两个符号“×”分别表示查询点 Q_1 和 Q_2.

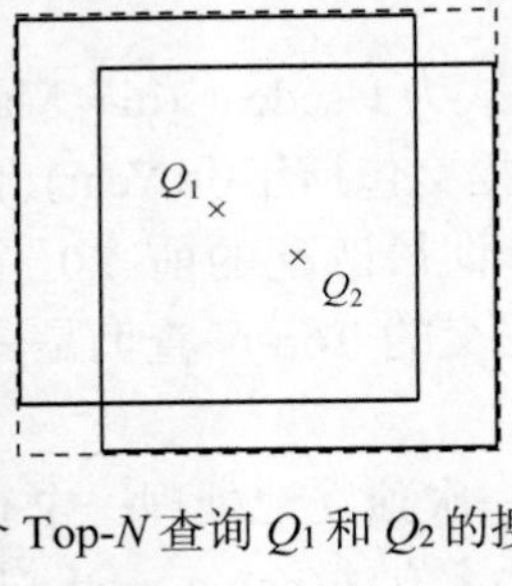

图 3.1 两个 Top-N 查询 Q_1 和 Q_2 的搜索区域及其 SCR

如2.1节所述，处理一个典型的 Top-N 查询可以通过三个步骤实现：①运用一些方法确定一个查询范围，即确定一个搜索距离 $r > 0$，形成一个 n 维超矩形(或称区域)，也就是搜索区域；②检索出该搜索区域内的元组(数据点)，得到候选元组的集合；③根据候选元组和查询点的距离排序，并输出其前 N 个元组.

设 RC()表示建立搜索区域的开销, IOC()表示检索元组的开销, 即检索候选元组的开销(大部分是 I/O 开销), SC()表示排序和显示结果的开销. 若运用 NM, 则处理查询(Q_1, N_1)和(Q_2, N_2)的总开销为

$$\text{Cost(NM)} = \text{RC}(Q_1, N_1) + \text{IOC}(Q_1, N_1) + \text{SC}(Q_1, N_1) + \\ + \text{RC}(Q_2, N_2) + \text{IOC}(Q_2, N_2) + \text{SC}(Q_2, N_2) \tag{3-1}$$

若运用 RCM, 如图 3.1 所示, 类似于 NM, 首先, 需要为两个查询建立搜索区域; 其次, 建立 SCR 并把 SCR 中的所有元组检索到内存; 然后, 分别识别出属于搜索区域 $S(Q_1, r_1)$和 $S(Q_2, r_2)$的元组; 最后, 对 $S(Q_1, r_1)$和 $S(Q_2, r_2)$中的元组排序并分别为 Q_1 和 Q_2 输出 Top-N 元组. 这样, 使用 RCM 的总开销是

$$\text{Cost (RCM)} = \text{RC}(Q_1, N_1) + \text{RC}(Q_2, N_2) + \text{IOC(SCR)} \\ + \text{SC}(Q_1, N_1) + \text{SC}(Q_2, N_2) + \delta \tag{3-2}$$

其中, δ 表示所有的额外开销(包括建立 SCR 的开销, 执行聚类和识别属于各个搜索区域元组的开销). 在式(3-1)中有两个独立的 I/O 请求, 而在式(3-2)中只有一个 I/O 请求. 假设每个 I/O 请求引发一个随机 I/O 加上一些顺序 I/O. 因为一次随机 I/O 的开销大约是一次顺序 I/O 开销的 10 倍(O'Neil et al., 2000), 所以引发较低随机 I/O 次数的查询处理策略很可能更加有效. 因为 I/O 开销在数据库应用中通常是主要开销, 所以减少 I/O 开销, 尤其是随机 I/O 开销, 是一种提高查询处理效率的重要方法.

本章介绍的 RCM, 其目的是确认 RCM 的总开销比 NM 的总开销更小的情况. 使用区域聚类而不是使用(查询)点聚类是因为搜索区域比查询点更能表达 Top-N 查询的特征. 如图 3.2 所示, 虽然距离 $d(Q_1, Q_2)$小于距离 $d(Q_3, Q_2)$, 但是搜索区域 $S(Q_3, r_3) \supset S(Q_2, r_2)$, 因此 Q_3 和 Q_2 应该在同一个聚类. 在这种情况下, 如果从一个数据库检索出所有 $S(Q_3, r_3)$中的元组, 就可以从 $S(Q_3, r_3)$中的元组得到 Q_2 的候选元组而无须另外的 I/O 请求. 如果把 Q_1 和 Q_2 放在相同的聚类, 就不能获得上述 I/O 的节省.

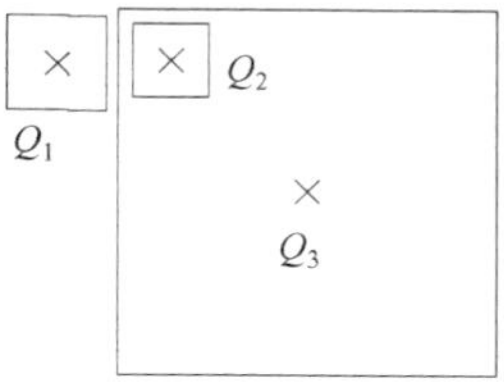

图 3.2　三个 Top-N 查询的聚类

显然, 对于同时处理多个 Top-N 查询, 其搜索区域的分布情况起着重要作用. 现在给出一些测量来表示区域分布的特性. 图 3.3 所示为一些 2 维区域分布的示例.

设 $R_1, R_2, \cdots, R_k$ 表示 k 个区域, SCR 为其最小包含区域. 通过比较三个量 $\sum_{i=1}^{k} v(R_i)$、$v(\bigcup_{i=1}^{k} R_i)$ 和 $v(\text{SCR}(\bigcup_{i=1}^{k} R_i))$ 可以有效地观察有关这些区域的分布情况. 用 α、β、τ 分别表示

$$\alpha = v(\bigcup_{i=1}^{k} R_i) / \Sigma_{i=1}^{k} v(R_i), \quad \beta = v(\bigcup_{i}^{k} R_i) / v(\text{SCR}(\bigcup_{i=1}^{k} R_i)),$$
$$\tau = v(\text{SCR}(\bigcup_{i=1}^{k} R_i)) / \Sigma_{i=1}^{k} v(R_i) \tag{3-3}$$

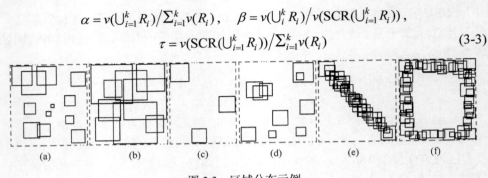

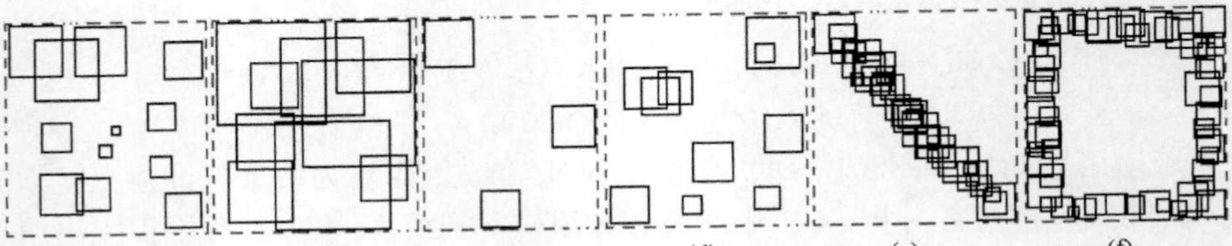

图 3.3 区域分布示例

易知 $0<\alpha \leqslant 1$, $0<\beta \leqslant 1$ 和 $0<\tau \geqslant 1$. α值代表区域的交叠程度, α值越小表示交叠越多. β值反映了区域的靠近程度以及 SCR 中空白部分的大小, β值越大通常表示区域越靠近且 SCR 的空白部分越小. τ 值可以大于、小于或等于 1, 它表示 SCR 被诸 R_i 占用了多少; τ值越小代表在 SCR 中诸 R_i 的体积越大. 若$\tau < 1$, 则必定有一些 R_i 互相交叠.

在某些情况下, 例如, 类似于图 3.3(b)的情况具有"好的测量", 即有较小的α、较大的β和较小的τ, 此时, 将$\{R_1, R_2, \cdots, R_k\}$形成一个聚类, 使用$\bigcup_{i=1}^{k} R_i$ 的 SCR 作为所有 $R_1, R_2, \cdots, R_k$的单个搜索区域可能是一个有效的策略. 然而, 在其他情况下, 仅形成一个聚类并不合适, 因为这样可能检索很多无用的元组, 如图 3.3(e)和图 3.3(f)所示的情况, 有"好的α和τ"(小的α和τ), 但是有一个"坏的β"(小的β). 直观地, 图 3.3(e)沿着对角线的区域构成几个更小的聚类, 图 3.3(f)沿着四条边的区域构成四个聚类将会更加适合. 注意, 如果仅根据交叠区域生成聚类, 那么所有在图 3.3(e)和图 3.3(f)中的区域将仅形成一个聚类, 这样 SCR 将包含太多无用的元组.

图 3.3(a)、图 3.3(c)、图 3.3(d)代表更一般的情况, 它们都有"坏的测量值", 即大α、小β 和大τ. 图 3.3(c)是最坏的情况, 其$\alpha = 1$; 因此这三个区域不能被聚合成为一个聚类, 换言之, 它们将被独立处理, 即每个区域被看作一个单独的聚类, 图 3.3(a)和图 3.3(d)相似, 它们都有一些区域交叠而有一些没有交叠, $\alpha < 1$. 对于图 3.3(d)中的区域, 直观上, 交叠的区域形成两个聚类, 而剩下的区域保持非聚类是合理的; 但是如何对图 3.3(a)中的区域聚类并非直观清晰, 将在 3.2 节提出通用的区域聚类算法.

3.2 区 域 聚 类

为了快速处理 m 个 Top-N查询的集合 $Q = \{(Q_1, N_1), \cdots, (Q_m, N_m)\}$, 本章所介

绍的方法有一个关键步骤是将 m 个 Top-N 查询的搜索区域进行聚类. 通常, 聚类技术使用一些相似度量来计算聚类对象之间的距离; 在大多数情况下, 这些对象是**点**. 然而, 在本章中聚类对象是**区域**.

3.2.1　算法和术语

在区域聚类方法中将用到一些基本算法和术语(Zhu et al., 2008). 这些算法包括: ①VUR (volume of the union of regions), 计算多个区域并集的体积; ②DTR (difference of two regions), 计算两个区域的差; ③PPS(partitions points in n-dimensional space), 划分 n 维空间中的多个点; ④CST(candidate set of Top-N tuples), 得到 Top-N 候选元组集合; ⑤TTC(Top-N tuples from candidate set), 从候选集合中得到 Top-N 元组.

1. 多个区域并集的体积

给定 m 个区域 $R_1, R_2, \cdots, R_m$, 用 $v(R_i)$表示 R_i 的体积. 设 $v_1=\sum_{1\leqslant i<m} v(R_i)$, $v_2=\sum_{1\leqslant i<j\leqslant m} v(R_i \cap R_j)$, $v_3=\sum_{1\leqslant i<j<k\leqslant m} v(R_i \cap R_j \cap R_k)$, …, $v_m = v(R_1 \cap R_2 \cap \cdots \cap R_m)$, 则 $R_1, R_2, \cdots, R_m$ 的并集 $\bigcup_{i=1}^m R_i$ 的体积为

$$v(\bigcup_{i=1}^m R_i) = v_1 - v_2 + v_3 - v_4 + \cdots + (-1)^{m-1} v_m \tag{3-4}$$

用归纳法易证式(3-4)的正确性.

设 $R_1 = \prod_{i=1}^n [a_i, b_i]$和 $R_2 = \prod_{i=1}^n [c_i, d_i]$是两个 n 维区域, 则二者的交集 $R_1 \cap R_2$ 也是一个 n 维区域. 设 $p_i = \max\{a_i, c_i\}$, $q_i = \min\{b_i, d_i\}$, $i = 1, 2, \cdots, n$. 若存在一个 i_0 使得 $p_{i_0} > q_{i_0}$, 则 $R_1 \cap R_2 = \varnothing$且 $v(R_1 \cap R_2) = 0$; 若 $p_i \leqslant q_i$ $(i=1, 2, \cdots, n)$, 则 $R_1 \cap R_2 \neq \varnothing$, $R_1 \cap R_2 = \prod_{i=1}^n [p_i, q_i]$, 并且

$$v(R_1 \cap R_2) = \prod_{i=1}^n (q_i - p_i) \tag{3-5}$$

注意, 虽然 $R_1 \cap R_2 \neq \varnothing$, 但是若存在一个 i_0 使得 $p_{i_0} = q_{i_0}$, 则 $v(R_1 \cap R_2) = \prod_{i=1}^n (q_i - p_i) = 0$.

运用"$\cap$"的结合律, 通过式(3-4)和式(3-5)可以精确计算出 $\bigcup_{i=1}^m R_i$ 的体积. 然而, 式(3-4)具有 $O(2^m)$复杂度. 本章运用分治机制解决这个问题, 首先把区域集合$\{R_1, R_2, \cdots, R_m\}$分成多个更小的子集, 然后分别处理每个子集. 注意, 因为 $R \cap \varnothing = \varnothing$, 所以式(3-4)中的很多项为空, 即式(3-4)中的非空项的个数通常比 2^m 少很多. 例如, 若 $R_i \cap R_j=\varnothing$ 或 $v(R_i \cap R_j) = 0$, $1\leqslant i < j <m$, 则 $R_i \cap R_j \cap R_k =\varnothing$或 $v(R_i \cap R_j \cap R_k) = 0$, 因此, 对于所有的 k $(j < k \leqslant m)$, 这样的项都可以从式(3-4)去掉.

算法 VUR 用于计算多个区域并集的体积, 描述如下.

算法 VUR(m, n, $R[1]$, $R[2]$, $\cdots$, $R[m]$)

输入: m, n, $R[1]$, $R[2]$, $\cdots$, $R[m]$　　　　/* m 是区域的个数, n 是空间的维数, $R[i]$ 表示 R_i */

输出: TotalVolume　　　　　　　　　　/* TotalVolume = $v(\bigcup_{i=1}^{m} R_i)$ */

---

1. 局部变量　Hyper-rectangle　rt[h][j];

/* rt[h][j] 是求和式(3-4)中 v_h 的第 j 项超矩形, $h = 1, \cdots, m$ */

2. 将 rt[h][j] 初始化　　　　　　　　//用 0 或空字符串等进行初始化

3.　for ($i = 1$; $i \leqslant n$; i++)

4.　　rt[1][i] = $R[i]$;　　　　　　　　/* $R[i]$.suf1st = $R[i]$.sufend = i */

5.　　$v[1] = v[1] +$ rt[1][i].v;　　　　/* $v[h]$ 表示 v_h */

6.　end for

7.　for($h = 2$; $h \leqslant m$; h++)

8.　　令 int $j = 1$;

9.　　令 int iNumPrevious = m;

10.　　for ($k = 1$; $k \leqslant$ iNumPrevious; k++)

11.　　　for($g = 2$; $g \leqslant$ m; g++)

12.　　　　if(rt[$h-1$][k].sufend < g)

13.　　　　　for($i = 1$; $i \leqslant n$; i++)

14.　　　　　　$p = \max$(rt[$h-1$][k].$a[i]$, $R[g]$.$a[i]$);

15.　　　　　　$q = \min$(rt[$h-1$][k].$b[i]$, $R[g]$.$b[i]$);

16.　　　　　if($p < q$)　　/*若交集不空*/

17.　　　　　　rt[h][j].$a[i] = p$; rt[h][j].$b[i] = q$;

18.　　　　　　rt[h][j].$v =$ rt[h][j].$v * (q - p)$;

19.　　　　　　bInterable = true;

20.　　　　　else　　/*若交集为空或 $p = q$*/

21.　　　　　　rt[h][j].$v = 1.0$;

22.　　　　　　bInterable = false;

23.　　　　　　break;

24.　　　　end if

25.　　　　if(bInterable)　　　　　　　/*能够相交*/

26.　　　　　rt[h][j].suf1st = rt[$h-1$][k].suf1st;

```
27.                    rt[h][j].sufend = g;
28.                    v[h] = v[h] + rt[h][j].v;      /*得到 v[h]*/
29.                    j++;
30.                end if
31.            end for   /* i */
32.         end if
33.      end for   /* g */
34.   end for   /* k */
35.   if(j > 1)
36.      iNumPrevious = j−1;
37.   else
38.      break;
39.   end if
40. end for   /* h */
41. 令 int   iSign = −1;
42. for(i = 1; i ⩽ m; i++)
43.    iSign = (−1) * iSign;
44.    TotalVolume = TotalVolume + (iSign * v[i]);
45. end for
46. return TotalVolume ;
```

2. 两个区域的差

设 $S = \prod_{i=1}^{n} [a_i, b_i]$ 和 $T = \prod_{i=1}^{n} [c_i, d_i]$ 是两个区域. 如果 $S \cap T \neq \varnothing$ 且 $T \not\subset S$, 那么这两个区域的差 $T - S$ 是 T 的一些 n 维子区域的并集, 即 $T - S = \bigcup_{j=1}^{p} T_j$, 其中 $T_j \subset T, j = 1, \cdots, p, v(T_i \cap T_j) = 0, i \neq j$, 算法 DTR 用于计算两个区域的差, 描述如下.

算法　DTR(T, S)	/* $T - S = T[1] \cup \cdots \cup T[p]$ */
输入: $T = \prod_{i=1}^{n} [c_i, d_i]$, $S = \prod_{i=1}^{n} [a_i, b_i]$;	/* S、T 为两个 n-超矩形且 $S \cap T \neq \varnothing$ */
int n;	/*空间的维数*/
输出: $T[p]$	/*超矩形结构型数组*/
int p	/*数组 $T[p]$ 的大小*/

```
局部变量 int i; double t; Hyper-rectangle H;
赋初值 p = 1; H = T;                    /*此时 H 为 ∏_{i=1}^{n} [c_i, d_i] */
for (i = 1; i ≤ n; i++)
    if H.c_i < S.a_i then
        {t = H.d_i; H.d_i = S.a_i; T[p] = H; H.c_i = S.a_i; H.d_i = t; p++;}
    end if
    if S.b_i < H.d_i then
        {t = H.c_i; H.c_i = S.b_i; T[p] = H; H.d_i = S.b_i; H.c_i = t; p++;}
    end if
end for
p = p − 1;
```

很明显，若 T 包含在 S 中，则 $T-S=\varnothing$，算法 DTR 仍然有效. 图 3.4 显示了在 2 维空间中用 DTR 算法计算 $T-S$ 的三个示例.

在很多情况下，可以使用 DTR 算法来减少查询处理时间. 例如，在图 3.4(b)中，若 S 中的元组已经被检索出来，只需检索出 $T_1 \cup T_2$ 中的元组再将它们和 $S \cap T$ 中的元组进行合并，即可得到 T 中的元组 $\{\boldsymbol{t}: \boldsymbol{t} \in T\} = \{\boldsymbol{t}: \boldsymbol{t} \in T_1 \cup T_2\} \cup \{\boldsymbol{t}: \boldsymbol{t} \in S \cap T\}$.

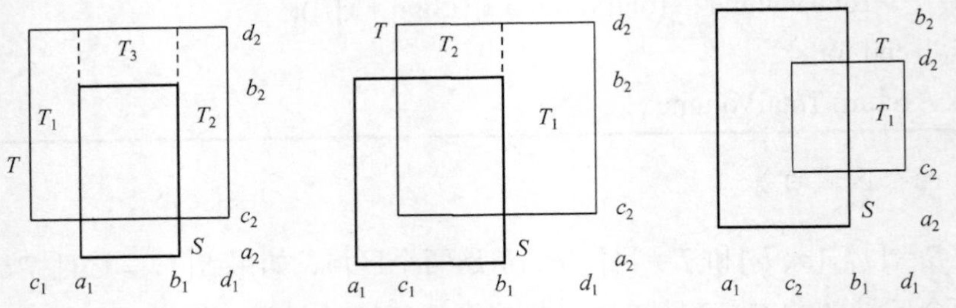

(a) $T-S=T_1 \cup T_2 \cup T_3$　(b) $T-S=T_1 \cup T_2$　(c) $T-S=T_1$

图 3.4　在 2 维空间中用 DTR 算法计算 $T-S$ 的三个示例

通常，在 n 维空间中，这些 T_j 的数量($|\{T_j\}|$)不会大于 $2n$. 在很多情况下，$|\{T_j\}|$ 比 $2n$ 小很多. 例如，在图 3.4(b)和图 3.4(c)中，$|\{T_j\}|$ 分别是 2 和 1. 直观地，将 DTR 算法用于检索元组时，仅在 $|\{T_j\}|$ 较小的时候才是有效的，因为当 $|\{T_j\}|$ 较大时可能导致更多昂贵的随机 I/O. 在本章的实验中，只有在 $|\{T_j\}|$ 不大于 2 的时候才使用 DTR 和 S 中的元组来得到 T 中的元组. 这样，对于图 3.4(a)的情况，直接从底层数据库(或称基础数据库，underlying database)检索

T 中的元组.

3. 划分 n 维空间中 m 个点

设$\Delta = \{t^{(1)}, \cdots, t^{(m)}\}$为$\Re^n$中 m 个点的集合且 $R = \prod_{i=1}^{n}[a_i, b_i]$是包含这些点的一个区域. 给定一个阈值$m_0$, 存在一个正整数$p$使得$R$被分成$p$个小区域$\{P_i: i=1, \cdots, p\}$且每个小区域 P_i 包含Δ中至多 m_0 个点, PPS 算法描述如下.

算法 PPS$(\Delta, R, m_0, n_1, \cdots, n_k)$　　/*$n_i > 1, i = 1, \cdots, k$*/
输入: $\Delta, R, m_0, k, n_1, \cdots, n_k$
输出: $\{P_i: i=1, \cdots, p\}$

1. 找出 R 的 k 条最长的边 $e_1, e_2, \cdots, e_k$, 把每条边分别分成 $n_1, n_2, \cdots, n_k$ 等份; 则 R 被分成 $h = n_1n_2\cdots n_k$个小区域$\{P_i: i=1, \cdots, h\}$.
2. 对每个小区域P_i, 若其包含Δ中点的数目大于m_0, 则$R = P_i$且递归调用PPS算法.

显然, $p = h + (N_{\text{ite}}-1)\cdot(h-1) = h\cdot N_{\text{ite}} - N_{\text{ite}} + 1 = (h-1)\cdot N_{\text{ite}}+1$, 其中 N_{ite}是 PPS 算法第 1 步执行的次数. 易知, 在 PPS 算法中分划的深度 d 和小区域体积的关系. 设 $v_{(d)}$表示对 R 经过 d 次连续分割后小区域的体积, 那么 $v_{(d)} = v(R)/h^d$. PPS 算法收敛很快, 不会慢于 $O(1/2^d)$, 实际上, $O(1/2^d)$为其最慢的情况, 即 $k=1$ 且 $n_1= 2$ 时的情况.

设 $m_0 = 8$, 图 3.5(a)～图 3.5(c)显示了在 2 维空间中 PPS 算法的三个示例. 注意, 在图 3.5(c)中, 首先, 沿着 x 轴方向 R 的边被分成 3 等份, 沿着 y 轴方向被分成 4 等份; 其次, 两个较小的区域沿着 x 轴分成 4 等份, 沿着 y 轴分成 3 等份.

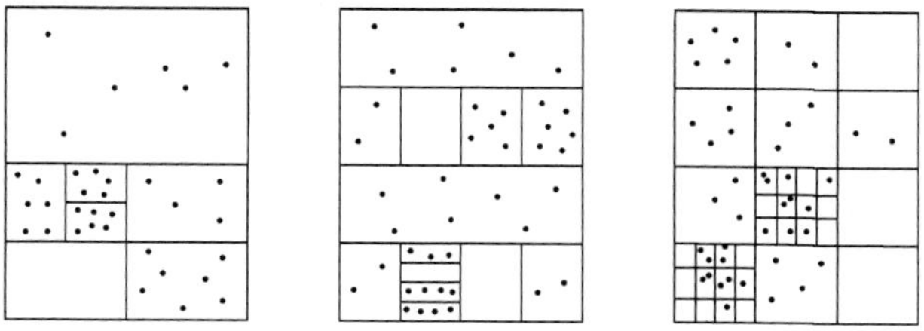

(a) $k=1, n_1=2$　　(b) $k=1, n_1=4$　　(c) $k=2, n_1=4, n_2=3$

图 3.5　在 2 维空间中 PPS 算法示例, $m_0 = 8$

在本章的实验中，阈值 $m_0 = 8$ 被用于所有的高维和低维数据集. 选择 $m_0 = 8$ 的原因如下，若 $m_0 = 8$，则每个小区域 P_i 包含的点不会超过 8 个. 每个点对应一个 Top-N 查询点(搜索区域的中心点)，因而对应一个搜索区域. 也就是说，如果单独考虑不同小区域 P_i 中的点，则每次考虑的点不会多于 8 个. 注意，VUR 算法的复杂度是 $O(2^m)$，其中 m 是 Top-N 查询搜索区域的个数. 当一次考虑不超过 8 个查询点时，VUR 算法的复杂度不超过 $O(2^8)$，能运行得很快，解决其复杂度问题. 针对 2 维的情况，如图 3.5 (c)所示，取 $k = 2, n_1 = 4, n_2 = 3$. 对 n 维 $(n \geqslant 3)$ 的情形，取 $k = 3, n_1 = 3, n_2 = 2, n_3 = 2$. 对于 m 个 Top-N 查询搜索区域，得到其最小包含区域(SCR)；显然 SCR 包含这 m 个 Top-N 查询点. 将 SCR $= \prod_{i=1}^{n} [a_i, b_i]$ 作为 PPS 算法中的 R，因此 SCR 或小区域 P_i 每次被分成 12 个更小的区域. 例如，104 维数据集 Lsi104D，对于 SCR 或小区域 P_i 的每次分割，在它的所有 104 条边中发现最长的 3 条边 e_1、e_2 和 e_3，在第一次分割时，设最长的三条边 e_1、e_2 和 e_3 分别是第 5 维、第 17 维和第 89 维对应的边，且分别把它们分成 3、2、2 等份，SCR 被分成 $h = 3\times2\times2 = 12$ 个小区域$\{P_i: i=1, \cdots, 12\}$；在下一次分割时，如分割小区域 P_3，其最长的 3 条边 e_1、e_2、e_3 可能属于其他维，如第 5 维、第 10 维和第 100 维，分别把它们分成 3、2、2 等份，这样 P_3 被分成 $h = 3\times2\times2 = 12$ 个小区域.

4. 得到 Top-N 查询的候选集合

设(Q, N)是一个 Top-N 查询且其搜索区域为 R，获得(Q, N)的候选集(R 中的所有元组)是一个重要的步骤.

给定两个区域 $S = \prod_{i=1}^{n} [a_i, b_i]$ 和 $T = \prod_{i=1}^{n} [c_i, d_i]$，如果 S 中的元组已经得到，那么使用如下 CST 算法得到 T 中的元组.

算法 CST(T, S)　　　　/* 得到 T 中的元组 */

输入：T, S　　　　/* $S = \prod_{i=1}^{n} [a_i, b_i]$，　$T = \prod_{i=1}^{n} [c_i, d_i]$ */

输出：$\{\boldsymbol{t}; \boldsymbol{t} \in T\}$

1. 若 $T \subset S$，则 T 的元组已经检索出数据库；T 中的元组只需从 S 中确认：
   $\{\boldsymbol{t}: \boldsymbol{t} = (t_1, \cdots, t_n) \in S$ 且 $c_i \leqslant t_i \leqslant d_i\}$
2. 若 $T \not\subset S$ 且 $T \cap S \neq \varnothing$，则用算法 DTR$(T, S)$得到 $T - S = \bigcup_{j=1}^{p} T_j$；若 p 小于某阈值，则从数据库中得到 $\bigcup_{j=1}^{p} T_j$ 中元组$\{t^{(i)}\}$，且 T 中的元组为$\{t^{(i)}\} \cup \{\boldsymbol{t}: \boldsymbol{t} = (t_1, \cdots, t_n) \in S$ 且 $c_i \leqslant t_i \leqslant d_i\}$；
3. 若 $T \cap S = \varnothing$ 或 p 不小于某阈值，则从数据库中直接检索出 T 中的元组.

若查询(Q_1, N_1)已经被处理完毕，$S = \prod_{i=1}^{n} [a_i, b_i]$是其搜索区域，且得到其候选集，$(Q_2, N_2)$是一个新的查询且其搜索区域为 $T = \prod_{i=1}^{n} [c_i, d_i]$，则可以用 CST 算法得到$(Q_2, N_2)$的候选元组.

设$\{R_i: i=1, \cdots, m\}$是 m 个区域组成的集合，下面引入术语**最佳扩展区域**(best super region, BSR). R_k 称为 R_i 的最佳扩展区域，如果 $R_i \subset R_k$ 且 $v(R_k) = \min\{v(R_j): R_i \subset R_j, 1 \leqslant j \leqslant m, i \neq j\}$，即 R_k 是包含 R_i 的体积最小的区域. R_k 的下标序数 k 称为 R_i 的**最佳扩展区域序数**(BSR number)，记为 R_i.bsn，即 R_i.bsn = k.

图 3.6 为 BSR 的示例(其中 $R_3 = R_7$): R_5.bsn = 3, R_8.bsn = 3, R_3.bsn = 7, R_7.bsn = 10, R_2.bsn = 10. 如果图 3.6 中的区域是六个 Top-N 查询的搜索区域，那么它们可以被视为一个聚类. 只需检索出 R_{10} 中的元组，即只用一次 I/O 请求(一次 I/O 请求可能引发多个可能的顺序 I/O)，然后可以为其他区域从其 BSR 获得候选集. 注意 $R_3 = R_7$, R_3.bsn = 7，但是 R_7.bsn = 10. 若 R_3.bsn = 7 且 R_7.bsn = 3，则在处理算法中将会变成一个无限循环.

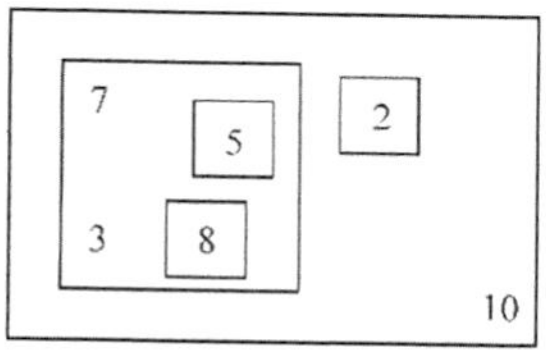

图 3.6　最佳扩展区域和最佳扩展区域序数

另外，如果 $R_1 \subset R_2 \subset \cdots \subset R_k$，即每个 R_i 是 R_{i-1} 的 BSR，那么可以从 R_k 得到所有区域的候选集.

5. 从候选集得到 Top-N 元组

TTC 算法首先计算一个 Top-N 查询(Q, N)及其每个候选元组的距离，然后识别出具有最小距离的 N 个元组. 在计算过程中堆结构可以用来跟踪这些具有最小距离的 N 个元组，这是经典算法，省略细节.

3.2.2　区域聚类模型

本节给出三种区域聚类模型并讨论每个模型的聚类条件(Zhu et al., 2008).

设 $\boldsymbol{T} = \{T_i: i=1, \cdots, m\}$是 m 个区域的集合，$\boldsymbol{Ç} = \{H_k: k = 0, 1, \cdots, L\}$是 $\boldsymbol{T}$ 的一个子集. 若 $\boldsymbol{Ç}$ 满足一些条件，则称为一个聚类. 设 SCR 是 $\boldsymbol{Ç}$ 的最小包含区域，记为 SCR($\boldsymbol{Ç}$)或 SCR($\{H_k\}$).

1. I-聚类

区域集合 $\mathcal{Ç}$ 被称为 I-聚类(基于交集(intersection)的聚类), 如果满足以下条件:

(1) 对于每个 $0<j\leqslant L$, 存在 $0\leqslant k<j$ 使得 $H_k\cap H_j\neq\varnothing$;

(2) $v(\bigcup_{k=0}^{L}H_k)/v(\mathrm{SCR}(\mathcal{Ç}))\geqslant c_1$, 其中 c_1 是一个常数.

条件(1)的含义是 $\mathcal{Ç}$ 中的任一区域至少和 $\mathcal{Ç}$ 中的另一个区域有交集. 条件(2)是限制 SCR 的空白部分, 使一个聚类中的区域彼此相当靠近. 图 3.7(a)所示为 I-聚类的一个例子, 其中 $\mathcal{Ç}=\{H_1, H_2\}$ 为两个实线矩形的集合, 虚线矩形为 $\mathrm{SCR}(\mathcal{Ç})$.

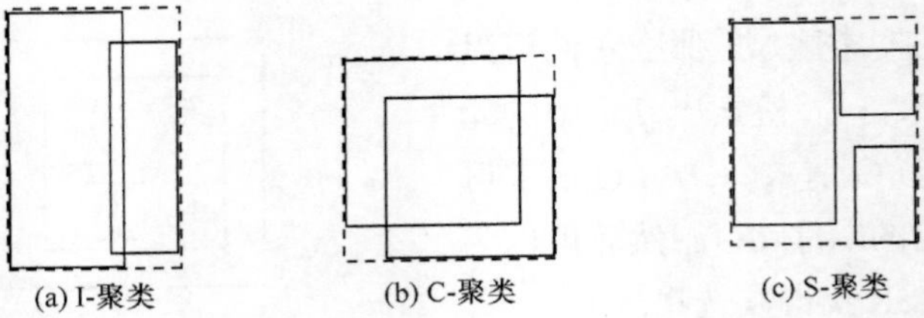

图 3.7　区域聚类模型

称 I-聚类的两个条件为“I-聚类条件”, c_1 为“I-聚类阈值”. 因 $0<v(\bigcup_{k=0}^{L}H_k)/v(\mathrm{SCR}(\mathcal{Ç}))\leqslant 1$, 故 $c_1\in[0, 1]$. 通常, 一个更大的 c_1 需要更接近的区域, 这样导致更紧凑的聚类(也就是 SCR 的空白部分更小). 另外, 更大的 c_1 降低了 I-聚类的适用性, 因为只有数目更少的区域可以满足I-聚类条件. 本章实验中, 通过训练确定 c_1 的一个最佳近似值. 注意, 体积 $v(\bigcup_{k=0}^{L}H_k)$ 可以使用 VUR 算法获得.

2. C-聚类

区域集合 $\mathcal{Ç}$ 被称为 C-聚类(基于中心(center)的聚类), 如果满足以下条件:

(1) 对每个 $0<j\leqslant L$, 存在 $0\leqslant k<j$ 使得 H_j 的中心在 H_k 中;

(2) $v(\bigcup_{k=0}^{L}H_k)/v(\mathrm{SCR}(\mathcal{Ç}))\geqslant c_2$, 其中 c_2 是常数.

显然, C-聚类是 I-聚类的一种特殊情况, 并且它需要区域有更高的交叠度, 因为从条件(1)可知一个区域的中心属于另一个区域. 上述两个条件称为“C-聚类条件”, 且 c_2 称为“C-聚类阈值”. c_2 对 C-聚类的影响正如 c_1 对 I-聚类的影响. 同样, 通过训练确定 c_2 的一个最佳近似值, 且 $c_2\in[0,1]$. 图 3.7(b)显示了一个 C-聚类的例子, 其中两个实线矩形构成一个 C-聚类, 虚线矩形为 $\mathrm{SCR}(\mathcal{Ç})$.

3. S-聚类

区域集合 $\boldsymbol{\mathcal{C}} = \{H_k: k = 0, 1, \cdots, L\}$称为一个 S-聚类(基于总和(sum)的聚类)，如果满足

$$v(\mathrm{SCR}(\boldsymbol{\mathcal{C}}))/\sum_{k=0}^{L} v(H_k) < c_3\,,\quad c_3\text{是一个常数}$$

这个条件称为"S-聚类条件"，c_3 称为"S-聚类阈值". 图 3.7(c)显示了一个 S-聚类的例子，其中的三个区域构成了一个 S-聚类，虚线矩形为 SCR($\boldsymbol{\mathcal{C}}$). 在 S-聚类中，c_3 的值反映了区域的靠近程度，且 c_3 没有明确的上限. 当 $c_3 < 1$ 时，集合 $\boldsymbol{\mathcal{C}}$ 中的一些区域必然交叠，这种情况已经在 I-聚类或 C-聚类考虑过. 另外，如果 $c_3 > 3$，那么这些区域有可能分离得太远而不能形成有效的聚类；因此，考虑 $c_3 \in [1, 3]$是合理的. 同样用训练方法来确定 c_3 的一个最佳近似值.

4. 聚类模型的比较

根据以上定义的聚类模型，三种模型的联系可以总结如下.

(1) C-聚类趋向于产生最紧凑的聚类(SCR 的空白部分趋于最小)，其次是 I-聚类，最后是 S-聚类.

(2) S-聚类趋向于最强的适用性，其次是 I-聚类，最后是 C-聚类.

三种聚类模型的适用性不同，将被运用于不同的情形，这主要取决于数据集的特性.

参见图 3.3 和式(3-3)，用 $\alpha = v(\bigcup_{i=1}^{k} R_i) / \sum_{i=1}^{k} v(R_i)$ 代表区域的交叠程度，α值越小表示交叠越多. 在 I-聚类和 C-聚类中，都用更具体和直观的条件(1)来替代α表示区域的交叠程度.

3.3　多个 Top-N 查询搜索区域的聚类

设 $\boldsymbol{Q} = \{(Q_1, N_1), \cdots, (Q_m, N_m)\}$是 m 个 Top-N 查询的集合，$R_1, \cdots, R_m$ 为其对应的搜索区域. 本节讨论怎样根据 3.2 节中描述的基本算法和三种聚类模型(I-模型、C-模型和 S-模型)对 $\boldsymbol{R} = \{R_k: k = 1, \cdots, m\}$中的搜索区域进行聚类.

对于 $R_k = \prod_{i=1}^{n} [a_i, b_i]$，有时表示为 $R_k.a_i = a_i$ 和 $R_k.b_i = b_i$. 在下面的讨论中，有时不区分 Top-N 查询(Q_k, N_k)及其搜索区域 R_k. 设 min(A_i)和 max(A_i)是一个关系中所有元组关于属性 A_i 的最小值和最大值. 不失一般性，对于区域集合 $\boldsymbol{R}$，若 $R_k.a_i <$ min(A_i)，则令 $R_k.a_i =$ min(A_i)；若 $R_k.b_i >$ max(A_i)，则令 $R_k.b_i =$ max(A_i).

基于三种聚类模型的联系(3.2 节)，使用以下区域聚类策略是很自然的．首先，将 C-聚类用于这些搜索区域；接着，将 I-聚类用于那些没有被 C-聚类的区域；最后，S-聚类用来聚类所有可能剩余的区域．然而，实验表明对于一些数据集，因为 C-聚类适用性较低，所以不是很有效，而且使用 C-聚类之后，对剩余的区域进行 I-聚类就更难了．进一步分析表明，当 Top-N 查询的搜索区域较大时，这些区域很有可能满足 C-聚类的第一条件“一个区域的中心在另一区域”；在这种情况下，C-聚类更为有效．相反，当搜索区域较小时，C-聚类就不如 I-聚类有效．

基于以上观点，本章采用以下通用聚类策略．

(1) 根据搜索区域大小，用 I-聚类或 C-聚类来对区域进行聚类．确切地说，若搜索区域大，则用 C-聚类；若搜索区域小，则用 I-聚类．

(2) 用 S-聚类对剩余的区域进行聚类．

为了便于讨论，称 I-聚类和 C-聚类模型为“主要聚类模型”，而称 S-聚类模型为“次要聚类模型”．区域的大小可以根据数据集的数据分布、查询点和一个 Top-N 查询中的 N 值来估计．

重申 $\boldsymbol{R} = \{R_k : k = 1, \cdots, m\}$ 是 m 个 Top-N 查询搜索区域的集合．聚类算法描述如下．

(1) 若 $\boldsymbol{R}$ 中的区域具有一个“扩展区域(super region)”，则标识所有这样的区域并暂时去掉它们．对于每个 k，若 R_k 有一个扩展区域，则确定它的最佳扩展区域，且保存 BSR 序数 R_k.bsn，因为总是把一个区域及其扩展区域放在同一个聚类，所以只需考虑怎样聚类那些没有扩展区域的区域．

设 $\boldsymbol{T} = \{T_j\}$ 是 $\boldsymbol{R} = \{R_k\}$ 的子集，$\boldsymbol{T}$ 由 $\boldsymbol{R}$ 中没有扩展区域的区域组成．此外，设 $m_T = |\boldsymbol{T}|$．显然 $m_T \leqslant m = |\boldsymbol{R}|$．

(2) 构建集合 $\boldsymbol{T} = \{T_j\}$ 的“最小包含区域”SCR$=\prod_{i=1}^{n}$ [SCR.a_i, SCR.b_i]，其中 SCR.$a_i = \min\limits_{1 \leqslant j \leqslant m_T} \{T_j.a_i\}$ 和 SCR.$b_i = \max\limits_{1 \leqslant j \leqslant m_T} \{T_j.b_i\}$, $i = 1, \cdots, n$ 且 n 是维数．

(3) 使用 PPS 算法(3.2.1 节)把 $\boldsymbol{T}$ 中搜索区域的中心分成 K 个子集，$1 \leqslant K \leqslant m_T$．PPS 算法有效地分割 SCR 为 K 个子区域，$S_1, \cdots, S_K$, $1 \leqslant K \leqslant m_T$，并且每个子区域至多含有 m_0 个中心点．对于 $\boldsymbol{T}$ 中的搜索区域，中心点在同一个子区域 S_i 的搜索区域很可能被聚合到同一个聚类．

(4) 用 3.2.2 节描述的聚类模型对 $\boldsymbol{T}$ 中的区域聚类．首先使用主要聚类模型(C-聚类或 I-聚类)，然后使用次要聚类模型(S-聚类)．

需要一个阈值 L_0 作为一个聚类 $\boldsymbol{Ç}$ 中区域个数的上界. 因为算法 VUR 具有 $O(2^m)$复杂度, 其中 m 是区域的个数, 而使用 VUR 算法来计算 $\boldsymbol{Ç}$ 中搜索区域并集的体积(3.2.1 节), 所用 L_0 不能太大. 实验中取 $L_0 = 10$, 这样 VUR 算法运行很快, 解决了其复杂度问题.

第一, 对于每个子区域 S_i, $i = 1, \cdots, K$, 找到所有 $T_k \in \boldsymbol{T}$, T_k 尚未被聚类且其中心在 S_i 中. 设 $\boldsymbol{T}_i = \{T_k$: T_k 的中心在 S_i 中, $k = 1, \cdots, L, 1 \leqslant L \leqslant m_0\}$.

第二, 从 $\boldsymbol{T}_i$ 中任意选择一个区域, 记为 H_0, 作为一个新聚类的种子. 然后从 $\boldsymbol{T} - \{H_0\}$ 中找到满足所用聚类模型之聚类条件的下一个区域 H_1. 重复此过程, 从 $\boldsymbol{T} - \{H_0, H_1, \cdots, H_{h-1}\}$ 找到 H_h 直到没有剩余的区域满足聚类模型的聚类条件或者满足 $h = L_0$. 这样得到一个聚类 $\boldsymbol{Ç} = \{H_j : j = 0, 1, \cdots, h-1, h \leqslant L_0\}$. 如果 $\boldsymbol{T}_i$ 非空, 则从 $\boldsymbol{T}_i$ 中选择另一个没有被聚类的区域作为新的种子并重复上述过程得到另一个新的聚类.

设 $\{\boldsymbol{Ç}_i, i = 1, \cdots, M\}$ 表示上述过程构建的聚类集合, 为每个聚类 $\boldsymbol{Ç}_i (1 \leqslant i \leqslant M)$ 构建其最小包含区域 $\mathrm{SCR}_i = \mathrm{SCR}(\boldsymbol{Ç}_i)$. 这些聚类中有些可能包含单个区域, 例如, 当被选中的种子不能和剩余的区域聚类时, 将构成**单区域聚类**.

(5) 检查没有被聚类的区域(只有单个区域的聚类)是否能被加到一个已有的聚类中. 若存在区域 $T_j \subset \mathrm{SCR}_i$, 则将 T_j 加入 $\boldsymbol{Ç}_i$ (注意, 由于 L_0 的约束, 有可能在第(4)步 T_j 不能被加入 $\boldsymbol{Ç}_i$). 如果有多个 SCR_i 包含这样的 T_j, 则将其加入 SCR_i 体积最小的聚类中. 因此, 最终的聚类大小有可能超过 L_0. 剩余的没有被聚类的区域将被单独处理, 作为单区域聚类.

(6) 对于每个最小包含区域 $\mathrm{SCR}_i = \mathrm{SCR}(\boldsymbol{Ç}_i)$, 找到其 BSR, 记为 SCR_k, 且保存其 BSR 序数 $\mathrm{SCR}_i.\mathrm{bsn} = k$ (3.2.1 节).

例 3.1　在图 3.8 中, $\boldsymbol{R} = \{R_i : i=1, \cdots, 25\}$ 是 2 维空间中搜索区域的集合, 并假设搜索区域是小的. 第(1)步, 标识 R_9 及其最佳扩展区域 R_1, 即 $R_9.\mathrm{bsn} = 1$, 并且暂时去掉 R_9, 将其余 24 个搜索区域记为 $\boldsymbol{T}$. 用第(2)～(4)步对 $\boldsymbol{T}$ 进行聚类. 首先, 将 I-聚类作为主要聚类模型, 形成三个聚类 $\boldsymbol{Ç}_1 = \{R_1, R_2\}$, $\boldsymbol{Ç}_2 = \{R_3, R_4, R_5\}$ 和 $\boldsymbol{Ç}_3 = \{R_{11}, R_{12}, R_{13}, R_{14}, R_{15}, R_{16}, R_{17}, R_{18}, R_{19}, R_{20}\}$; 然后, 通过对剩余区域应用 S-聚类形成 $\boldsymbol{Ç}_4 = \{R_6, R_7, R_8\}$. 进而得到 $\boldsymbol{Ç}_1$、$\boldsymbol{Ç}_2$、$\boldsymbol{Ç}_3$ 和 $\boldsymbol{Ç}_4$ 的最小包含区域, 分别为 SCR_1、SCR_2、SCR_3 和 SCR_4, 即用虚线表示的矩形. R_9 被加入 $\boldsymbol{Ç}_1$, 因为 R_9 与其扩展区域 R_1 在同一个聚类. 通过第(5)步, R_{10} 被加入 $\boldsymbol{Ç}_2$, 虽然 R_{10} 和 $\boldsymbol{Ç}_2$ 中的其他区域没有交集, 但是因为 $R_{10} \subset \mathrm{SCR}_2$. 由于 L_0 (L_0=10)限制, R_{24} 最初没有被加入 $\boldsymbol{Ç}_3$, 但是因为它被包含在 SCR_3 中, 所以在后来的第(5)步被加入.

四个区域 R_{21}、R_{22}、R_{23} 和 R_{25} 是单区域聚类，其相应的查询将被独立处理. 虽然 $R_{21} \cap R_{22} \neq \varnothing$，但是 R_{21} 和 R_{22} 没有形成一个聚类，因为它们不满足 I-聚类的第二个条件(3.2.2 节). 这样，关于本例，对数据库的 I/O 请求总数为 8 次，分别对应 SCR_1、SCR_2、SCR_3、SCR_4、R_{21}、R_{22}、R_{23} 和 R_{25}；若用朴素方法逐一处理每个查询，则 I/O 请求为 25 次.

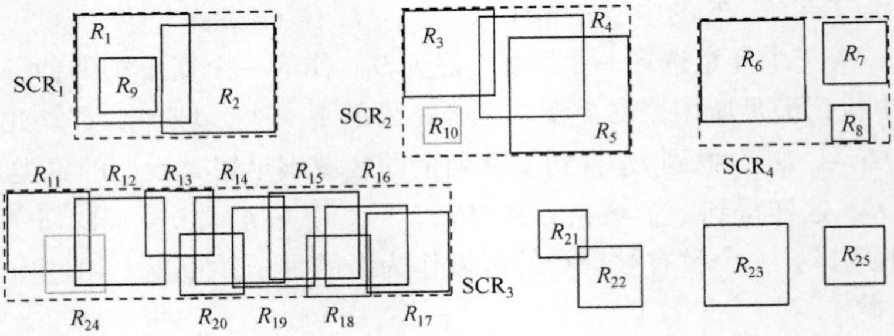

图 3.8　对$\{R_i: i=1, \cdots, 25\}$聚类的示例

3.4　Top-N 元组检索

当 m 个 Top-N 查询$(Q_1, N_1), \cdots, (Q_m, N_m)$的搜索区域 $R_1, \cdots, R_m$ 聚类后，得到区域聚类集合$\{Ç_i, i=1, \cdots, M\}$及其最小包含区域集合$\{SCR_i: SCR_i = SCR(Ç_i), i=1, \cdots, M\}$，其中 $1 \leqslant M \leqslant m$. 下一步检索每个查询的 Top-$N$ 元组.

3.4.1　搜索 Top-N元组

对于 m 个查询，为了得到每个查询的 Top-N 元组，考虑两种情况：一种是聚类中的查询；另一种是单个查询(或单区域聚类，即聚类中只有一个查询).

情况 1：对于聚类中的查询，分为三个步骤.

(1) 从$\{SCR_i\}$中找到第一个没有扩展区域的 SCR，记为 $SCR_{i_0} = \prod_{i=1}^{n}[a_i, b_i]$，对应的区域聚类为 $Ç_{i_0}$. 使用如下一个简单 SQL 查询语句从 SCR_{i_0} 中检索所有元组$\{\boldsymbol{t}^{(i)}: i=1, \cdots, s_0\}$：

```
select * from R where (a1 ⩽ A1 ⩽ b1) and … and (an ⩽ An ⩽ bn)
```

其中，粗斜体 $\boldsymbol{R}$ 为数据库中的关系/表. 对于 $Ç_{i_0}$ 中的每一个搜索区域 R (因此 $R \subset SCR_{i_0}$)有

① 若 R 没有扩展区域，则从$\{\boldsymbol{t}^{(i)}: i=1, \cdots, s_0\}$搜索 R 的候选集并使用 TTC 算

法得到其 Top-N 元组;

② 否则(R 有一个扩展区域), 找出其 BSR, 从其 BSR 中搜索候选集并使用 TTC 算法得到其 Top-N 元组. 注意, 如果 BSR 有自己的扩展区域, 那么得到最佳扩展区域将是一个递归的过程.

(2) 对于每个没有扩展区域的 SCR_i, $i > i_0$:

① 如果没有与 SCR_i 相交的 SCR_j ($i_0 \leqslant j < i$), 那么采取与第(1)步相同的过程;

② 否则, 从与 SCR_i 相交的所有 SCR_j ($i_0 \leqslant j < i$)中找到有最大交集的一个, 记为 SCR_{j_0}. 使用 DTR 算法计算两个区域的差 $SCR_i - SCR_{j_0}$, 并且使用 CST 算法得到 SCR_i 中的所有元组{ $\boldsymbol{t}^{(i)}$: $i = 1, \cdots, s$}. 如同第(1)步, 使用 TTC 算法得到 Top-N 元组.

(3) 对于具有扩展区域的每个 SCR_i, $i \geqslant 1$, 找到其最佳扩展区域 SCR_k, 并从 SCR_k 得到所有 SCR_i 中的元组. 然后对每个区域 SCR_i 执行如第(1)步中①～②相同的过程.

情况 2: 对于单个查询, 有两个步骤.

(1) 对于每个 R_i, 如果它没有扩展区域, 找到所有和 R_i 有交集的被聚类的 R_j, 并且设 R_{j_0} 与 R_i 有最大交集. 在情况 1 中, 所有 R_{j_0} 中的候选元组已经被检索. 使用算法 DTR 计算 $R_i - R_{j_0}$, 并使用算法 CST 得到 R_i 的候选元组, 然后使用 TTC 算法得到其 Top-N 元组.

(2) 如果 R_i 有一个扩展区域, 可以从其最佳扩展区域 R_k 得到 R_i 的所有候选元组, 然后使用 TTC 算法得到 R_i 的 Top-N 元组.

在情况 1 和情况 2 中有两种特殊情况. 如果两个查询相同, 则只需一次得到二者的 Top-N 元组; 如果一个搜索区域及其最佳扩展区域相同, 则只需一次得到候选元组.

3.4.2　确保获得 Top-N 元组

如果一个 Top-N 查询(Q, N)的搜索区域 R 中包含的元组数目少于 N 个, 即$|R| < N$, 那么 3.4.1 节的过程不能保证得到所有 Top-N 元组, 考虑以下两种情况.

(1) R 有一个最佳扩展区域 R_k 或 SCR, 并且 R_k 或 SCR 至少包含 N 个元组. 设 $|R| = N'$, 从 $R_k - R$ 或 SCR $- R$ 获得 $N - N'$ 个元组, 并且计算这些元组和查询点 Q 的距离. 然后使用其最大距离重新定义 Q 的搜索区域, 这个新的搜索区域将保证检索至少 N 个元组. 使用 TTC 算法得到 Top-N 元组.

(2) R 没有扩展区域或其所有扩展区域中的元组数量也小于 N. 使用 2.2.2 节的方法来确定一个更大的至少含有 N 个元组的搜索区域.

3.5　实验与数据分析

对于多 Top-*N* 查询优化, 本节报告实验结果并且比较本章介绍的区域聚类方法和逐一单独处理的朴素方法. 在下面的讨论中, 朴素方法是指第 2 章介绍的 LB 方法和 Opt 方法.

实验环境为: 一台配置为 Pentium 4 CPU/2.8GHz 和 768MB 内存的 PC, 以及 Windows XP 操作系统, Microsoft SQL Server 2000 和 VC++ 6.0.

3.5.1　数据集和准备

实验用低维(2 维、3 维和 4 维)和高维(25 维、50 维和 104 维)等八个数据集, 与 2.3 节所用者相同. 包括三个低维的真实数据集, 即 Census2D(210138 个元组)、Census3D(210138 个元组)、Cover4D(581010 个元组); 三个高维的真实数据集(皆含有 20000 个元组), 即 Lsi25D、Lsi50D 和 Lsi104D; 两个低维合成数据集是 Gauss3D(500000 个元组)和 Array3D(507701 个元组). 在所有数据集的名称中, 后缀“*n*D”表示这个数据集是 *n* 维的.

每个数据集使用三个训练集 tw_1、tw_2、tw_3 和三个测试集 w_1、w_2 和 w_3. 每个训练集包括 100 个查询, 而每个测试集包括 2000 个查询, 这些查询是从各自相应的数据集随机选择的元组. 三个训练集用来确定聚类模型及其阈值, 三个测试集用来报告实验结果, 报告结果是三个测试集所得结果的平均值.

使用两种 Top-*N* 查询处理技术来构建一个 Top-*N* 查询的搜索区域.

(1) 最优技术(Bruno et al., 2002): 对于给定的 Top-*N* 查询, 作为基准, Opt 使用包含实际 Top-*N* 元组的最小搜索区域, 这是一种理想的技术. 利用 Scan 技术可以得到最小搜索区域. 确切地说, 首先通过扫描整个数据集得到 Top-*N* 元组, 然后为每个查询构建正好包含其 Top-*N* 元组的最小搜索区域.

(2) 基于学习的技术(Zhu et al., 2004; Zhu et al., 2010, 见第 2 章): 对于给定数据集 ***R***, 从 ***R*** 中随机选取一些数据点组成一个集合, 这些数据点被用作样本查询点. 对每个这样的查询点, 建立一个 Top-*N* 查询(Q_i, N_i), 并为其建立一个简档. 这个简档包含(Q_i, N_i)的最小搜索区域(使用顺序扫描技术得到)的搜索距离 r_i 和这个搜索区域所含有元组的数目(频率). 一旦简档被建立和保存, 基于学习的技术就使用它去估计每个新的 Top-*N* 查询(Q, N)的搜索区域. 更确切地说, 首先识别出与 Q 最接近的一些简档, 然后使用这些简档中的信息来估计 Q 的局部分布密度, 最后用局部分布密度估计(Q, N)的搜索距离 r 并且为(Q, N)构建搜索区域. 第 2 章报告的实验结果表明使用不超过 1000 个样本查询来建立简档就足够了. 本章将运用

第 2 章的某些实验, 也就是说, 在 2、3、4、25、50 和 104 维数据集上分别建立 178、218、250、833、909 和 954 个简档; 这些简档数目的确定源自第 2 章, 即比较 LB 方法与直方图和抽样方法时, 简档所用内存空间的大小不能超过文献(Bruno et al., 2002)中的直方图所用内存空间的大小和文献(Chen et al., 2002)中的样本集所用内存空间大小.

对于一个给定的 Top-N 查询, Opt 方法生成的搜索区域通常比 LB 方法生成的更小, 因为前者是所有包含 Top-N 元组的搜索区域的最小者. 使用最小搜索区域将减小它们之间交叠的可能性; 因此, I-聚类和 C-聚类效果可能更差.

实验基于如下默认设置(2.3.1 节): ①使用包含 2000 个查询的测试集合; ②对于低维数据集(2 维、3 维和 4 维), N=100(也就是对于每个查询检索 Top-100 元组), 距离函数是"max 距离", 也就是 $d_\infty(.,.)$; ③对于高维数据集(25 维、50 维和 104 维), N = 20(也就是对于为每个查询检索 Top-20 元组), 距离函数是欧氏距离, 也就是 $d_2(.,.)$. 当使用不同设置时, 将明确说明.

实验中使用以下测量.

(1) 得到 Top-N 元组所耗用的时间(ms): 对所有查询从各个数据集检索 Top-N 元组需要的总运行时间, 其中不包含建立搜索区域的时间, 因为这个时间对于 NM 和 RCM 查询处理方法是相同的. 另外, 建立搜索区域的时间相对于从搜索区域检索元组的时间是非常少的. 例如, 对于数据集 Lsi25D, 建立一个搜索区域约花费 3ms, 而从一个搜索区域检索元组大约花费 150ms.

(2) I/O 请求次数: 访问数据库的 I/O 请求的次数, 也就是访问数据库所执行 SQL Select 语句的次数.

(3) RCM 使用的额外时间(ms): 使用该算法执行聚类需要的总时间, 即相应于式(3-2)中的δ.

(4) 检索的元组数目: 所有查询为了从各个数据集得到 Top-N 元组而检索的所有元组数目. 检索的元组数目越少表示效率越好.

以上四个测量值依赖于因子集合$\{m, \boldsymbol{R}, T, A, W\}$, 其中

m: 同时处理的 Top-N 查询的数目, 考虑以下整数: 1、4、10、40、100、400、1000 和 2000.

$\boldsymbol{R}$: 使用的数据集, 包括 Census2D、Census3D、Array3D、Gauss3D、Cover4D、Lsi25D、Lsi50D 和 Lsi104D.

T: 构造一个 Top-N 查询搜索区域所用的技术. 其"值"为 LB 和 Opt.

A: 对于 m 个 Top-N 查询, 检索 Top-N 元组的方法, 即 RCM 或 NM.

W: 测试集合, 使用三个测试查询集合 w_1、w_2 和 w_3, 得到性能测量的原始值, 然后取其平均值得到报告结果.

由于“耗用时间(elapsed-time)”和“额外时间(extra-time)”不包括构建搜索区域(式(3-1)和式(3-2)中的 RC(Q, N))的时间，由式(3-1)和式(3-2)分别得到式(3-1')和式(3-2')

$$\begin{aligned}\text{Elapsed-time}(m, \boldsymbol{R}, T, \text{NM}, W) = (&\text{IO-time}(Q_1, N_1) + \text{S-time}(Q_1, N_1)) + \cdots \\ &+ (\text{IO-time}(Q_m, N_m) + \text{S-time}(Q_m, N_m)) \end{aligned} \tag{3-1'}$$

$$\begin{aligned}\text{Elapsed-time}(m, \boldsymbol{R}, T, \text{RCM}, W) = (&\text{IO-time}(\text{SCR}_1) + \cdots + \text{IO-time}(\text{SCR}_M)) \\ &+(\text{S-time}(Q_1, N_1) + \cdots + \text{S-time}(Q_m, N_m)) \\ &+ \text{Extra-time}(m, \boldsymbol{R}, T, \text{RCM}, W) \end{aligned} \tag{3-2'}$$

其中, IO-time()是访问数据库的 I/O 操作耗用的时间; S-time()是对结果排序耗用的时间. 在式(3-2')中, $\{\text{SCR}_k: k=1, \cdots, M\}$包括所有单区域的聚类.

如 2.3.3 节所述，算法的开销依赖于内存中缓冲区的大小. 当涉及开销估计时，通常假定最坏的情况，使得缓冲区的大小尽可能小(Silberschatz et al., 2002). 在实验中, Microsoft SQL Server 2000 的 max server memory 配置如下：对数据集 Lsi50D 配置为 5MB, Lsi104D 配置为 8MB, 其他数据集配置为 4MB. 注意：4MB 是 Microsoft SQL Server 2000 中 max server memory 的最小值.

3.5.2 通过训练确定聚类模型和阈值

在 3.2.2 节中引入的三种聚类模型都有一个阈值，其值将影响产生的聚类的质量. 由 3.2.2 节的讨论可知 $0 \leqslant c_1 \leqslant 1$, $0 \leqslant c_2 \leqslant 1$ 和 $1 \leqslant c_3 \leqslant 3$, 其中 c_1、c_2 和 c_3 分别是 I-聚类、C-聚类和 S-聚类的阈值. 本节讨论：对于每个数据集，如何针对这些阈值得到合适的值.

基本思想是利用与每个数据集相关的三个训练集来完成这项工作. 设 $\boldsymbol{R}$ 是当前所考虑的数据集且 tw_1、tw_2 和 tw_3 是相关的训练集，则训练过程如下.

首先，对于每个训练集中的每个查询得到两个搜索区域，一个基于 LB 方法，另一个基于 Opt 方法，因此，每个训练集对应两个搜索区域集合. 接着，对于每个搜索区域集合分别使用不同的 c_1 和 c_2 值运行两个版本的 RCM 算法，一个仅采用 I-聚类，另一个仅采用 C-聚类(两种情况都不使用 S-聚类). 根据这些实验得到的结果和性能找到 c_1 和 c_2 的最佳值，并且确定在使用最佳阈值的时候两个主要聚类模型(I-聚类和 C-聚类)哪个更好. 最后，对于每种更好的情况，把 S-聚类加到 RCM 算法并且尝试介于 1 和 3 之间不同的 c_3 值来决定 c_3 的最佳值. 下面给出示例.

例 3.2 考虑 3.5.1 节中的数据集 Gauss3D. 对于每个训练集 tw_i (i=1, 2, 3), 分别使用 LB 和 Opt 方法得到各自 100 个搜索区域. 然后应用 RCM 算法中的 I-聚类和 C-聚类，参数 c_1 和 c_2 分别为 0, 0.05, 0.1, 0.15, ⋯, 0.95 和 1. 基于 I-聚类对于每次运行，得到 I/O 请求次数，计算 3 个训练集的平均 I/O 请求次数，然后计算 RCM

的 I/O 次数与 NM 的 I/O 次数的比率，得到

$$\text{average-num-IO1}(100,\text{Gauss3D},T,\text{RCM}) = \left(\sum_{i=1}^{3}\text{Num-IO1}(100,\text{Gauss3D},T,\text{RCM},tw_i)\right)/3$$

$$\text{Ratio-IO1}(100,\text{Gauss3D},T) = \text{average-num-IO1}(100,\text{Gauss3D},T,\text{RCM})/100$$

类似地，运用 I-聚类，基于每次运行得到的元组数目，计算 3 个训练集检索元组数的平均值，然后计算 RCM 检索的元组数和 NM 检索的元组数比率，得到

$$\text{average-num-tuple1}(100,\text{Gauss3D},T,\text{RCM}) = \left(\sum_{i=1}^{3}\text{Num-Tuple1}(100,\text{Gauss3D},T,\text{RCM},tw_i)\right)/3$$

$$\text{Ratio-Tuple1}(100,\text{Gauss3D},T) = \text{average-num-tuple1}(100,\text{Gauss3D},T,\text{RCM})/\text{average-num-tuple1}(100,\text{Gauss3D},T,\text{NM})$$

对于 C-聚类，可以重复以上计算. 设“average-num-IO2”、“Ratio-IO2”、“average-num-tuple2” 和 “Ratio-Tuple2” 分别表示 C-聚类相应的平均值和比率.

图 3.9(a)为使用 LB 方法创建区域时对于不同的 c_1 和 c_2 值的结果. 可以看出，使用 I-聚类时 0.5 是个关键点；当 c_1 和 c_2 均为 0.5 时，I-聚类的 I/O 数比 C-聚类的小，两个聚类模型检索的元组数几乎是相同的.

图 3.9(b)是用 Opt 方法建立搜索区域的结果. 可以看出，当 c_1 和 c_2 均为 0.5 时，使用 I-聚类检索元组的比率大约是 1.05，I-聚类的 I/O 比率小于 C-聚类的 I/O 比率. 由于 I/O 次数对于时间效率起更重要的作用，所以对于数据集 Gauss3D，选择阈值为 $c_1 = 0.5$ 的 I-聚类作为主要聚类模型.

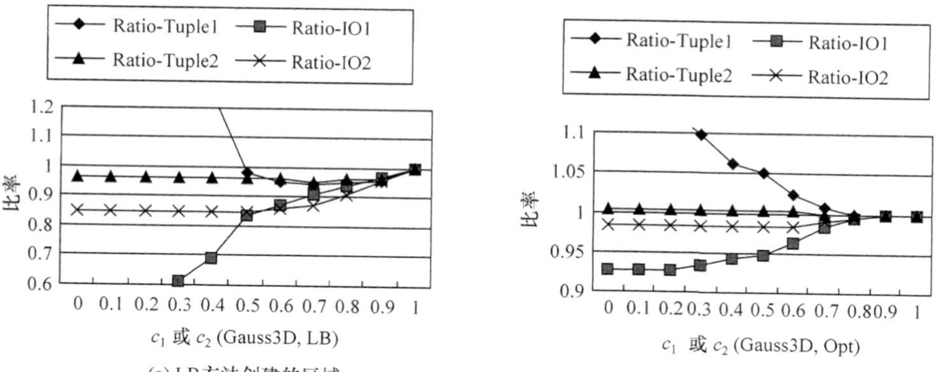

(a) LB方法创建的区域　　(b) Opt方法创建的区域

图 3.9　对于 Gauss3D 用训练集得到 I/O 请求次数的比率和检索的元组数的比率

对于每个数据集，表 3.1 列出了用训练集 tw_1、tw_2 和 tw_3 获得的主要聚类模型和最佳近似阈值. 下面的所有实验都基于表 3.1 中的结果.

表 3.1 所有数据集的主要聚类模型和阈值

数据集	主要聚类模型		次要聚类模型（S-聚类）
	I-聚类	C-聚类	
Census2D	$c_1 = 0.25$	—	$c_3 = 1.5$
Census3D	$c_1 = 0.25$	—	$c_3 = 1.5$
Gauss3D	$c_1 = 0.5$	—	$c_3 = 2$
Array3D	—	$c_2 = 0.5$	$c_3 = 2$
Cover4D	$c_1 = 0.25$	—	$c_3 = 1.5$
Lsi25D	—	$c_2 = 0.25$	$c_3 = 1$
Lsi50D	—	$c_2 = 0.1$	$c_3 = 1$
Lsi104D	—	$c_2 = 0.0$	$c_3 = 1$

3.5.3 性能比较

使用表3.1中的结果，对八个数据集中的任何一个，三个测试集中的每一个查询，两种方法 LB 和 Opt 中的每一种来生成搜索区域. 首先，得到对应于 2000 个查询的 2000 个搜索区域；然后，使用 m 个区域来进行一组实验，其中 m 取以下 8 个整数值: 1, 4, 10, 40, 100, 400, 1000 和 2000. 这样，得到 8×3×2×8 = 384 组实验结果. 下面使用 RCM 性能和 NM 性能之比率来比较 RCM 和 NM.

1. 耗用时间比较

首先得到三个测试集 w_1、w_2 和 w_3 的平均耗用时间为

$$\text{average-elapsed-time}(m, \boldsymbol{R}, T, A) = \left(\sum_{i=1}^{3} \text{Elapsed -time}(m, \boldsymbol{R}, T, A, w_i)\right)/3 \quad (3\text{-}6)$$

然后得到耗用时间比率为

$$\text{ratio-elapsed-time}(m,\boldsymbol{R},T)$$
$$=\text{average-elapsed-time}(m,\boldsymbol{R},T,\text{RCM})/\text{average-elapsed-time}(m,\boldsymbol{R},T,\text{NM})$$

图 3.10(a)显示了使用 LB 方法创建搜索区域的情况，对于所有的数据集，当 $m \geqslant 10$ 时，耗用时间比率 ratio-elapsed-time < 1.0，除了数据集 Census3D，当 $m = 10$ 时其比率为 1.0，并且对于所有的数据集，当 $m = 100$ 时 ratio-elapsed-time ⩽ 0.82，也就是说，当 $m \geqslant 10$ 时 RCM 比 NM 更有效. 甚至当 $m < 10$ 时, ratio-elapsed-time ≈ 1.0. 这表示 RCM 对于所有的 m 值都是通用的.

当 $m = 100$ 时，从图 3.10(a)可以看出，有四个数据集(Cover4D、Lsi25D、Lsi50D 和 Lsi104D)的 ratio-elapsed-time < 0.62(Lsi25D 和 Lsi50D 的比率分别是 0.33 和 0.28)，也就是说，对于这些数据集 RCM 的耗用时间少于 NM 耗用时间的 62%. 因此，RCM 在这四个数据集上可以节省至少 38%的时间，在数据集 Lsi25D 和 Lsi50D 上可以分别节省 67%和 72%的时间. 在其他四个数据集(Census2D、Census3D、Array3D 和 Gauss3D)上的比率为 0.62～0.82.

随着查询数从 400 增加到 2000, 可以节省更多的耗用时间. 当 $m = 2000$ 时, 对于最坏的情况, RCM 在数据集 Gauss3D 上可以节省 50%的时间; 对于最好的情况, 即对于数据集 Census2D、Census3D 和 Lsi25D, RCM 可以节省约 90%的时间.

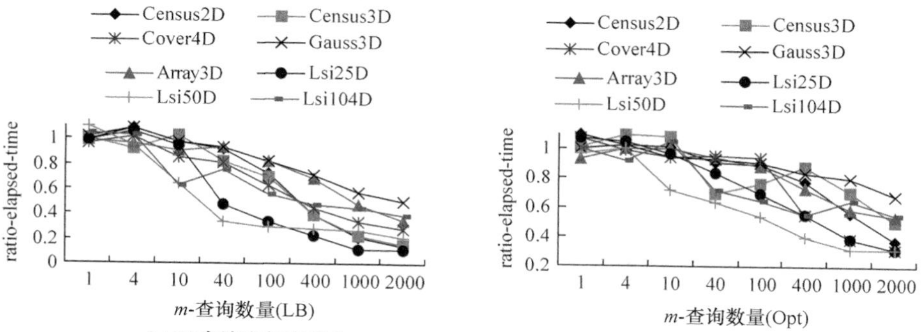

(a) LB方法建立的区域　(b) Opt方法建立的区域

图 3.10　RCM 和 NM 的消耗时间比率

应该指出, 当查询数 m 变得充分大时, 处理大多数查询的 I/O 开销将变成零. 当已经建立的聚类的最小包含区域 SCR 覆盖几乎整个空间时, 这种情况将会发生; 其结果是, 每个查询的搜索区域将很有可能被包含在一个已有的 SCR 中, 导致没有额外的 I/O 操作. 换言之, 当 m 变得足够大, 使用 RCM 时总 I/O 开销逼近一个常数. 例如, 对于数据集 Lsi25D, 使用 RCM, I/O 操作请求数在 $m = 1000$ 和 $m = 2000$ 时都是 70. 此外, 基于朴素方法, 如果假设每个查询引发同样的 I/O 开销(记为 IO-time)和同样的排序开销(记为 S-time), 那么 RCM 与 NM 的消耗时间比率 ratio-elapsed-time 有下界(或极限), 为 S-time/(IO-time + S-time), 这是当 RCM 没有 I/O 开销时的极端情况.

图 3.10(b)显示了用 Opt 方法建立搜索区域的结果. 当 $m = 100$ 时, 所有的比率为 0.52～0.9, 除了数据集 Cover4D, 其比率为 0.95. 注意, 理论上 Opt 方法是最好的单个处理 Top-N 查询的方法(也就是最优的 NM), 而在实际上是不能实现的. 图 3.10(b)的结果表明, 即使每个查询使用了最小的搜索区域, RCM 也能超越 NM; $m = 2000$ 时, 所有的比率为 0.3～0.7.

当 m 很小时, 两个或两个以上区域形成聚类的可能性很小. 在图 3.10(a)和图 3.10(b)中, 如果没有聚类包含两个或更多的区域, 那么比率应该接近于 1.0. 然而, 有一些比率大于 1.0, 例如, 图 3.10(a)中, 对于数据集 Lsi50D, 当 $m = 1$ 时, 以及图 3.10(b)中, 对于数据集 Census3D, 当 $m = 4$ 时, 其比率大于 1.0. 对于这些情况, 主要原因是 m 很小, 总耗用时间非常少, 使得一个小的随机扰动就能导致比率有大的改变. 随着 m 的增大, 随机扰动的影响将减小. 这一点将在后面进行讨论.

2. I/O 数的比较

对于查询总的响应时间，访问数据库的 I/O 请求总数起着重要作用. 实际上，访问数据库的 I/O 开销通常是数据库查询处理的主要开销. 首先定义

$$\text{average-num-IO}(m, \boldsymbol{R}, T, A) = \left(\sum_{i=1}^{3} \text{Num -IO}(m, \boldsymbol{R}, T, A, w_i)\right)/3$$

因为 NM 的平均 I/O 请求次数，即 average-num-IO(m, $\boldsymbol{R}$, T, NM)的值总是 m，所以 RCM 与 NM 的 I/O 数之比为

$$\begin{aligned}&\text{ratio-num-IO}(m, \boldsymbol{R}, T)\\&= \text{average-num-IO}(m, \boldsymbol{R}, T, \text{RCM})/\text{average-num-IO}(m, \boldsymbol{R}, T, \text{NM})\\&= \text{average-num-IO}(m, \boldsymbol{R}, T, \text{RCM})/m\end{aligned}$$

图 3.11(a)表明，使用 LB 方法建立的查询区域，当 $m \geqslant 10$ 时，对所有的数据库都有 ratio-num-IO < 1.0，除了数据集 Census3D，当 $m = 10$ 时其比率为 1.0. 当 $m = 100$ 时，四个数据集(Cover4D、Lsi25D、Lsi50D 和 Lsi104D)的比率小于 0.6 且其他四个数据集的比率为 0.6～0.8. 如前所述，当查询数变得足够大时，RCM 的总 I/O 开销接近一个常数. 而当 m 变得越来越大时，NM 的总 I/O 开销会随着 m 的增大而持续增加，因此 ratio-num-IO 会趋于零.

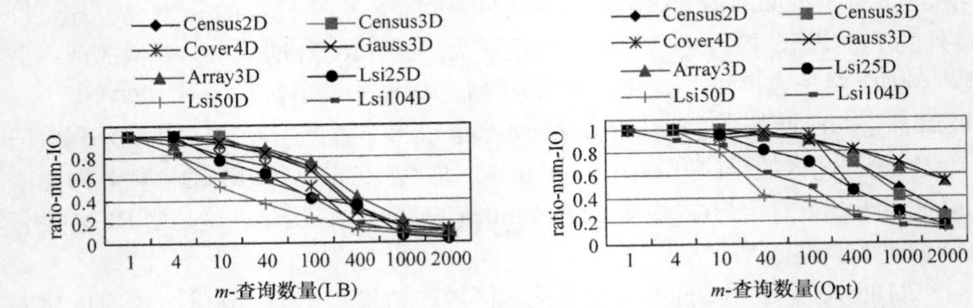

(a) LB方法生成的区域　　(b) Opt方法生成的区域

图 3.11　RCM 和 NM 的 I/O 访问数比率

图 3.11(b)为用 Opt 方法建立查询区域的情况. 当 $m \geqslant 40$ 时，所有数据集的比率<1.0. 因为 Opt 方法生成最小的搜索区域，这意味着构建聚类的机会较少. 因此，相对于用 LB 方法生成搜索区域的情况，Opt 方法的 ratio-num-IO 趋近于零的速度较慢.

比较图 3.10 和图 3.11 可以看到，ratio-elapsed-time 曲线和 ratio-num-IO 曲线有相似的趋势. 这表明对于足够大的 m，I/O 请求次数对于耗用时间有直接且成比例的影响.

3. 使用 RCM 额外耗用时间与总耗用时间的比较

本节讨论 RCM 的额外耗用时间. 由式(3-2')知, RCM 的额外耗用时间为

$$\begin{aligned}&\text{extra-time}(m, \boldsymbol{R}, T, \text{RCM}, W)\\&= \text{elapsed-time}(m, \boldsymbol{R}, T, \text{RCM}, W) - ((\text{IO-time}(\text{SCR}_1) + \cdots + \text{IO-time}(\text{SCR}_k))\\&\quad + (\text{S-time}(Q_1, N_1) + \cdots + \text{S-time}(Q_m, N_m)))\end{aligned}$$

定义关于 w_1、w_2 和 w_3 的平均额外耗用时间为

$$\text{average-extra-time}(m, \boldsymbol{R}, T, \text{RCM}) = \left(\sum_{i=1}^{3}\text{extra-time}(m, \boldsymbol{R}, T, \text{RCM}, w_i)\right)/3$$

由式(3-6)知, 三个测试集 w_1、w_2、w_3 的平均总耗用时间为

$$\text{average-elapsed-time}(m, \boldsymbol{R}, T, \text{RCM}) = \left(\sum_{i=1}^{3}\text{elapsed-time}(m, \boldsymbol{R}, T, \text{RCM}, w_i)\right)/3$$

因此, RCM 的(平均)额外耗用时间与总耗用时间的比率为

$$\begin{aligned}&\text{ratio-extra-time}(m, \boldsymbol{R}, T)\\&= \text{average-extra-time}(m, \boldsymbol{R}, T, \text{RCM})/\text{average-elapsed-time}(m, \boldsymbol{R}, T, \text{RCM})\end{aligned}$$

由图 3.12(a)和图 3.12(b)可知, 所有的 ratio-extra-time 值都很小. 实际上, 两个图中所用的曲线分别不超过 0.04 和 0.05.

可以看出, 当 $m \geqslant 100$ 时, 对于每个数据集, ratio-extra-time 的曲线随着查询数的增加而上升, 其原因有二, 即额外时间会变得越来越大并且 RCM 的总耗用时间随着总 I/O 开销接近一个常数而增长缓慢. 然而, 相对于 RCM 的总耗用时间, 额外时间仍然是很小的. 当 m 很小时($m \leqslant 10$), 总耗用时间很小. 因此, 一个小的随机扰动能给 ratio-extra-time 曲线带来一个大的波动.

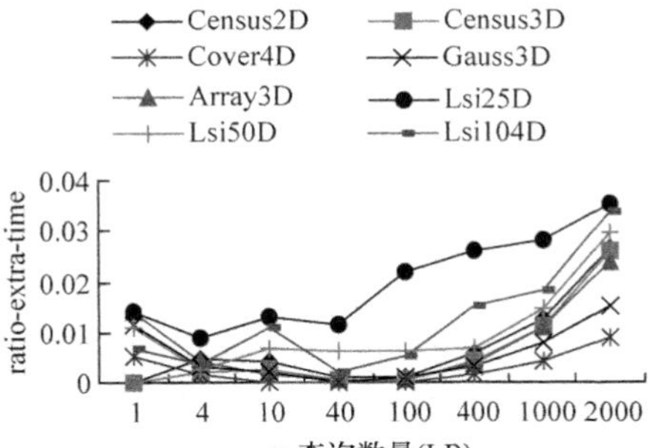

(a) LB方法生成的区域

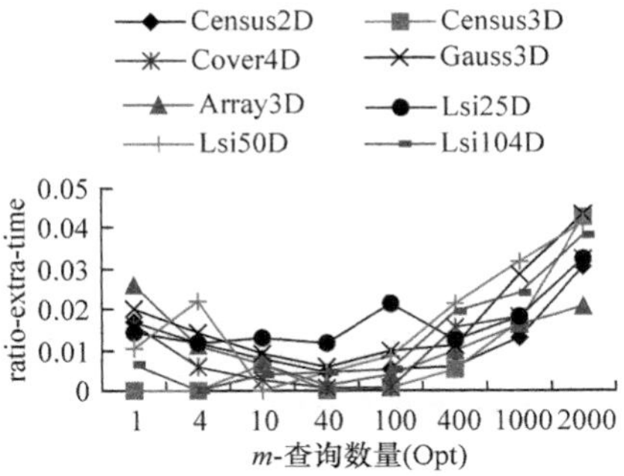

(b) Opt方法生成的区域

图 3.12　额外时间和总耗用时间的比率

4. 检索元组数的比较

对于每个查询, 由于要求必须检索出所有 Top-N 元组, 对于一种处理方法,

检索的元组越少就越有效，这意味着检索出的无用元组越少．定义关于 w_1、w_2 和 w_3 的平均检索元组的数目为

$$\text{average-num-tuple}(m, \boldsymbol{R}, T, A) = \left(\sum_{i=1}^{3} \text{Number-Tuple}(m, \boldsymbol{R}, T, A, w_i)\right)/3$$

因此，得到 RCM 与 NM 的检索元组数的比率为

$$\text{ratio-num-tuple}(m, \boldsymbol{R}, T)$$
$$= \text{average-num-tuple}(m, \boldsymbol{R}, T, \text{RCM})/\text{average-num-tuple}(m, \boldsymbol{R}, T, \text{NM})$$

在图 3.13(a)中，对于 LB 方法生成的区域，除了数据集 Cover4D 和 Gauss3D 之外，其余数据集的 ratio-num-tuple 曲线接近 1 或低于 1．实际上，对于大多数数据库，当 $m \geqslant 40$ 时，比率都小于 1．换言之，除了数据集 Cover4D 和 Gauss3D，RCM 检索的元组数等于(通常在 m 较小时)或小于(通常在 m 较大时)NM 检索的元组数．数据集 Cover4D 和 Gauss3D 例外的原因是这两个数据集的特性(如数据分布)和它们所用的聚类参数(表 3.1)；这两个数据集都使用 I-聚类作为其主要聚类模型，而 I-聚类将会使得在 SCR 中生成较大的空白区，导致更多的元组没有被包含在查询的搜索区域中．

在图 3.13(b)中，对于 Opt 方法生成的区域，当 $m > 10$ 时，除了数据集 Cover4D、Gauss3D、Lsi50D 和 Lsi104D 之外，其余四个数据集的 ratio-num-tuple 曲线接近于 1 或低于 1．因此，即使对于最小搜索区域，仍有半数的数据集，RCM 检索的元组数几乎等于或小于 NM 检索的元组数．对于 Cover4D、Gauss3D、Lsi50D 和 Lsi104D 四个数据集，其 ratio-num-tuple ≥1 的原因是越小的聚类阈值使得在 SCR 中形成越大的空白区域，并且 Lsi50D 和 Lsi104D 的 c_2 分别是 0.1 和 0(表 3.1)．注意，对于 Opt 方法生成的区域，NM 检索的元组数是所有可能方法中的最小者，是所有 NM 的极限，这表明 RCM 具有很好的性能．

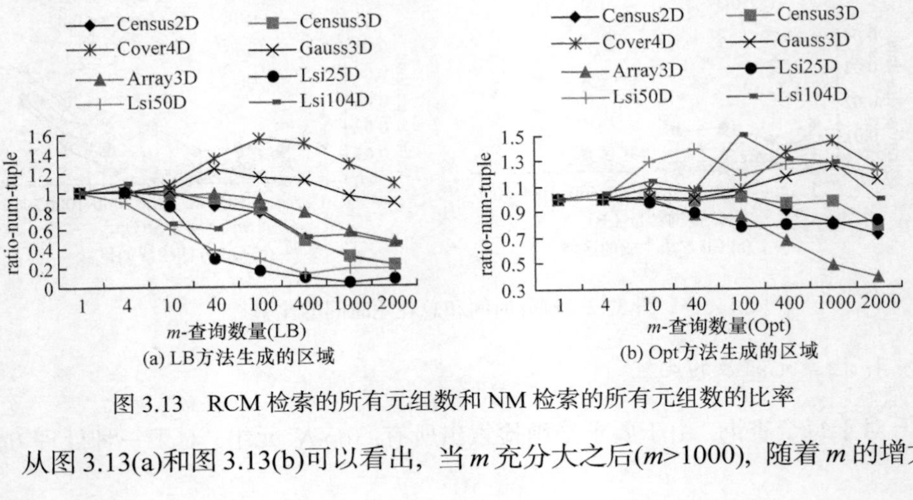

(a) LB方法生成的区域　　(b) Opt方法生成的区域

图 3.13　RCM 检索的所有元组数和 NM 检索的所有元组数的比率

从图 3.13(a)和图 3.13(b)可以看出，当 m 充分大之后(m>1000)，随着 m 的增大，

ratio-num-tuple 值的总体情况趋于减小. 因此, ratio-num-tuple 的值是有界的.

3.6　本章小结和相关研究

针对关系数据库上多 Top-N 查询优化, 本章介绍了一种基于区域聚类的方法(RCM). 其基本思想是: 把各个 Top-N 查询的搜索区域聚合为一些较大的区域, 并从中检索元组. 这种方法避免了多次访问同一个区域并减少了访问底层数据库的 I/O 次数. 本章的区域聚类方法用了三个基本聚类模型: I-聚类、C-聚类和 S-聚类; 这三个模型在生成聚类的紧密程度和区域聚类的适用性方面具有不同的特性. 在 2～104 维八个不同的数据集上进行了广泛的实验来测试 RCM 方法的有效性, 同时处理的查询集合的大小范围是 1～2000, 其中使用两种方法(基于学习的方法和最优方法)得到初始搜索区域. 实验结果表明, 无论对低维还是高维数据, 区域聚类方法的效率显著高于逐一查询的朴素方法. 例如, 当使用基于学习的方法构造初始搜索区域时, 同时处理 2000 个查询, 区域聚类方法比朴素方法减少了 50%～90%的耗用时间, 即(time(NM) − time(RCM))/time(NM), 其中大部分时间的节省源于 I/O 开销的节省.

本章所讨论的多 Top-N 查询优化问题源自**多查询优化**, 其研究始于 20 世纪 80 年代后期(Sellis, 1988; Sellis et al.,1990), 是数据库及其相关领域的一个重要研究课题(Andrade et al., 2004; Wojciechowski et al., 2005; Nam et al., 2006). 此外, **区域查询**(range query)是关系数据库及其应用中的一类重要查询. 多区域查询优化已经受到很多关注. 例如, 针对 2 维多区域查询优化, 文献(Papadopoulos et al., 1998)提出了基于**空间填充曲线**(space filling curves)和 R-树的方法; 类似地, 对 2 维数据, 文献(Fenk et al., 1999)提出了基于 UB-树的方法处理查询盒(区域查询)的集合, 进而用多个查询盒逼近一个非矩形(如一个三角形)的查询, 其目标是减少重叠页的调入次数. 文献(Nam et al., 2006)运用分布多维索引方式对中间件系统进行多区域查询优化处理, 其实验数据为 3 维. 正如文献(Berchtold et al., 2000)中指出的, 基于索引的方法只对属性个数较少的数据库有效, 但是不适用于高维数据(超过 12 维).

区域聚类方法可以直接用于多维空间中的多区域查询的优化处理. 不同于 Top-N 查询, 传统的区域查询不涉及最终结果的排序, 因此, 区域聚类方法用于处理多区域查询将更加有效; 文献(朱亮等. 2008)对关系数据库中多区域查询优化问题进行了讨论, 所用区域聚类方法没有用到任何索引, 并且对高维数据有效.

参 考 文 献

朱亮, 刘椿年, 王士军. 2008. 关系数据库中基于区域聚类的多区域查询优化. 北京工业大学学报, 34(7): 773 -779.

Andrade H, Kurç T, Sussman A, et al. 2004. Optimizing the execution of multiple data analysis queries on parallel and distributed environments. IEEE Trans. Parallel Distrib. Syst., 15(6): 520-532.

Berchtold S, Böhm C, Keim D A, et al. 2000. Optimal multidimensional query processing using tree striping// Proceedings of the 2nd Int. Conf. Data Warehousing and Knowledge Discovery (DaWaK'00): 244-257.

Bruno N, Chaudhuri S, Gravano L. 2002. Top-k selection queries over relational databases: Mapping strategies and performance evaluation. ACM Transactions on Database Systems, 27(2): 153 -187.

Chen C, Ling Y. 2002. A sampling-based estimator for top-k selection query// Proceedings of the 18th International Conference on Data Engineering (ICDE'02), San Jose: 617-627.

Fenk R, Markl V, Bayer R. 1999. Improving multidimensional range queries of non-rectangular volumes specified by a query box set// Proceedings of Databases, Web and Cooperative Systems (DWACOS), Baden-Baden.

Meng W, Yu C, Wang W, et al. 1998. Performance analysis of three text-join algorithms. IEEE Trans. Knowl. Data Eng., 10(3): 477-492.

Nam B, Andrade H, Sussman A. 2006. Data management and query-multiple range query optimization with distributed cache indexing// Proceedings of Supercomputing(SC'06), Tampa: 100.

O'Neil P, O'Neil E. 2000. Database: Principles, Programming and Performance. 2nd ed. San Francisco: Morgan Kaufmann Publishers.

Papadopoulos A, Manolopoulos Y. 1998. Multiple range query optimization in spatial databases// Proceedings of Advances in Databases and Information Systems (ADBIS'98), Poznan: 71-82.

Sellis T. 1988. Multiple-query optimization. ACM Trans. Database Syst., 13(1): 23-52.

Sellis T, Ghosh S. 1990. On the multiple-query optimization problem. IEEE Trans. Knowl. Data Eng., 2(2): 262-266

Silberschatz A, Korth H F, Sudarshan S. 2002. Database System Concepts. 4th ed. New York : McGraw-Hill.

Wojciechowski M, Zakrzewicz M. 2005. On multiple query optimization in data mining// Proceedings of Advances in Knowledge Discovery and Data Mining, The 9th Pacific-Asia Conference (PAKDD'05), Lecture Notes in Computer Science, 3518: 696-701.

Zhu L, Meng W, Yang W, et al. 2008. Region clustering based evaluation of multiple top-N selection queries. Data & Knowledge Engineering, 64(2): 439-461.

Zhu L, Meng W. 2004. Learning-based top-N selection query evaluation over relational databases// Proceedings of Advances in Web-Age Information Management: The 5th International Conference (WAIM'04), Dalian: 197-207.

Zhu L, Meng W, Liu C, et al. 2010. Processing top-N relational queries by learning. Journal of Intelligent Information Systems, 34(1): 21-55.

第 4 章　基于知识库的 Top-N 查询流处理

考虑一个数据库系统，在不同的时刻收到一个接一个的 Top-N 查询. 例如，该系统接收并处理了用户 A 提交的 Top-N 查询 Q_1；一分钟后，系统又收到另一用户 B 提交的一个查询 Q_2，并且 Q_2 与 Q_1 相同，而此时 Q_1 的结果仍然在内存中. 两种方法可用来处理查询 Q_2：一种方法是重新处理该查询；另一种方法是利用 Q_1 的结果来回答查询 Q_2. 显然，后者的响应速度比前者要快，因为后者避免了对底层数据库(或称基础数据库，underlying database)进行访问. 这里，假设数据库的状态没有发生变化或存在缓存机制，当数据库变化时维护 Q_1 的结果.

本章讨论如何利用以往的查询结果来处理 Top-N 查询流(或称 Top-N 查询序列)，与第 3 章讨论的内容不同，第 3 章研究如何快速处理在(几乎)同一时刻提交的一组 Top-N 查询(一些同时提交的查询组成的集合)，没有使用以往的查询结果.

4.1　问题分析

针对关系数据库，存在将 Top-N 查询映射为传统区域选择查询的方法，如基于学习的方法(Zhu et al., 2010)，基于直方图的方法(Bruno et al., 2002)和基于抽样的方法(Chen et al., 2002). 对于一个给定的 Top-N 查询(Q, N)，其中查询点 $Q = (q_1, \cdots, q_n)$，这些方法确定一个实数 $r > 0$，然后构建查询的**搜索区域** $S(Q, r) = \prod_{i=1}^{n} [q_i - r, q_i + r]$，这是一个中心位于 Q、边长为 $2r$ 的 n 维超正方形，r 称为**搜索距离**. 若一个元组 $\boldsymbol{t} = (t_1, \cdots, t_n) \in S(Q, r)$，则称为查询 Q 的 Top-N **候选元组**. 所有候选元组的集合称为 Q 的**候选集**. 本章将仍然沿用第 1～3 章的术语和符号，如 $R = \prod_{i=1}^{n} [a_i, b_i]$称为一个 n-矩形，$v(R) = \prod_{i=1}^{n} (b_i - a_i)$表示 R 的体积等.

假设$\langle(Q_1, N_1), \cdots, (Q_i, N_i), \cdots\rangle$ (或$\langle Q_1, \cdots, Q_i, \cdots\rangle$)是提交的 Top-$N$ 查询流，按提交的时刻排序，其中每个查询(Q, N)皆为第 2 章的查询模式. 本章讨论如何对查询流进行优化处理.

回顾第 2 章处理一个 Top-N 查询的三个步骤：①确定一个搜索区域，即确定一个搜索距离 $r > 0$；②从数据库中检索搜索区域中的元组，即获得候选集；③计算候选元组与查询的距离并且排序，然后显示 Top-N 元组.

类似于第 3 章所述，对于查询流，一种处理方法是一次独立地处理一个查询，将这种逐一处理的方法称为**朴素方法**，并且经常被选作基准与其他优化方法进行对比(Fenk et al., 1999). 不同于第 1、2 章中的术语“朴素算法”，在本章和第 3 章中，术语“朴素方法”与文献(Fenk et al., 1999)一致，是指对查询流或查询集合逐一独立地进行处理的方法. 使用朴素方法处理 Top-N 查询流，在上述步骤②中每个查询都需要访问底层数据库，这将是整个开销的主要部分.

对于传统查询流，经常运用缓存机制进行查询优化(Acharya et al., 1999; Goldstein et al., 2001). 内存数据库(main memory database, MMDB 或 in-memory database, IMDB)的基本思路是将数据存储在物理内存中用来提供高速访问(Garcia-Molina et al., 1992). 计算机的内存越来越大，例如，现在的普通个人计算机具有 4GB 或更大的内存，而 64 位计算机可以运用多达 256TB 的内存(Bryant et al., 2011). 众所周知，磁盘比内存慢得多，例如，通常某个计算机系统的磁盘空间可能比内存大 1000 倍，然而处理器从磁盘读取一个字比从内存读取一个字所用时间要长 10000000 倍(Bryant et al., 2011). 目前，数据库系统仍然是 I/O 制约的，即其开销主要是 I/O 开销，因此，很好地利用缓存机制并寻找高效的算法来减少 I/O 开销是重要的(Fenk et al., 1999; Meng et al., 1998).

本章综合运用第 2 章中的基于学习(learning-based)的策略、第 3 章中的区域聚类(region clustering)方法和缓存机制(caching-mechanism)来处理 Top-N 查询，称这种综合方法为 LRC 方法，其主要目的是通过减小搜索区域或避免访问数据库来加速上述步骤②.

本章内容主要源自文献(Zhu et al., 2015)，其中将 Top-N 查询称为 KNN 查询. 如下两例描述 LRC 的基本思想.

例 4.1 在 2 维空间$\Re^2$中，如图 4.1 所示，设查询(Q_1, N_1)已经处理完毕，$S = S(Q_1, r_1, N_1)$(用粗线表示，即简档区域，见 2.2.1 节)是其最小 2 维正方形，包含至少 N_1 个从数据库中检索出的元组，这些元组仍然保留在内存中. (Q_2, N_2)是一个新提交的查询，用第 2 章中的基于学习的方法得到其搜索区域(用细线表示)为 $T = S(Q_2, r_2)$. 如果 $T\cap S = \varnothing$，那么必须单独处理查询(Q_2, N_2)；否则，即当 $T\cap S \neq\varnothing$时，由 3.2.1 节中的 DTR 算法得 $T-S = \bigcup_{j=1}^{p} T_j$ (或为$\varnothing$，如果 $T\subset S$)，存在的五种情况如图 4.1 所示. 对于不同的情况，可以得到(Q_2, N_2)的候选集如下：图 4.1(a)中 $T-S=\varnothing$，Q_2的候选集可以从 S 中获得而不需要另外的 I/O 操作. 图 4.1(b)中 $T-S = T_1$，从数据库中检索 T_1 中的元组，并识别 S 中属于 $T- T_1$ 的那些元组；这样，可以得到 Q_2 的候选元组就是属于 $T_1\cup(T-T_1)$的元组. 因为 $T_1 \subset T$，所以从 T_1 中检索元组的开销通常小于从 T 中检索. 对于图 4.1(c)～图 4.1(e)，可以单独处理 Q_2，或根据 p 的阈值如图 4.1(b)那样处理(参见 3.2.1 节中的 CST 算法). 因此，可以加快获取 Q_2 候选集的处理过程.

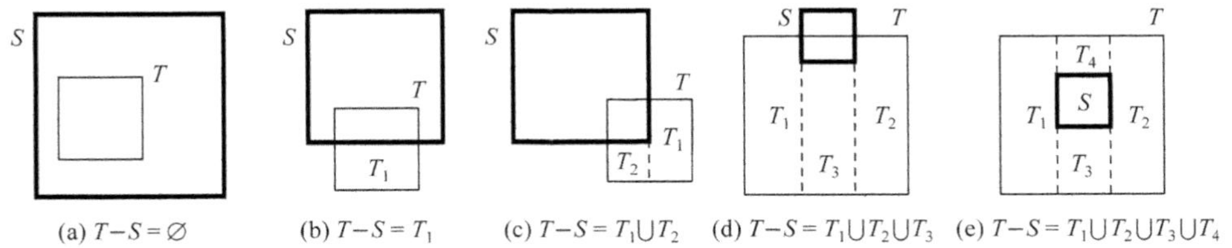

图 4.1　当 $T\cap S\neq\varnothing$时 $T-S$ 的五种情况

例 4.2　假设有四个查询(Q_1, N_1)、(Q_2, N_2)、(Q_3, N_3)和(Q_4, N_4)已经处理完毕，图 4.2 显示了其最小搜索区域(用粗线表示)分别为 $S_1 = S(Q_1, r_1, N_1)$, $S_2 = S(Q_2, r_2, N_2)$, $S_3 = S(Q_3, r_3, N_3)$和 $S_4 = S(Q_4, r_4, N_4)$. 一个新提交的 Top-N 查询(Q, N)与它们类似(查询点靠近，并且 N 值近似)，用第 2 章基于学习的方法获得查询(Q, N)的搜索区域(用细线表示)为 $T = S(Q, r)$. 如图 4.2(a)所示，$T\cap S_i \neq \varnothing$ $(i = 1, 2, 3, 4)$，而$(T-\bigcup_{i=1}^{4} S_i)$为三块阴影部分的并集，直接利用这四个区域很难获得 Q 的候选集. 为了解决这个问题，可以用第 3 章区域聚类方法，将上述四个最小搜索区域构成一个区域聚类 $\boldsymbol{\c{C}} = \{S_1, S_2, S_3, S_4\}$并建立其最小包含区域 SCR，如图 4.2(b)虚线矩形所示. 从数据库中检索 SCR 中的所有元组并缓存于知识库中，则 SCR 和 $T = S(Q, r)$变为图 4.1(a)的情况，$T\subset$ SCR；因此，Q 的候选集可以通过 SCR 中的元组获得而不需要 I/O 操作.

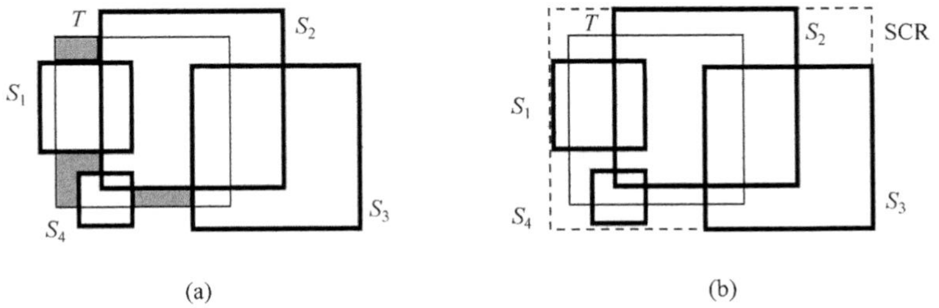

图 4.2　用以往查询的结果处理新查询

在实际中，数据库查询不是随机的，通常遵循 Zipf 分布，其中少数查询占据了所有查询请求的绝大部分(Adamic et al., 2002; Balke et al., 2005). 因此，为了数据库系统有较好的整体性能，能够较好地支持重复提交的查询是重要的. 本章中 LRC 方法的知识库将包含多个 SCR，并且集合{SCR}是用一些处理完毕的查询聚类来建立的. 对于一个新提交的查询，若其等于或类似于知识库中某个/些查询，则该新查询候选元组的全部或部分将属于某个/些 SCR，得到这些元组不需要或仅需少许 I/O 操作，因此可以减少 I/O 开销，提高数据库系统的整体性能.

4.2 Top-N 查询流的处理

本节介绍基于知识库的 LRC 方法. 首先, 回顾并且引入一些术语和结构; 其次, 将 LRC 方法与 LB 和 RCM 方法进行对比; 接着, 创建一个知识库; 然后, 讨论一个 Top-N 查询流的优化处理; 最后, 给出一个保证得到全部 Top-N 元组的策略. 表 4.1 列出了用于 LRC 方法的一些符号及其说明, 其中一些符号在 4.1 节及第 1～3 章中已经介绍或使用, 有些将在后面的讨论中给出.

表 4.1 用于 LRC 方法的一些符号及其说明

符号	说明
(Q, N)	Top-N 查询, 简记为 Q. 检索距离查询点 Q 最近的 N 个元组
r	搜索距离, 可以用基于学习的方法确定
$S(Q, r)$	搜索区域. 对于查询点 $Q = (q_1, \cdots, q_n)$, $S(Q, r) = \prod_{i=1}^{n} [q_i - r, q_i + r]$
$v(R)$	区域 R 的体积, 对于区域 $R = \prod_{i=1}^{n} [a_i, b_i]$, 其体积 $v(R) = \prod_{i=1}^{n} (b_i - a_i)$
$\zeta(Q)$	查询简档, 是一个 7 元组$\zeta(Q) = (Q, N, r, f, c, d, \mathrm{cn})$
$\boldsymbol{\mathcal{P}}$	查询简档集合, $\boldsymbol{\mathcal{P}} = \{\zeta_1, \zeta_2, \cdots, \zeta_m\}$被存储为数据库的一个关系
$S(Q, r, N)$	简档区域, 即包含查询 Q 的 Top-N 元组的最小 n-正方形
$\boldsymbol{Ç}$	区域聚类, $\boldsymbol{Ç} = \{H_k; k = 0, 1, \cdots, L\}$满足某些聚类条件
SCR	一个聚类 $\boldsymbol{Ç}$ 的最小包含区域, 即 SCR = SCR($\boldsymbol{Ç}$)
$\mathfrak{I}$	聚类的最小包含区域组成的集合, $\mathfrak{I} = \{\mathrm{SCR}_i; i = 1, \cdots, M\}$
t-List	$\mathfrak{I}$中所有 SCR 包含的全体元组的列表, 元组按其标识 tid 排序
BSR	最佳扩展区域
BIR	最优相交区域

LRC 方法将综合运用基于学习的方法、区域聚类的方法和缓存机制来处理 Top-N查询流. LRC 方法基于一个知识库 KB, 并且 KB 有三个组成部分($\boldsymbol{\mathcal{P}}$, $\mathfrak{I}$, $\boldsymbol{t}$-List) 驻留在内存中: ①$\boldsymbol{\mathcal{P}}$, 查询简档集合; ②$\mathfrak{I}$, 区域聚类的 SCR 的集合; ③$\boldsymbol{t}$-List, 所有 SCR 中元组的列表, 按照元组标识 tid 排序.

知识库 KB 的建立包括如下步骤: ①从所有已经处理完毕的查询中选出一些查询, 创建查询简档及其集合$\boldsymbol{\mathcal{P}}$; ②将$\boldsymbol{\mathcal{P}}$的简档区域进行聚类, 并且为每个聚类建立 SCR, 得到 SCR 的集合$\mathfrak{I}$; ③对于每个 SCR, 检索其中的元组并缓存在 $\boldsymbol{t}$-List 中.

LRC 方法处理一个新提交的查询(Q, N)仍为三步: ①确定搜索距离 r; ②获得候选集; ③按距离函数排序获得 Top-N 元组. 其中步骤①和步骤③与逐一地独立处理的朴素方法(如第 2 章介绍的 LB 方法)是一样的; 但步骤②将从 ***t***-List 缓存的元组中获得查询 Q 候选集的全部或大部分元组.

注: 本章的知识库 KB 不同于第 2 章的知识库$\boldsymbol{\mathcal{P}}$, 后者只是查询简档的集合, 是前者三个组成部分之一.

4.2.1　术语和结构

下面的术语和结构将被用于 LRC 方法. 首先改进第 2 章中查询简档的定义, 将其 6 元组的查询简档$\zeta(Q) = (Q, N, r, f, c, d)$扩展为 7 元组$\zeta(Q) = (Q, N, r, f, c, d, \mathrm{cn})$.

定义 4.1(查询简档 query profile)　对于一个 Top-N 查询 Q, 其简档是一个 7 元组$\zeta(Q) = (Q, N, r, f, c, d, \mathrm{cn})$, 其中 r 是包含 Q 的 Top-N 元组的最小 n 维正方形 $S(Q, r, N)$的搜索距离. f 是 $S(Q, r, N)$的频率, c 是 Q 的提交次数, d 是 Q 最近提交的时刻, cn(cluster number, 聚类序数)是使得 $S(Q, r, N)\in\boldsymbol{\mathcal{C}}_k$ 的聚类 $\boldsymbol{\mathcal{C}}_k$ 的下标序数 k ($\mathrm{cn} = k$).

注: 定义 4.1 中的 7 元组简档, 除了增加了一个重要的域 cn 之外, 其余部分(Q, N, r, f, c, d)与第 2 章定义 2.1 中的 6 元组简档完全一致, 其中, $f = |S(Q, r, N)|$是 $S(Q, r, N)$中元组的个数, 显然, $N \leqslant f$.

设$\boldsymbol{\mathcal{P}} = \{\zeta_1, \zeta_2, \cdots, \zeta_m\}$是查询简档的有限集合. 最初的简档集$\boldsymbol{\mathcal{P}}$可以基于真实用户查询或用随机生成的查询来建立(本章实验中, 假设初始$\boldsymbol{\mathcal{P}}$仅有一个简档). 系统使用以后, 一些新查询的简档被建立并保存到简档集$\boldsymbol{\mathcal{P}}$直到存满, $\boldsymbol{\mathcal{P}}$将由系统进行维护. $\boldsymbol{\mathcal{P}}$中的查询称为**简档查询**, $S(Q, r, N)$称为**简档区域**.

简档区域是包含 Top-N 元组的最小区域, 为了便于将其聚类, 引入一种新的聚类模型——**P-聚类**, 也就是基于 PPS 算法(3.2.1 节)的聚类.

P-聚类: 区域集合 $\boldsymbol{\mathcal{C}} = \{H_k: k = 0, 1, \cdots, L\}$被称为一个 P-聚类(基于 PPS 算法的聚类), 若所有 H_k 的中心点都属于 PPS 算法划分的同一个小区域.

为了处理 Top-N 查询流, 本章将使用 P-聚类, 及第 3 章中的 C-聚类和 S-聚类对所有简档区域 $S(Q, r, N)$进行聚类, 并且用训练方法来确定聚类模型和阈值(4.5.1 节). 对于每个聚类 $\boldsymbol{\mathcal{C}}$, 构建其最小包含区域 SCR = SCR($\boldsymbol{\mathcal{C}}$).

SCR 的结构是$\{a[n], b[n], f, \mathrm{TuplePointer}\}$, 其中 $a[n]$和 $b[n]$是两个大小为 n 的数组使得 $\mathrm{SCR} = \prod_{i=1}^{n} [a_i, b_i]$, 其中 $a_i = a[i]$, $b_i = b[i]$; f 是 SCR 的频率, 即 $f = |\mathrm{SCR}|$; TuplePointer 是指向 SCR 中元组的指针. 构建 SCR 的细节将在 4.2.3 节介绍.

设$\{R_i: i=1, \cdots, m\}$是一个区域集合, 引入术语**最佳扩展区域**(best super region, BSR)和**最优相交区域**(best intersection region, BIR). 二者将在 LRC 方法中起到重要作用.

R_k称为R_i的最佳扩展区域，如果$R_i \subset R_k$且$|R_k| = \min\{|R_j| : R_i \subset R_j, 1 \leqslant j \leqslant m, i \neq j\}$，即$R_k$是所有包含$R_i$的区域中含有元组最少的区域. R_k的下标序数k称为R_i的**最佳扩展区域序数**(BSR number)，记为R_i.bsn.

注意，这里引入的术语 BSR 与第 3 章的 BSR 不同. 第 3 章的 BSR 是用区域的体积定义的，不妨称为第一类最佳扩展区域(1-BSR)；而本章引入的 BSR 是用区域所包含的元组数目定义的，可以称为第二类最佳扩展区域(2-BSR)，二者统称最佳扩展区域(BSR). 1-BSR用于多查询优化, 2-BSR用于查询流处理，在不混淆二者时，皆用 BSR 记之.

R_k称为R_i的最优相交区域，如果$R_i \cap R_k \neq \varnothing$且$v(R_i \cap R_k) = \max\{v(R_i \cap R_j): R_i \cap R_j \neq \varnothing, 1 \leqslant j \leqslant m, i \neq j\}$；即$R_k$是所有与$R_i$相交的区域中使交集的体积最大者, R_k的下标序数k称为R_i的**最优相交区域序数**(BIR number)，记为R_i.bin.

例如，在图 4.3(a)中，设$R_3 = R_7$, $v(R_3) > v(R_9)$但$|R_3| < |R_9|$，则R_5.bsn = 3, R_8.bsn = 3, R_3.bsn = 7, R_7.bsn = 10, R_2.bsn = 10, R_9.bsn = 10. 注意，虽然$v(R_3) > v(R_9)$，但是由于$|R_3| < |R_9|$，仍有R_8.bsn = 3；另外, R_3.bsn = 7，但是R_7.bsn = 10. 若R_3.bsn = 7 且R_7.bsn = 3，则在处理算法中将会变成一个无限循环. 在图 4.3(b)中，设$v(R_6 \cap R_{11}) > v(R_6 \cap R_4)$，则$R_1$.bin = 6, R_6.bin = 11, R_4.bin = 11.

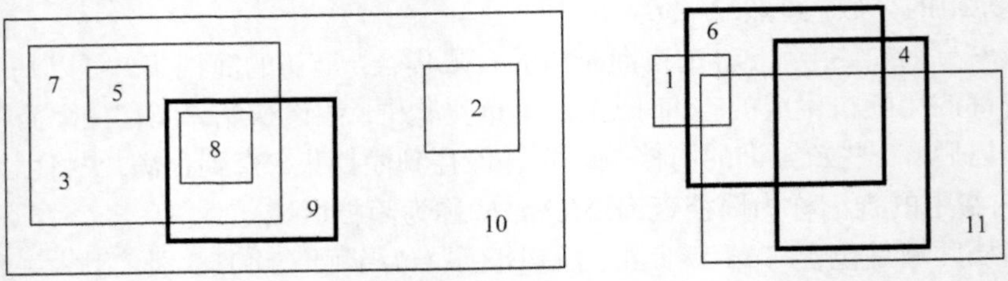

(a) $R_3 = R_7$, $v(R_3)>v(R_9)$但$|R_3|<|R_9|$　　(b) $v(R_6 \cap R_{11})>v(R_6 \cap R_4)$

图 4.3 (a)最佳扩展区域(BSR); (b)最优相交区域(BIR)

4.2.2 LRC 方法与 LB 和 RCM 的对比

LRC 方法源自第 2 章的 LB 方法和第 3 章的 RCM 方法，下面将 LRC 方法与 LB 和 RCM 两种方法进行对比.

LRC 和 LB 方法之间的主要区别是: ①在 LB 方法中，查询简档$\zeta(Q) = (Q, N, r, f, c, d)$是一个六元组，而 LRC 方法把它扩展为七元组$\zeta(Q) = (Q, N, r, f, c, d, \text{cn})$，其中聚类序数 cn 在 LRC 方法中起着非常重要的作用，是连接 LB 和 RCM 的桥梁. ②LRC 方法选择一些已处理完毕的查询所检索的 Top-*N* 元组并且使用缓存机制将这些元组存储在主存中，它们是构建元组列表 ***t***-List 的主要成分. 与此相反，LB 方法在主存中不存储任何 Top-*N* 元组；因此，若 RDBMS 不使用任何缓存机制，则 LB 方法必须从底层数据库中为每个查询检索出全部候选元组.

LRC 与 RCM 方法之间的比较: ①针对同时提交的含有多个 Top-N 查询的一个集合, RCM 方法并发处理这些查询, 实时构建聚类, 不缓存过去查询的任何结果元组, 也没有定义自己的索引, 与此相反, LRC 方法处理在不同时刻分别提交的 Top-N查询形成的查询流(或称查询序列), 对简档区域的聚类进行预处理, 缓存一些检索的 Top-N 元组, 而且构建一个复杂的基于知识库的"索引"; ②LRC 方法引入 P-聚类模型, 而且 LRC 方法不使用 I-聚类模型, 后者为 RCM 方法中的一种主要的聚类模型; ③在 LRC 和 RCM 方法中, 术语 BSR 的语义是不同的, 在 RCM 方法中, 使用 $v(R_j)$ (R_j的体积)定义 BSR. 因此 RCM 和 LRC 方法处理查询的过程是不同的.

4.2.3　知识库的创建

设 $Q = (q_1, \cdots, q_n)$为一个真实用户查询或从关系 $\boldsymbol{R}$ 中随机抽取的元组, 最初的 $\mathcal{P}$只含有一个简档, 可以用如下过程进行创建.

设$\{\boldsymbol{t}_1, \boldsymbol{t}_2, \cdots, \boldsymbol{t}_N\}$是从关系 $\boldsymbol{R}$ 中随机抽取的 N 个元组, 且 $r = \max\{d(\boldsymbol{t}_i, Q); i =1, \cdots, N\}$是 Q 的搜索距离. 用搜索区域 $S(Q, r) = \prod_{i=1}^{n} [q_i - r, q_i + r]$作为 SQL 区域查询, 得到 Top-$N$ 查询(Q, N)的候选集为$\{\boldsymbol{t}_1, \boldsymbol{t}_2, \cdots, \boldsymbol{t}_{N'}\}\supset\{\boldsymbol{t}_1, \boldsymbol{t}_2, \cdots, \boldsymbol{t}_N\}$(显然, $N' \geqslant N$). 运用 3.2.1 节的 TTC 算法从候选集$\{\boldsymbol{t}_1, \boldsymbol{t}_2, \cdots, \boldsymbol{t}_{N'}\}$中得到查询 Q 的 Top-N 元组的排序集合, 不失一般性, 仍然记为$\{\boldsymbol{t}_1, \boldsymbol{t}_2, \cdots, \boldsymbol{t}_N\}$. 令 $r = d(\boldsymbol{t}_N, Q), f = |S(Q, r, N)|, c = 1$, 并且 d 是系统时间戳, 则得到初始简档$\zeta(Q) = (Q, N, r, f, c, d, \mathrm{cn})$, 其中只有 cn 在此时尚未赋予任何值. 如下算法 CreateInitialP 描述了创建**初始简档**$\zeta_1 = \zeta(Q)$的过程.

算法 CreateInitialP(Q, N)

输入: Q, N;　　/*$Q = (q_1, \cdots, q_n)\in\Re^n$ 是第一个查询, $N > 0$ 是一个整数*/

输出: $\zeta(Q)$　　/*$\mathcal{P}$的第一个简档$\zeta(Q)$ */

---

1. 由 SQL 语句"select * from $\boldsymbol{R}$ where tid <= N " 得到 N 个元组$\{\boldsymbol{t}_1, \boldsymbol{t}_2, \cdots, \boldsymbol{t}_N\}$;
2. $r = \max\{d(\boldsymbol{t}_i, Q); i =1, \cdots, N\}$;
3. 构造 $S(Q, r) = \prod_{i=1}^{n} [q_i - r, q_i + r]$; /*$\{\boldsymbol{t}_1, \boldsymbol{t}_2, \cdots, \boldsymbol{t}_N\}$是 $S(Q, r)$的子集*/
4. 用形如下列 SQL 区域查询得到(Q, N)的候选集$\{\boldsymbol{t}_1, \boldsymbol{t}_2, \cdots, \boldsymbol{t}_{N'}\}$:
   select * from $\boldsymbol{R}$ where $(q_1- r \leqslant A_1 \leqslant q_1 + r)$ and ⋯ and $(q_n - r \leqslant A_n \leqslant q_n + r)$;
   /*显然$\{\boldsymbol{t}_1, \boldsymbol{t}_2, \cdots, \boldsymbol{t}_{N'}\}\supset\{\boldsymbol{t}_1, \boldsymbol{t}_2, \cdots, \boldsymbol{t}_N\}$且 $N' \geqslant N$ */
5. 计算 $d(\boldsymbol{t}_i, Q), i = 1, 2, \cdots, N'$;

---

6. 将$\{d(\boldsymbol{t}_i, Q), i = 1, 2, \cdots, N'\}$从小到大排序，得到 Q 的结果集合 $\boldsymbol{W} = \langle \boldsymbol{t}^w{}_1, \boldsymbol{t}^w{}_2, \cdots, \boldsymbol{t}^w{}_N\rangle$以及$|\boldsymbol{W}| = N$，使得$\forall \boldsymbol{t} \in (\boldsymbol{R}-\boldsymbol{W})$有 $d(\boldsymbol{t}^w{}_1, Q) \leqslant \cdots \leqslant d(\boldsymbol{t}^w{}_N, Q)$且 $d(\boldsymbol{t}^w{}_N, Q) \leqslant d(\boldsymbol{t}, Q)$;
7. 令 $\boldsymbol{t}_i = \boldsymbol{t}^w{}_i$, $i = 1, \cdots, N$;
8. 令 $r = d(\boldsymbol{t}_N, Q)$, $S(Q, r) = \prod_{i=1}^n [q_i - r, q_i + r]$;
9. for 每个 $\boldsymbol{t}_i \in \{\boldsymbol{t}_1, \boldsymbol{t}_2, \cdots, \boldsymbol{t}_{N'}\}$
10. 　　if($\boldsymbol{t}_i \in S(Q, r)$)　/*判断$\{\boldsymbol{t}_1, \boldsymbol{t}_2, \cdots, \boldsymbol{t}_{N'}\}$中的元组是否属于 $S(Q, r)$ */
11. 　　　　f++;
12. 　　end if
13. end for
14. 令 $c = 1$, d = SystemDateTime;
15. 返回$\zeta(Q) = (Q, N, r, f, c, d, cn)$;　/*cn 没被赋值，其他都已确定*/

现在，假设已经处理了 m 查询$\{(Q_1, N_1), \cdots, (Q_m, N_m)\}$，并且简档集$\mathcal{P} = \{\zeta_1, \cdots, \zeta_m\}$已经建成，$1 \leqslant m \leqslant |\mathcal{P}|$ ($\mathcal{P}$的大小$|\mathcal{P}|$是一个有限的固定常数，例如，在 4.5 节的实验中$|\mathcal{P}| \leqslant 2000$)，当$1 < i \leqslant m$时，用第 2 章中的 LB 方法来构造查询简档$\zeta_i = \zeta(Q_i)$.

利用第 3 章中的区域聚类方法 RCM 来聚类简档区域$\{S(Q_i, r_i, N_i); i = 1, \cdots, m\}$，得到聚类集合$\{\boldsymbol{Ç}_k; k = 1, 2, \cdots, M\}$，其中 $M \leqslant m$. 此外，若ζ的简档区域属于 $\boldsymbol{Ç}_k$，则令ζ.cn = k；至此，$\zeta(Q)$的所有 7 个域(field)(也就是 Q、N、r、f、c、d、cn)都已经被赋予了其对应的值.

对于每个聚类 $\boldsymbol{Ç} \in \{\boldsymbol{Ç}_k; k = 1, 2, \cdots, M\}$，不失一般性，假设 $\boldsymbol{Ç} = \{S_j; S_j = S(Q_j, r_j, N_j), j = 1, \cdots, L\}$以及 $S_j = \prod_{i=1}^n [S_j.a_i, S_j.b_i]$ $(1 \leqslant j \leqslant L)$，构建 $\boldsymbol{Ç}$ 的最小包含区域 SCR = SCR($\boldsymbol{Ç}$)为 SCR $= \prod_{i=1}^n$ [SCR.a_i, SCR.b_i]，其中 SCR.a_i = $\min\{S_j.a_i; j = 1, \cdots, L\}$且 SCR.$b_i$ = $\max\{S_j.b_i; j = 1, \cdots, L\}$, $1 \leqslant i \leqslant n$. 这样，得到$\mathfrak{I}$ = {SCR$_1$, SCR$_2$, $\cdots$, SCR$_M$}，其中 $M \leqslant m$, SCR$_k$ = SCR($\boldsymbol{Ç}_k$), $k = 1, 2, \cdots, M$.

每个区域 SCR$\in\mathfrak{I}$形成一个 SQL 区域查询，检索元组，并且记 SCR.f = |SCR|. 在检索元组的过程中，将用到算法 DTR 和 CST 和最优相交区域. 消除重复元组，将剩下的元组缓存到 $\boldsymbol{t}$-List；同时，SCR.TuplePointer 用于索引缓存中属于 SCR 的元组. 注意，$\boldsymbol{t}$-List 中缓存的元组是按照元组标识符 tid 排序的；对于每个 SCR，消除其中重复元组的开销的上界为 O(|SCR|·log(|$\boldsymbol{t}$-List|)). 图 4.4 描述了$\mathfrak{I}$和 $\boldsymbol{t}$-List 结构，其中 SCR[k]表示 SCR$_k$ $(1 \leqslant k \leqslant M)$. 当内存空间较小时，$\mathfrak{I}$和 $\boldsymbol{t}$-List 可能无法驻留在内存中，在此情况下，需要减小$\mathfrak{I}$的大小，使得$\mathfrak{I}$和 $\boldsymbol{t}$-List 可以适应主存. 在极端情况下，令$\mathfrak{I}$为空集而 $\boldsymbol{t}$-List 仅包含选自$\mathcal{P}$中一些简档查询的元组，或$\mathfrak{I}$和 $\boldsymbol{t}$-List 都是空集；在后一种情况下，LRC 方法变为第 2 章中的 LB 方法.

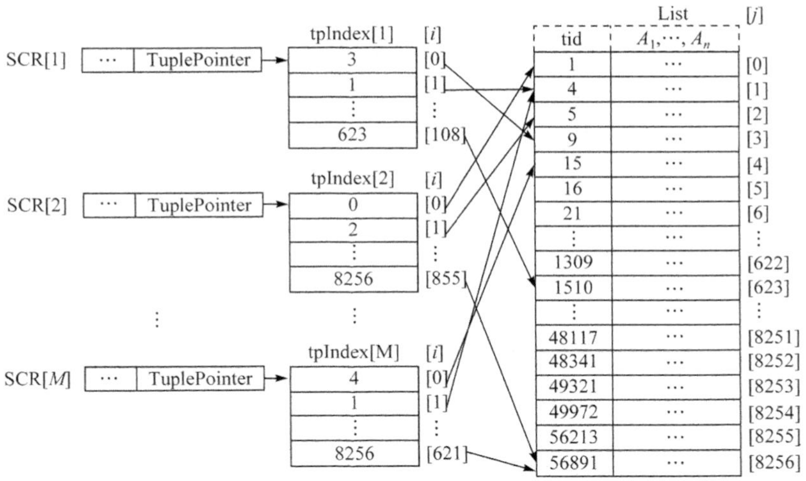

图 4.4　$\mathfrak{T}=\{\mathrm{SCR}_1, \cdots, \mathrm{SCR}_M\}$和 ***t***-List 的结构

算法 Create$\mathfrak{T}t$List 描述了创建$\mathfrak{T}=\{\mathrm{SCR}_1, \cdots, \mathrm{SCR}_M\}$和 ***t***-List 的过程.

算法 Create$\mathfrak{T}t$List($\boldsymbol{\mathcal{P}}$)　　/*创建$\mathfrak{T}$和 ***t***-List*/

输入: $\boldsymbol{\mathcal{P}}$　　/* $\boldsymbol{\mathcal{P}}=\{\zeta_1, \cdots, \zeta_m\}$*/

输出: $\mathfrak{T}$, ***t***-List

---

1. 用 RCM 聚类$\{S(Q_i, r_i, N_i); i=1, \cdots, m\}$, 得到聚类集合$\{\boldsymbol{\varsigma}_k; k=1, \cdots, M\}$;
   /*$M \leqslant m$*/
2. for 每个$\zeta \in \boldsymbol{\mathcal{P}}$
3. 　　if ζ的简档区域属于 $\boldsymbol{\varsigma}_k$
4. 　　　　ζ.cn = k;　　/*为ζ.cn 赋值*/
5. 　　end if
6. end for
7. for 每个聚类 $\boldsymbol{\varsigma} \in \{\boldsymbol{\varsigma}_k; k=1, 2, \cdots, M\}$
   /*假设 $\boldsymbol{\varsigma}=\{S_j; S_j=S(Q_j, r_j, N_j), j=1, \cdots, L\}$且 $S_j=\prod_{i=1}^{n}[S_j.a_i, S_j.b_i]$ $(1 \leqslant j \leqslant L)$,
   得到 $\mathrm{SCR}(\boldsymbol{\varsigma})=\prod_{i=1}^{n}[\mathrm{SCR}.a_i, \mathrm{SCR}.b_i]$*/
8. 　　for ($i=1$; $i \leqslant n$; i++)
9. 　　　　$\mathrm{SCR}.a_i=\min\{S_j.a_i; j=1, \cdots, L\}$;
10. 　　　　$\mathrm{SCR}.b_i=\max\{S_j.b_i; j=1, \cdots, L\}$;
11. 　　end for
12. end for

/*至此，得到$\mathfrak{I}$ = {SCR$_1$, ···, SCR$_M$}，其中 SCR$_k$ = SCR($\boldsymbol{\varsigma}_k$), $1 \leqslant k \leqslant M$. 下面将检索每个区域 SCR ($\in \mathfrak{I}$)中的元组，去重后将剩余的不同元组缓存到 ***t***-List 之中*/

13. for 每个区域 SCR$\in$ {SCR$_1$, ···, SCR$_M$}
14. 　if SCR = SCR$_1$
　　/*假设 SCR$_1 = \prod_{i=1}^{n} [c_i, d_i]$，用形如下列 SQL 区域查询检索其元组*/
15. 　　　select * from ***R*** where ($c_1 \leqslant A_1 \leqslant d_1$) and ··· and ($c_n \leqslant A_n \leqslant d_n$);
16. 　　　在 ***t***-List 中缓存这些元组;
17. 　else if (SCR = SCR$_k$ 且 $1 < k \leqslant M$)
18. 　　　从{SCR$_1$, ···, SCR$_{k-1}$}中找到 SCR 的最优相交区域;
19. 　　　if (不存在 BIR)
20. 　　　　运行第 15 行的 SQL 区域查询;
21. 　　　　去掉重复元组，将剩余的不同元组缓存到 ***t***-List 之中;
22. 　　　else if (BIR = $\prod_{i=1}^{n} [a_i, b_i]$)
23. 　　　　调用算法 CST(SCR, BIR);　/*其中用到算法 DTR*/
24. 　　　　去掉重复元组，将剩余的不同元组缓存到 ***t***-List 之中;
25. 　　　end if
26. 　end if
27. end for
28. return $\mathfrak{I}$, ***t***-List;

4.2.4 处理新提交的 Top-*N* 查询

现在，假设按照 4.2.3 节的过程已经建立了知识库 KB={$\boldsymbol{\mathcal{P}}$, $\mathfrak{I}$, ***t***-List}，其中简档集$\boldsymbol{\mathcal{P}} = \{\zeta_1, \zeta_2, \cdots, \zeta_m\}$, $m \geqslant 1$；简档区域$\{S(Q_i, r_i, N_i), i = 1, \cdots, m\}$的聚类集合为$\{\boldsymbol{\varsigma}_k; k = 1, 2, \cdots, M\}$, $M \leqslant m$；对于每个聚类 $\boldsymbol{\varsigma}_k$ ($1 \leqslant k \leqslant M$)，其最小包含区域 SCR$_k$ = SCR($\boldsymbol{\varsigma}_k$)，这些区域的集合$\mathfrak{I}$ = {SCR$_1$, SCR$_2$, ···, SCR$_M$}；检索每个 SCR$_k$ 中的元组并存储在 ***t***-List 中，其中的元组被去重且按照 tid 排序.

此刻，系统收到一个新提交的查询(Q, N)，并且假设此前数据库的状态没有改变. 对于数据库状态发生变化的情况，需要维护知识库 KB，这部分内容将在 4.3 节讨论.

对于新提交的查询(Q, N)，首先，从$\boldsymbol{\mathcal{P}}$中找出简档$\zeta' = (Q', N', r', f', c', d', \mathrm{cn}')$使得 Q'与 Q 按距离函数 $d(\cdot,\cdot)$最近，并在$\mathfrak{I}$中识别区域 SCR$'$使得简档区域 $S(Q', r', N') \subset$ SCR$'$.

存在一种特殊情况$(Q, N) = (Q', N')$，若 $S(Q', r', N') = \mathrm{SCR}'$，则 SCR'的元组集就是 Q 的最佳候选集；否则，$S(Q', r', N')$为 SCR'的真子集，此时$\{\boldsymbol{t}; \boldsymbol{t} = (t_1, t_2, \cdots, t_n) \in \mathrm{SCR}'$且 $a_i \leqslant t_i \leqslant b_i\}$是 Q 的最佳候选集.

对于一般情况，处理查询(Q, N)如下.

步骤 1　用第 2 章基于学习的方法确定 $Q = (q_1, \cdots, q_n)$的搜索距离 r，并且构造搜索区域 $S(Q, r) = \prod_{i=1}^{n} [q_i - r, q_i + r] = \prod_{i=1}^{n} [a_i, b_i]$，其中 $a_i = q_i - r, b_i = q_i + r$.

步骤 2　获得 Q 的候选集，存在如下三种情况.

(1) 从$\mathfrak{I}$中找到所有包含 $S(Q, r)$的区域. 如果存在，不失一般性，将这些区域构成的集合表示为$\mathfrak{I}_S = \{\mathrm{SCR}_k; S(Q, r) \subset \mathrm{SCR}_k, k = 1, \cdots, K\}$. 设 $\mathrm{SCR} \in \mathfrak{I}_S$是 $S(Q, r)$的 BSR(这里为 2-BSR).

① 如果 $S(Q, r) = \mathrm{SCR}$，那么$\{\boldsymbol{t}; \boldsymbol{t} \in \mathrm{SCR}\}$是 Q 的候选集；

② 否则，即 $S(Q, r)$是 SCR 的真子集，$\{\boldsymbol{t}; \boldsymbol{t} = (t_1, t_2, \cdots, t_n) \in \mathrm{SCR}$ 且 $a_i \leqslant t_i \leqslant b_i\}$是 Q 的候选集.

(2) 如果 $S(Q, r)$在$\mathfrak{I}$中没有扩展区域，那么寻找所有与 $S(Q, r)$相交的区域. 如果存在，不失一般性，记为$\mathfrak{I}_I = \{\mathrm{SCR}_k; \mathrm{SCR}_k \cap S(Q, r) \neq \varnothing, k = 1, \cdots, K\}$. 设 $\mathrm{SCR} \in \mathfrak{I}_I$是 $S(Q, r)$的最优相交区域，由 3.2.1 节的 DTR 算法得到 $S(Q, r) - \mathrm{SCR} = \bigcup_{j=1}^{p} S_j$. 对于每个 S_j，从$\mathfrak{I}_I$中的 SCR_j 寻找 S_j 的 BSR. 若在$\mathfrak{I}_I$中没有找到扩展区域的 S_j 的个数小于阈值 n_s(在本章实验中 $n_s = 2$)，例如，这些小区域是$\{S_1, \cdots, S_b\}$，$b < n_s$，则从数据库中检索属于 $S_1 \cup \cdots \cup S_b$ 的所有元组$\{\boldsymbol{t}^{(i)}\}$；对于区域$\{S(Q, r) \cap \mathrm{SCR}, S_{b+1}, \cdots, S_p\}$，因为它们在$\mathfrak{I}_I$中都有各自的最佳扩展区域，如同情况(1)分别从它们的 BSR 中得到元组，记为$\{\boldsymbol{t}^{(j)}\}$. 因此，$S(Q, r)$的候选集是$\{\boldsymbol{t}^{(i)}\} \cup \{\boldsymbol{t}^{(j)}\}$. 若 $b \geqslant n_s$，则按如下情况(3)直接从数据库中检索元组.

(3) 如果 $S(Q, r) \cap \mathrm{SCR}_i = \varnothing, i = 1, 2, \cdots, M$，用如下 SQL 区域查询语句直接从数据库中获得 $S(Q, r)$的元组：

select * from **R** where $(q_1 - r \leqslant A_1 \leqslant q_1 + r)$ and ⋯ and $(q_n - r \leqslant A_n \leqslant q_n + r)$

注意：以上三种情况的处理是同时的，对每个 $\mathrm{SCR}_k \in \mathfrak{I}$都在同一个循环中，若存在 $\mathrm{SCR}_k \in \mathfrak{I}_S$，则情况(2)和(3)将不再考虑.

步骤 3　获得 Q 的候选集后，如果$|S(Q, r)| \geqslant N$，即候选元组的数量不小于 N，那么应用 TTC 算法来计算 Q 及其候选元组的距离，排序并输出 Top-N 元组.

图 4.5 显示了在 2 维数据空间，按上述步骤 2 获取 Q 的候选集的例子，其中 S 是 Q 的搜索区域(用粗线表示). 图 4.5(a)为情况(1)，图 4.5(b)和图 4.5(c)是情况(2)，图 4.5(c)中的小区域 S_2 在$\mathfrak{I}_I$中没有扩展区域，必须从数据库中检索元组.

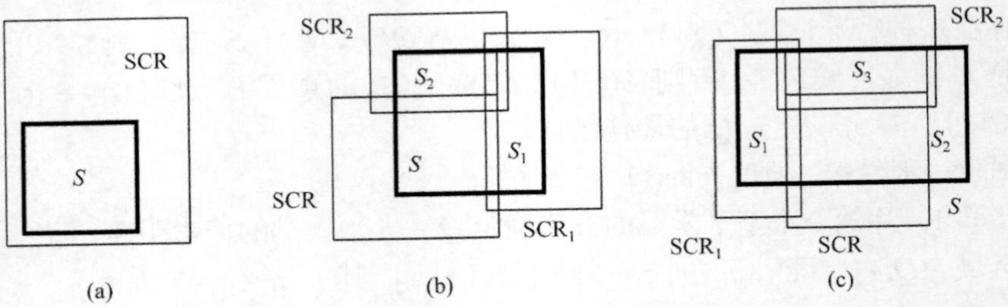

图 4.5　获得候选集示例

4.2.5　确保得到所有 Top-N 元组

如果 Top-N 查询(Q, N)的搜索区域 $S(Q, r)$中少于 N 个元组($|S(Q, r)| < N$)或得到的结果少于 N 个元组，那么 4.2.4 节的处理过程需要增加 r 值，以确保得到 Top-N 元组. 考虑如下三种情况.

(1) 如果 $S(Q, r)$有一个最佳扩展区域 SCR，选择 SCR 或 $S(Q, r)$的其他扩展区域，仍记为 SCR，满足$|\text{SCR}| \geqslant N$. 设 $\text{SCR} = \prod_{i=1}^{n} [c_i, d_i]$，取 $r^* = \min \{\min \{|c_i - q_i|, |q_i - d_i|\}, i = 1, 2, \cdots, n\}$. 若 $r < r^*$，则取 $r := r^*$，新区域是以 Q 为中心并且满足 $S(Q, r) \subset \text{SCR}$ 的最大者. 对此新区域 $S(Q, r)$，使用 4.2.4 节情况(1)的方法获得 Q 的候选集. 若$|S(Q, r)| \geqslant N$ 且得到 Top-N 元组，则停止. 如图 4.6(a)所示，对于一个 Top-10 查询 Q，旧的 $S(Q, r)$仅含有 6 个元组，而新 $S(Q, r)$有 14 个候选元组且确保得到 Top-10 元组，否则，如图 4.6(b)所示，将采用以下方法.

(2) 从$\mathfrak{I}$中找出 $S(Q, r)$的最佳扩展区域、扩展区域或其他区域，记为 SCR 并且满足$|\text{SCR}| \geqslant N$. 设$|S(Q, r)| = N'$，从 $\text{SCR} - S(Q, r)$中获取 $N - N'$ 个元组，并计算这些元组与查询 Q 的距离，以此为最大距离构造 Q 的新搜索区域，如图 4.6(b)所示，则此新搜索区域确保能从数据库中检索至少 N 个元组并且得到 Top-N 元组.

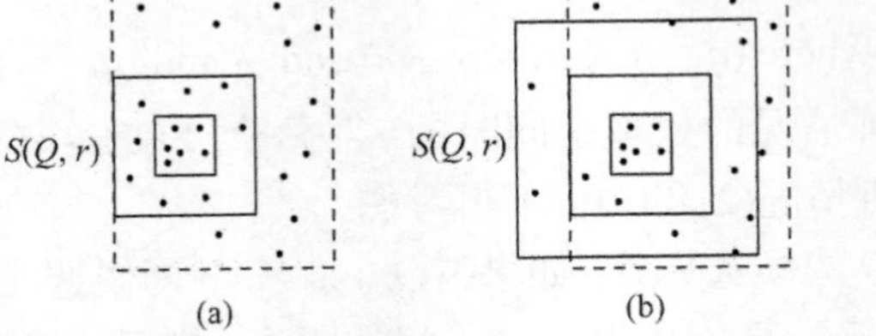

图 4.6　增加 r 确保得到 Top-10 元组

(3) 如果对于所有的 $\text{SCR} \in \mathfrak{I}$都有$|\text{SCR}| < N$，使用 2.2.2 节的方法确定一个较大的搜索区域，使其至少包含 N 个元组并且得到 Top-N 元组，然后从数据库中检索这些元组.

注意：情况(1)可以避免访问数据库.

4.3　知识库的维护

当处理完一个查询和/或数据库改变之后，知识库 KB = {$\mathcal{P}$, $\mathfrak{J}$, t-List}可能需要更新，而且知识库不同部分的更新策略是不同的.

4.3.1　简档集合$\mathcal{P}$的维护

简档集合$\mathcal{P}$的维护如同 2.2.3 节，对于每个简档$\zeta = (Q, N, r, f, c, d, \text{cn})$，定义其优先权为 $I_1 \cdot c/(|I_2 \cdot (w - d)|+1)$，分别考虑一个查询被处理和/或数据库改变之后$\mathcal{P}$的维护. 不同之处在于，要根据聚类情况考虑参数 cn 的变更，其变更如同参数 d，此处不再赘述.

4.3.2　$\mathfrak{J}$和 t-List 的维护

由于$\mathfrak{J}$和 t-List 基于区域聚类，当一个查询被处理且$\mathcal{P}$被更新之后，$\mathfrak{J}$和 t-List 不必与$\mathcal{P}$同步更新，这样$\mathfrak{J}$和 t-List 可能不是最新的. 与$\mathcal{P}$相比，$\mathfrak{J}$和 t-List 更新的频率要小得多. 可以根据系统的实际情况，使用“基于时间”或“基于计数”的策略来维护$\mathfrak{J}$和 t-List. 例如，对$\mathfrak{J}$和 t-List 每天更新一次(例如，在每天的 00:00:00，或系统不忙时)或当$\mathcal{P}$的更新次数超过一个阈值(如$|\mathcal{P}|/10$)时，对$\mathfrak{J}$和 t-List 进行更新，在 4.5 节的实验中采用的是基于计数的策略.

当一个数据库被改变时，也就是说，当一个元组 $\boldsymbol{t}$ 插入关系 $\boldsymbol{R}$ 或从中删除时，对于$\mathfrak{J}$中的每一个 SCR，若 $\boldsymbol{t} \in \text{SCR}$，则 SCR.$f$ 加 1 或减 1，将指向 $\boldsymbol{t}$ 的指针加入 SCR.TuplePointer 或从中删除，并且将 $\boldsymbol{t}$ 插入 $\boldsymbol{t}$-List 或从中删除.

4.4　性 能 分 析

设 $\boldsymbol{R} \subset \Re^n$ 是一个具有 n 个属性$(A_1, \cdots, A_n)$的关系. 本章介绍的 LRC 方法的主要思想是“用空间换时间”，本节从空间和时间两个因素来讨论 LRC 方法和第 2 章中 LB 方法的复杂性. 需要说明的是，在第 2 章中没有分析 LB 方法的复杂性.

4.4.1　空间开销

对于 LRC 方法，其知识库由三部分组成，即$\mathcal{P}$、$\mathfrak{J}$和 $\boldsymbol{t}$-List；且所需空间开销分别是 $\text{space}(\mathcal{P}) = \text{byte}(\zeta)\cdot|\mathcal{P}|$, $\text{space}(\mathfrak{J}) = \text{byte(SCR)}\cdot|\mathfrak{J}| + \sum_{\text{SCR}\in\mathfrak{J}}(\text{byte(pointer)}\cdot|\text{SCR}|)$, $\text{space}(\boldsymbol{t}\text{-List}) = \text{byte}(\boldsymbol{t})\cdot|\boldsymbol{t}\text{-List}|$. 对于 LB 方法，其知识库只有$\mathcal{P}$, $\text{space(LB)} = \text{space}(\mathcal{P})$. 总之

$$\begin{aligned}\text{space(LRC)} &= \text{space}(\mathcal{P}) + \text{space}(\mathfrak{I}) + \text{space}(\boldsymbol{t}\text{-List})\\ &= \text{byte}(\zeta)\cdot|\mathcal{P}| + (\text{byte (SCR)}\cdot|\mathfrak{I}|+\textstyle\sum_{\text{SCR}\in\mathfrak{I}}(\text{byte (pointer)}\cdot|\text{SCR}|))\\ &\quad + \text{byte}(\boldsymbol{t})\cdot|\boldsymbol{t}\text{-List}|\end{aligned}$$

$$\text{space(LB)} = \text{byte}(\zeta)\cdot|\mathcal{P}|$$

通常，在一个 32 位系统中，byte(int) = 4B，byte(double) = 8B，一个指针分配 4B. 例如，对于一个 2 维数据集(如本章实验中的 Census2D，见 4.5 节)，$\text{byte}(\zeta) = 4\times2 + 4 + 8 + 4 + 4 + 4 + 4 = 36$，$\text{byte(SCR)} = 8\times2 + 8\times2 + 4 + 4 = 40$，$\text{byte (pointer)} = 4$，$\text{byte}(\boldsymbol{t}) = 4\times2 + 4 = 12$. 因此

$$\begin{aligned}\text{space(LRC)} &= 36\cdot|\mathcal{P}| + 40\cdot|\mathfrak{I}| + \textstyle\sum_{\text{SCR}\in\mathfrak{I}}(4\cdot|\text{SCR}|) + 12\cdot|\boldsymbol{t}\text{-List}|\\ &= \Theta(|\mathcal{P}| + |\mathfrak{I}| + \textstyle\sum_{\text{SCR}\in\mathfrak{I}}(|\text{SCR}|) + |\boldsymbol{t}\text{-List}|)\end{aligned}$$

$$\text{space(LB)} = \Theta(|\mathcal{P}|)$$

显然，LRC 的空间开销 space(LRC)可能较大，但它是收敛的且以一个正常数为上界. 事实上，$|\mathfrak{I}| \leqslant |\mathcal{P}|$，$|\boldsymbol{t}\text{-List}| \leqslant \sum_{\text{SCR}\in\mathfrak{I}}(|\text{SCR}|)$，并且$|\text{SCR}| = \text{SCR}.f \leqslant \sum_{\zeta\in\boldsymbol{\mathcal{C}}}(\zeta.f)$，其中 SCR = SCR($\boldsymbol{\mathcal{C}}$)是聚类 $\boldsymbol{\mathcal{C}}$ 的最小包含区域，$\zeta\in\boldsymbol{\mathcal{C}}$ 是指ζ的简档区域 $S(Q, r, N)\in\boldsymbol{\mathcal{C}}$，$\zeta.f$ 大于且近似等于 N(也就是说，$\zeta.f \geqslant N$ 且$\zeta.f \approx N$，例如，若 $N = 100$，则$\zeta.f$ 可能是 100、105 或 116).

4.4.2　时间开销

LRC 方法仍然使用三个步骤来处理一个新提交的 Top-N 查询 Q：第一步，确定 Q 的搜索区域，即确定一个搜索距离 $r > 0$，用 r-time 表示第一步耗用的时间；第二步，获取候选集，用 c-time 表示所用的时间；第三步，计算距离并且排序得到 Top-N 元组，用 t-time 来表示第三步耗用的时间，而且 t-time 包括维护$\mathcal{P}$的时间(维护$\mathcal{P}$的时间为 $O(1)\sim O(|\mathcal{P}|)$).

显然，LRC 与 LB 两种方法的 r-time 和 t-time 是相同的，都是 CPU 开销，其中 $r\text{-time} = O(n\cdot|\mathcal{P}|)$，$t\text{-time} = O(|S(Q, r)|) + O(|S(Q, r)|\cdot\log|S(Q, r)|) + O(|\mathcal{P}|) = O(|S(Q, r)|\cdot(\log|S(Q, r)| +1)) + O(|\mathcal{P}|)$，$n$ 是数据空间的维数，$O(|\mathcal{P}|)$是维护$\mathcal{P}$的时间.

对于 LB 方法，c-time (LB) = IO-time，即从底层数据库检索候选元组的时间.

然而对于 LRC 方法，$c\text{-time(LRC)} = (1-\alpha)\text{IO-time} + \alpha\text{M-time}$，其中$\alpha\in[0, 1]$，M-time 是在内存中获取候选元组的时间. 当$\alpha=1$ 时，Top-N 查询 Q 的所有结果都在内存中，而当$\alpha=0$ 时，Q 的所有结果都不在内存中，从底层数据库中检索所有候选元组. $\text{M-time} = O(n\cdot(|\mathfrak{I}| + \sum_{\text{SCR}\in\mathfrak{I}'}(|\text{SCR}|)))$，其中$\mathfrak{I}'$是$\mathfrak{I}_I$ 或单元素集合{SCR; SCR 是 $S(Q, r)$的最佳扩展区域} (4.2.4 节)，即$|\mathfrak{I}'| = |\mathfrak{I}_I|$或$|\mathfrak{I}'| = 1$. 因此，对于一个新的查询 Q，有

$$\begin{aligned}\text{time}(Q, \text{LRC}) &= O((n+1)\cdot|\mathcal{P}|) + (1-\alpha)\text{IO-time} + \alpha O(n\cdot(|\mathfrak{I}| + \textstyle\sum_{\text{SCR}\in\mathfrak{I}'}(|\text{SCR}|)))\\ &\quad + O(|S(Q, r)|\cdot(\log|S(Q, r)| + 1))\end{aligned}$$

$$\text{time}(Q, \text{LB}) = O((n+1)\cdot|\mathcal{P}|) + \text{IO-time} + O(|S(Q, r)|\cdot(\log|S(Q, r)| + 1))$$

通常, r-time 和 t-time 非常小(在本章实验中, 当 N=100 时, 对于低维数据集一般不超过 1ms; 当 N=20 时, 对于高维数据集一般是 3～15ms; 见 4.5.2 节), 它们可以被忽略, 因此

$$\text{time}(Q, \text{LRC}) \approx c\text{-time} = (1-\alpha)\text{IO-time} + \alpha O(n\cdot(|\mathfrak{I}| + \textstyle\sum_{\text{SCR}\in\mathfrak{I}'}(|\text{SCR}|)))$$
$$\text{time}(Q, \text{LB}) \approx c\text{-time} = \text{IO-time}$$

在 time(Q, LRC)计算公式中, 通常 $\alpha O(n\cdot(|\mathfrak{I}| + \sum_{\text{SCR}\in\mathfrak{I}'}(|\text{SCR}|)))$很小, 可以忽略, 因此

$$\text{time}(Q, \text{LRC}) \approx c\text{-time} \approx (1-\alpha)\text{IO-time}$$

部分查询和/或数据库的一些变化引起对$\mathcal{P}$的维护, LRC 和 LB 方法用同样的时间对$\mathcal{P}$的关系进行更新(注: $\mathcal{P}$被存储为数据库的一个关系), 包括 CPU-time ($O(1)$～$O(|\mathcal{P}|)$)和 IO-time. 在实际中, 若一些查询引起对$\mathcal{P}$的维护, 通常对于每个查询在内存中更新$\mathcal{P}$的一些域, 而对于一批查询来更新$\mathcal{P}$的关系.

LRC 方法维护$\mathfrak{I}$和 $\boldsymbol{t}$-List 的时间只包括 CPU 开销, 考虑以下两种情况.

(1) 当一个查询被处理完毕之后; 在这种情况下, 可以忽略维护$\mathfrak{I}$和 $\boldsymbol{t}$-List 的时间开销, 因为$\mathfrak{I}$和 $\boldsymbol{t}$-List 的维护跟查询处理是异步的. 此外, 使用“基于时间”或“基于计数”的策略, 对$\mathfrak{I}$和 $\boldsymbol{t}$-List 的修改是不频繁的.

(2) 当数据库发生变化时, 在最坏的情况下, 维护开销是 $O(|\mathfrak{I}|\cdot|\text{SCR}|) + O(\log(|\boldsymbol{t}\text{-List}|))$, 而且是独立于查询处理的.

4.5　实验与数据分析

本节报告用 LRC 方法处理在不同时刻提交的 Top-N 查询流的实验结果, 并且比较 LRC 方法和朴素方法(逐一处理的方法, NM). 实验环境: 软件为 Windows XP, Microsoft SQL Server 2000 和 VC++ 6.0; 硬件为一台 PC, 配置 Pentium 4/2.8GHz 的 CPU 和 768MB 的内存. 另外, 在程序中使用了 ODBC 和 ODBC API 函数.

关于逐一处理的朴素方法, 在第 2 章中已经介绍了 LB 方法(Zhu et al., 2010)同基于直方图的方法(Bruno et al., 2002)和基于抽样的技术(Chen et al., 2002)相比较的情况, 实验结果表明, 对于低维和高维数据, LB 方法具有很好的竞争力. 因此, 只需将 LB 方法作为一种逐一处理朴素方法的示例, 将 LRC 方法与 LB 方法进行比较. 在下面的讨论中, NM 指 LB 方法, 将分别逐一单独处理每个查询并且不缓存元组. 当使用其他朴素方法(如 4.5.2 节和 4.5.3 节中的 Opt 方法)时, 将会明确指出.

4.5.1 数据集和准备

实验所用的数据集与 2.3 节完全相同, 包括低维(2 维、3 维和 4 维)和高维(25 维、50 维和 104 维)等八个数据集, 其中真实数据集为 Census2D(210138 个元组)、Census3D(210138 个元组)、Cover4D(581010 个元组), 以及都包含 20000 个元组的 Lsi25D、Lsi50D 和 Lsi104D; 合成数据集为 Gauss3D(500000 个元组)和 Array3D(507701 个元组). 在所有数据集的名称中, 后缀 "nD" 表示这个数据集是 n 维的.

每个数据集使用包括 10000 个查询的查询流, 其查询点是从各自数据集中随机选取的元组. 为了便于与第 2 章中的 LB 方法进行比较, 实验使用与之相同的默认设置: 对于低维(2 维、3 维和 4 维)数据集, N = 100(每个查询将返回 Top-100 元组), 距离函数是 max 距离 $d_\infty(\cdot,\cdot)$; 对于高维(25 维、50 维和 104 维)数据集, N = 20(每个查询将返回 Top-20 元组), 距离函数是欧氏距离 $d_2(\cdot,\cdot)$.

用三种聚类模型, 即本章 4.2.1 节定义的 P-聚类, 及 3.2.2 节中的 C-聚类和 S-聚类处理 Top-N 查询流, 并且使用与 3.5.2 节相同的训练方法确定聚类模型、阈值及参数. 对于低维(2 维、3 维、4 维)数据集, 用阈值 $m_0 = 20$ 的 P-聚类; 2 维数据集设置 $k = 2, n_1 = 4, n_2 = 3$; 对于 $n(n = 3, 4)$维数据集, 设置 $k = 3, n_1 = 3, n_2 = 2, n_3 = 2$, 即每次将划分为 h = 12 个小区域(3.2.1 节 PPS 算法). 对于高维数据集(25 维、50 维和 104 维), 使用 C-聚类和 S-聚类, $c_2 = 0.0, c_3 = 5.0$ 用于 Lsi25D, c_2=0.0, $c_3 = 1.0$ 用于 Lsi50D 和 Lsi104D. 除了 Lsi104D 之外, 本章使用的聚类模型或阈值皆不同于第 3 章.

简档集合$\mathcal{P}$最初只有一个简档, 称为$\mathcal{P}$的初始简档. 鉴于文献(Zhu et al., 2010)简档集合$\mathcal{P}$的稳定性和适当大小的原则(2.2.4 节, 本章使用的$|\mathcal{P}|$有修改), 当$\mathcal{P}$满时, 对于每个低维数据集, 确定其简档集合$\mathcal{P}$的大小为 2000, 即$|\mathcal{P}|$ = 2000, 而对于 Lsi25D、Lsi50D 和 Lsi104D, 其$|\mathcal{P}|$分别是 1261、1310 和 1410. 为了维护知识库, 在实验中使用一种基于计数的策略. 如果$|\mathcal{P}| \leqslant 200$, 当更新$\mathcal{P}$的次数超过 50 次时, 更新$\mathfrak{I}$和 $\boldsymbol{t}$-List; 如果$|\mathcal{P}| > 200$, 当更新$\mathcal{P}$的次数超过 200 次时, 更新$\mathfrak{I}$和 $\boldsymbol{t}$-List. 若$\mathcal{P}$满, 则仅更新$\mathcal{P}$, 而保持$\mathfrak{I}$和 $\boldsymbol{t}$-List 不变.

众所周知, 考虑所有算法的开销依赖于内存中缓冲区的大小. 当涉及开销估计的时候, 通常假定最坏的情况, 使得缓冲区的大小尽可能小(Silberschatz et al., 2002). 在 Microsoft SQL Server 2000 中, 对 Lsi50D 和 Lsi104D, 配置 max server memory 为 8MB, 其他数据集配置为 4MB. 注意: 4MB 是 Microsoft SQL Server 2000 中 max server memory 的最小值.

实验采用如下测量.

(1) 获得 Top-N 元组耗用的时间(ms): 对于每个查询, 从各自的数据集中获得

Top-N 元组需要的时间，包括三个步骤所需的时间(4.4 节)分别为 r-time(确定搜索距离 r)、c-time(获取候选集)和 t-time(得到 Top-N 元组). 对于每个数据集，将报告 c-time 的总和，因为 LRC 方法的目标是节省 c-time 中的 I/O 开销，是关键所在. 另外，报告查询流(10000 个查询)总时间 total-time = r-time + c-time + t-time 的平均值.

(2) I/O 请求次数：访问数据库的 I/O 请求的次数，即报告访问数据库所执行 SQL Select 语句的次数.

(3) 各类查询的数目及相关实验结果：根据 2.2.3 节的四种查询类型(类型-1、类型-2、类型-3、类型-4)，报告查询流中的各种类型查询的数目及相关实验结果.

(4) 检索元组的数目：对于查询流中所有的查询，返回候选元组的平均数目，也就是所有候选集大小$|S(Q_i, r_i)|$的平均值，其中 $i = 1,\cdots,10000$，即$(\sum_{i=1}^{10000}|S(Q_i, r_i)|)/10000$. 检索元组的数目越小意味着处理方法的效率越高.

(5) 空间开销：对于各个数据集及其查询流，知识库所需要的内存空间.

4.5.2 耗用时间

对于每个数据集，报告获取候选集所耗用时间“c-time 之和”；另外，报告查询流中 10000 个查询总时间 total-time = r-time + c-time + t-time 的平均值.

1. 获得候选集耗用时间 c-time 的总和

LRC 方法的目的是加速获得候选集的处理过程. 对于每个数据集，在图 4.7 中用粗线表示 NM 的 c-time 之和，而细线表示 LRC 的 c-time 之和，即

$$c\text{-time(NM)} = \sum_{i=1}^{m} c\text{-time}(Q_i, \text{NM})$$

$$c\text{-time(LRC)} = \sum_{i=1}^{m} c\text{-time}(Q_i, \text{LRC})$$

其中，$m = 1, 2, \cdots, 10000$.

图 4.7(a)～图 4.7(c)所显示的 16 条曲线是对八个数据集使用 NM 和 LRC 方法时，“c-time 之和”的变化曲线($1 \leqslant m \leqslant 10000$). 这些曲线从上到下依次是：在图 4.7(a)中，A3N、G3N、A3L 和 G3L，其中 A3L 和 G3L 几乎一样；在图 4.7(b)中，从上到下依次是 C4N、C4L、C2N、C3N、C2L 和 C3L，其中 C2L 和 C3L 几乎重合；在图 4.7(c)中，从上到下依次是 104N、50N、25N、104L、50L 和 25L. 对于每个数据集 $\boldsymbol{R}$，NM 方法的 c-time 大于 LRC 方法的 c-time，即 c-time($\boldsymbol{R}$, NM) > c-time($\boldsymbol{R}$, LRC)，如在图 4.7(a)中，A3N 高于 A3L. 因此，在查询处理的第二步骤获得候选集的过程中，LRC 方法可以减少所耗用的时间.

对于每个数据集，其初始$\mathcal{P}$只含一个简档. 为了知道开始阶段 LRC 和 NM 创建知识库的变化情况，选择 Census2D、Cover4D 和 Lsi50D 作为示例，在图 4.7(d)中给出了对这三个数据集前 300 个查询的“c-time 之和”的曲线($1 \leqslant m \leqslant 300$)，从

图 4.7(d)的右侧来看，由上至下分别为 C4N、C4L、50N、C2N、50L 和 C2L. 在开始阶段，由于$\mathcal{P}$中简档数目少，这些曲线的变化大. 随着被提交和被处理的查询数目的增多，知识库变得越来越大，直到简档集$\mathcal{P}$满. 当$\mathcal{P}$的大小足够大时，每条“*c*-time 之和”的曲线几乎变成一条直线，即$\mathcal{P}$趋于稳定(关于稳定性见 2.2.4 节). 在图 4.7(d)中，对于每个数据集，如果查询数目 m 满足 $1 \leqslant m \leqslant 50$, LRC 的曲线和 NM 的曲线几乎是相同的. 当m足够大($m > 50$)时，从图 4.7(a)～图 4.7(d)可以看出，LRC 的曲线要低于 NM 的曲线，即对于每个数据集 LRC 比 NM 的效率更高.

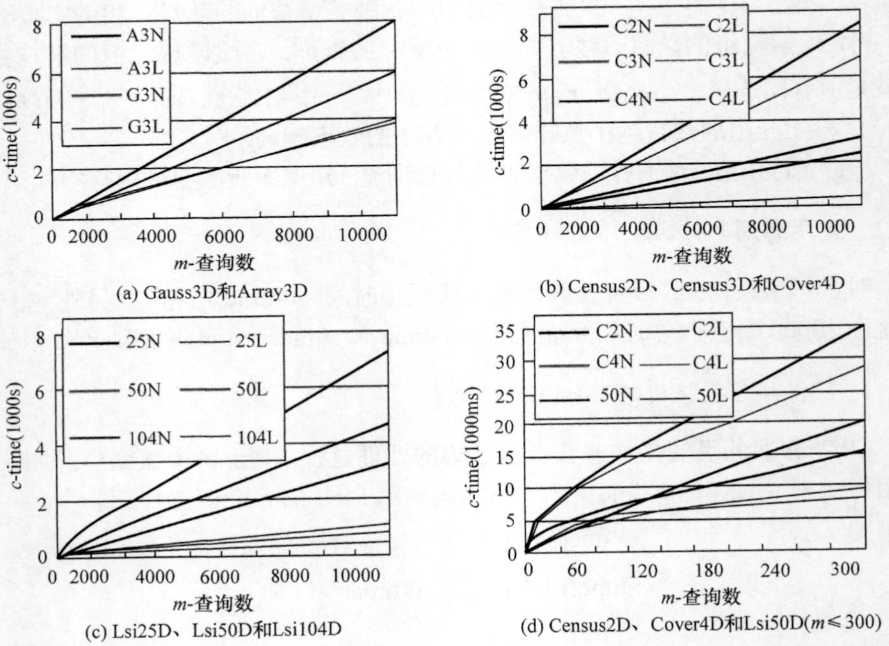

(a) Gauss3D和Array3D　(b) Census2D、Census3D和Cover4D

(c) Lsi25D、Lsi50D和Lsi104D　(d) Census2D、Cover4D和Lsi50D($m \leqslant 300$)

图 4.7　NM 和 LRC 方法的 *c*-time 之和，图例中 G3、A3、C2、C3、C4、25、50 和 104 分别表示数据集 Gauss3D、Array3D、Census2D、Census3D、Cover4D、Lsi25D、Lsi50D 和 Lsi104D，“N”表示 NM 方法，“L”代表 LRC 方法，例如，“A3N”表示“Array3D 及 NM”，“A3L”表示“Array3D 及 LRC”，余者类似

表 4.2 显示了每个数据集 *c*-time 分布的情况. 例如，对于数据集 Gauss3D，用 NM 方法，查询流中 *c*-time 值大于或等于 400ms 的查询数目为 10000；若使用 LRC 方法，则有 3741(2861 ＋ 880)个查询的 *c*-time 值小于 100ms，其中 2861 个查询的 *c*-time 低于 1ms (在表 4.2 中记为 0ms)，且 880 个查询的 *c*-time 介于 1ms 和 99ms 之间；这样，*c*-time 值小于 100ms (介于 0ms 和 99ms 之间)的查询数目与查询流总数之比率“Ratio of # (0～99ms)”为 0.37，即 0.37 = (2861+880)/10000 = 3741/10000.

因此，针对数据集 Gauss3D，关于总时间和平均时间，LRC 方法比 NM 方法都要节省 1/3 的时间，见图 4.7(a)和图 4.8. 从表 4.2 可知，使用 LRC 方法，有许多查询的 c-time 值在 0ms 和 99ms 之间；然而，使用 NM 方法，这种情况则甚少，除了对于数据集 Census3D，NM 方法的相应比率为 0.14，其原因是 Census3D 的属性“Age”和“WeeksWorkedPerYear”的特征，具有“好的”数据分布，易于 NM 方法得到“好的”搜索区域.

表 4.2 获得候选集耗用时间 c-time 的分布情况

数据集		Gauss3D	Array3D	Census2D	Census3D	Cover4D	Lsi25D	Lsi50D	Lsi104D
0ms	NM	0	0	0	0	0	0	0	0
	LRC	2861	3957	5730	4748	1352	3046	2580	636
1～99ms	NM	0	0	812	1358	0	577	195	93
	LRC	880	1273	3336	3860	555	6058	6222	7309
100～399ms	NM	0	0	6953	8130	0	7432	5850	422
	LRC	0	0	647	1304	0	789	640	1430
≥400ms	NM	10000	10000	2235	512	10000	1991	3955	9485
	LRC	6259	4770	287	88	8093	107	558	625
Ratio of # (0～99ms)	NM	0.00	0.00	0.08	0.14	0.00	0.06	0.02	0.01
	LRC	0.37	0.52	0.91	0.86	0.19	0.91	0.88	0.79

2. 处理查询流的平均总时间

在图 4.8 及下面的讨论中，有时将数据集 Gauss3D、Array3D、Census2D、Census3D、Cover4D、Lsi25D、Lsi50D 和 Lsi104D 分别缩写为 Gau3D、Arr3D、Cen2D、Cen3D、Cov4D、L25D、L50D 和 L104D.

对于每个查询流，图 4.8 显示了处理所有 10000 个 Top-N 查询所用的平均总时间(r-time + t-time + c-time)，即 $\sum_{j=1}^{10000}$ (r-time(Q_i)+t-time(Q_i)+c-time(Q_i))/10000. 图 4.8 中有三种方法：①“N”表示 NM，即第 2 章所述的 LB 方法(Zhu et al., 2010)；②“O”表示 Opt 方法，即第 2 章所述的最优方法(Bruno et al., 2002; Zhu et al., 2010)，是另一种逐一独立处理查询的朴素方法；③“L”表示本章介绍的 LRC 方法. 由第 2 章可知，Opt 方法作为文献(Bruno et al., 2002; Chen et al., 2002; Zhu et al., 2010)中的基准，是理论上的最优处理技术，但在实际应用中是无法实现的；Opt 方法中最小 n-正方形(等价于 LB 方法的简档区域)是预先用顺序扫描技术得到的(Bruno et al., 2002; Zhu et al., 2010).

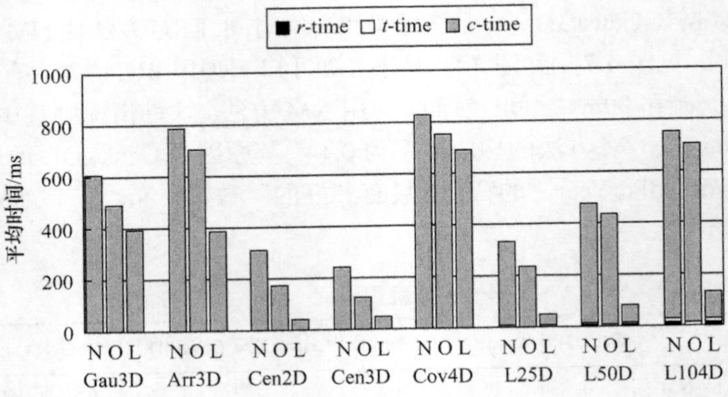

图 4.8　对于八个数据集及 NM、Opt 和 LRC 三种方法处理每个查询的平均总时间

图 4.8 中每根“立柱”都是由 *r*-time、*t*-time 和 *c*-time 从下至上堆积而成的. 方法 NM 和 LRC 在理论上有相同的 *r*-time 和 *t*-time(4.4 节), 实验结果是: 对于所有低维(2 维、3 维和 4 维)数据集, 其 *r*-time 和 *t*-time 的值都介于 0ms 和 1ms 之间, 对于数据集 Lsi25D 其值是 3ms, 对于 Lsi50D 是 7ms, 对于 Lsi104D 介于 14ms 和 15ms 之间. 若维数不超过 25, 则 *r*-time 和 *t*-time 的值都太小, 导致在图 4.8 中不能看到. Opt 方法不需要计算搜索距离, 对于所有八个数据集, Opt 的 *r*-time 皆为 0. 当使用 LRC 方法时, 除了对于数据集 Cover4D, 其平均总耗时在 600ms 和 700ms 之间, 余者皆小于 400ms, 其中针对五个数据集总耗时小于 200ms. 然而, 当使用 NM(LB 方法)时, 对于所有八个数据集, 其平均总耗时皆大于 200ms, 其中有三个数据集使其大于 700ms, 两个数据集使其在 400ms 和 700ms 之间, 另外三个数据集使其介于 200ms 和 400ms 之间.

注: 图 4.8 中 NM(LB 方法)不同于表 2.2 中 LB 方法的平均运行时间, 原因是二者所用$\mathcal{P}$的大小不同.

从图 4.8 可以看出, 对于所有八个数据集, LRC 方法优于另外两种逐一处理的朴素方法(LB 和 Opt). 此外, 相对朴素方法 LB (图 4.8 中的“N”, NM 方法), LRC 方法关于数据集 Gauss3D、Array3D 和 Cover4D 可以节省的总时间(time(NM) − time(LRC))/time(NM)分别为 36%、51%和 17%, 关于其他数据集可以节省的总时间为 81%～87%. 将图 4.8 中 LRC 方法相对 NM 方法节省的总时间(time(NM) − time(LRC))/time(NM)与表 4.2 的中“Ratio of #(0～99ms)”进行比较, 可以发现二者具有高度相关性.

根据图 4.7、表 4.2 和图 4.8 中所报告的结果, 针对所有八个数据集, 关于 *c*-time 及总的响应时间, LRC 方法均优于 NM 方法.

3. 维护知识库的平均总时间

对于NM和LRC两种方法，当处理查询和/或更改数据库之后，需要对知识库进行维护. NM 的知识库只有$\mathcal{P}$，而 LRC 的知识库由$\mathcal{P}$、$\mathfrak{I}$和 ***t***-List 三部分组成. 对于每个数据库，NM 和 LRC 将简档集$\mathcal{P}$作为一个关系存储在硬盘中. 对于 LRC 方法，其知识库的另外两部分$\mathfrak{I}$和 ***t***-List 存储在内存中，而不在硬盘中；这样，维护$\mathfrak{I}$和 ***t***-List 只有 CPU 开销，而无 I/O 开销. 因此，NM 和 LRC 方法维持$\mathcal{P}$有相同的 I/O 开销. 对于所有八个数据集，图 4.9 显示了 NM 和 LRC 方法在处理查询流 10000 个查询的过程中，维护知识库的平均总时间都介于 5ms 和 94ms 之间. NM 和LRC方法二者的维护时间(几乎)是相同的，从图 4.9 还可以看出，对于某些数据集(如 Gauss3D、Census3D)NM 的维护时间比 LRC 更长. 事实上，NM 和 LRC 方法在图 4.9 中显示的维护时间出现差异的原因是: I/O 开销要远大于 CPU 开销，I/O 操作的一些微小的随机扰动就可以覆盖 CPU 开销.

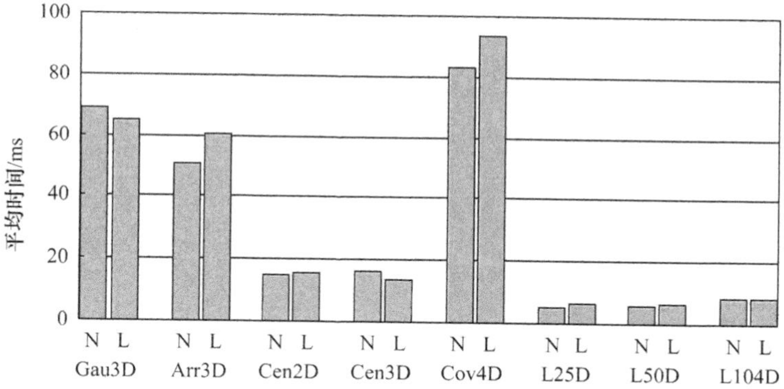

图 4.9　对于每个查询维护知识库$\mathcal{P}$的平均总时间

注: 为了研究在最坏情况下维护知识库的开销，对于每个查询都更新$\mathcal{P}$，而非对于成批的一些查询才更新$\mathcal{P}$.

LRC 方法运用基于计数的策略对$\mathfrak{I}$和 ***t***-List 进行维护，这是一种“懒惰”的策略. 针对具有 10000 查询的查询流，$\mathfrak{I}$和 ***t***-List 的更新次数如下: 对于三个高维数据集 Lsi25D、Lsi50D 和 Lsi104D 分别为 9、10 和 11 次；而对于低维(2 维、3 维、4 维)数据集，更新次数为 14. 根据实验结果可知: 执行聚类、构造聚类的 SCR 和识别检索的元组是否属于每个搜索区域的总开销，以及维护$\mathfrak{I}$和 ***t***-List 的 CPU 开销是非常小的；与 I/O 开销相比，这些 CPU 开销可以忽略不计.

4.5.3　I/O 请求次数

对于查询流中所有的 10000 个查询，图 4.10 显示了所有访问数据库的 I/O 请求次数(执行 Select 语句的次数). 在图 4.10 中, 符号"N"、"O"和"L"分别表示三种方法, 与图 4.8 中的含义相同. 显然, 对于两种朴素方法"N"和"O"(LB 和 Opt), 其 I/O 请求次数都是 10000, 即每个查询有一次 I/O 请求, 在处理该查询的第二步骤中执行一次 Select 语句. 对于方法 LB 和 LRC, 比较图 4.10 和图 4.8 可以看到, 处理查询的 I/O 请求次数直接并且按比例影响到耗用时间. 对于数据集 Gauss3D、Array3D 或 Cover4D, 其 I/O 请求的次数较大(图 4.10), 导致其 LRC 方法的耗用时间较多(图 4.8).

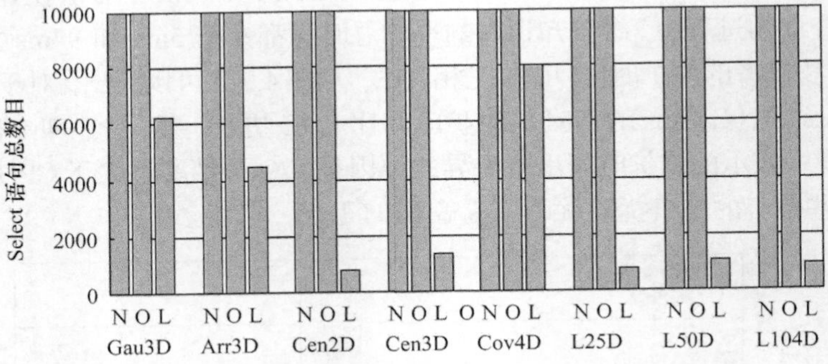

图 4.10 访问数据库执行的 SQL Select 语句的总数目

针对查询流中的一个查询, 采用 LRC 方法对其进行处理有可能包含 I/O 操作, 因此, 引出如下问题: LRC 方法的整体性能是否会低于内存数据库(MMDB)? 在 4.5.5 节将对该问题进行讨论.

4.5.4 检索元组的数目

本节报告查询流中 10000 个查询的分布情况, 以及每个查询检索元组的平均数目. NM 和 LRC 方法检索到的候选元组是相同的, 因此本节的结果对于这两种方法是一样的. 二者所不同的是, NM 从底层数据库检索全部候选元组, 而 LRC 检索的候选集中全部或部分元组可能来自内存中缓存的元组.

1. 不同类型查询检索元组的数目

2.2.3 节将 Top-*N* 查询分为四种类型, 即类型-1、类型-2、类型-3 和类型-4, 在表 4.3 中分别表示为 Type-1、Type-2、Type-3 和 Type-4. 不同类型的查询检索元组的数目往往是不同的. 表 4.3 显示了在具有 10000 个查询的查询流中每种类型查询的数目, 及其每个查询所检索元组的平均数目.

在表 4.3 中, "#Q's"表示每种类型查询的数目, 针对该种类型的"#Q's"个查询, "#t's"表示其每个查询检索候选元组的平均数目. "Total Avg. #t's"表示所有 10000 查询检索元组的总平均数. "Ratio #Q's Type-1"表示类型-1 查询的数目与查询流中查询数目之比率, “Ratio #Q's Type-1-2” 表示类型-1 和类型-2 查询的数目与查询流中查询数目之比率.

表 4.3　不同类型查询的数目及其检索元组的平均数目

数据集		Gauss3D	Array3D	Census2D	Census3D	Cover4D	Lsi25D	Lsi50D	Lsi104D
Type-1	#Q's	541	2281	928	809	524	5363	5514	5650
	#t's	105	907	127	130	105	102	262	647
Type-2	#Q's	2942	2806	5555	5285	2798	3276	3147	2926
	#t's	231	421	195	181	178	1860	1565	1304
Type-3	#Q's	6359	4444	3138	3358	6505	1122	1142	1265
	#t's	1006	832	547	564	849	847	1476	2323
Type-4	#Q's	158	469	379	548	173	239	197	159
	#t's	490	800	447	443	534	847	1698	1653
Total Avg. #t's		721	732	308	319	616	779	839	1067
Ratio #Q's Type-1		0.05	0.23	0.09	0.08	0.05	0.54	0.55	0.57
Ratio #Q's Type-1-2		0.35	0.51	0.65	0.61	0.33	0.86	0.87	0.86

以数据集 Gauss3D 为例, 其查询流的 10000 个查询中, 类型-1、类型-2、类型-3、类型-4 的查询数目(#Q's)分别为 541、2942、6359、158; 这四种类型的每个查询检索候选元组的平均数目(#t's)分别为 105、231、1006、490. 此外, 10000 查询检索元组的总平均数(Total Avg. #t's)为 721; 类型-1 查询的数目与查询流中查询数目之比率(Ratio #Q's Type-1)为 0.05, 即 0.05 = 541/10000; 类型-1 和类型-2 查询的数目与查询流中查询数目之比率(Ratio #Q's Type-1-2)为 0.35, 即 0.35 = (541 + 2942)/10000.

检索元组的数目较少意味着效率较好, 即 c-time 和 t-time(也就是针对 NM 或 LRC 的第 2 步和第 3 步)会变小. 除了数据集 Array3D, 其他所有的数据集, 类型-1 查询检索的候选元组的平均数目(“#t's”)都小于类型-2 查询; 同时, 除了 Lsi25D 和 Lsi50D, 其他所有的数据集, 类型-2 查询检索的候选元组的平均数目都小于类型-3 查询. 对于这些例外的情况, 其原因如下: ①数据集 Array3D 服从 Zipf 分布, 有许多重复元组, 这种特性导致类型-1 查询检索许多元组; ②对于高维数据集, 如 2.1.3 节所进行的分析, 即使搜索距离仅增加少许, n-正方形包含的元组也可能增加很多; 因此, 对于数据集 Lsi25D 和 Lsi50D 导致类型-2 查询检索较多的元组(具有较大的估计误差).

由于每个类型-1 查询与$\mathcal{P}$中的某个简档查询是相同的, LRC 方法处理这类查询不存在 I/O 开销, 因而速度最快. 每个查询流的 10000 查询都是从各自的数据集随机选出的; 因此, 较大规模的数据集意味着类型-1 查询的数目较小. 此外, 类型-1

查询的数目还跟数据集的性质有关，例如，虽然数据集 Array3D 较大(含有 507701 元组)，但是由于 Array3D 具有 Zipf 分布使得其中含有众多重复元组，因而可以导致许多类型-1 查询.

一个类型-2 查询与$\mathcal{P}$中的某个/些简档查询是类似的(查询点靠近并且 N 值近似，实验中 N 值相等)，关于 LRC 方法，比较表 4.3 和图 4.8 可以看出，更多的类型-1 和类型-2 查询将导致更少的耗用时间，这一事实表明：对一个新查询，可以运用知识库中与之相同或类似的查询进行处理，即为 LRC 的基本思想(4.1 节)，而且 LRC 很适合具有许多重复查询(类型-1 查询)的数据流，同时即使在缺少重复查询的情况下，LRC 方法仍然可与 NM 方法媲美.

比较表 4.3 和图 4.8 可知，当类型-3 和类型-4 查询在查询流的比例较高时(如数据集 Gauss3D 和 Cover4D，主要是类型-3 查询)，LRC 方法相对于 NM 方法节省的时间就会较少.

当查询流中的查询运用 4.2.4 节的处理过程不能得到 Top-N 元组时，需要运用 4.2.5 节的处理过程增加 r 值，然后重新开始查询(restart query)以确保得到 Top-N 元组，这样的查询即为表 4.3 中类型-4 查询，这类查询不多，在 10000 个查询中占 1%～5%. 知识库的简档数目是从 1 开始逐渐增加的，因此在处理查询流前端的一些查询时，知识库的简档较少，往往出现较多的类型-4 查询.

2. 不同大小的$\mathcal{P}$对检索元组数目的影响

直观地，简档集合$\mathcal{P}$中包含简档的多少将对新提交查询的处理产生影响. 表 4.4 显示了$\mathcal{P}$从 1 个简档至满($|\mathcal{P}|$个简档)的不同大小的八种情况(七个区间 1～10，…，1001～$|\mathcal{P}|-1$，以及$\mathcal{P}$满$|\mathcal{P}|$)，对应的查询数目“#Q's”及其每个查询检索的候选元组的平均数目“#t's”，其中“#Q's”和“#t's”与表 4.3 中的含义相同. 在表 4.4 中，$|\mathcal{P}|$表示$\mathcal{P}$所含简档的最大数目($\mathcal{P}$满时$|\mathcal{P}|$的大小)，对于所有低维(2 维、3 维、4 维)数据集，$|\mathcal{P}|=2000$，而对于高维数据集 Lsi25D、Lsi50D 和 Lsi104D，$|\mathcal{P}|$分别为 1261、1310 和 1410.

表 4.4　基于$\mathcal{P}$不同大小的查询数目及其检索元组的平均数目

数据集		Gauss3D	Array3D	Census2D	Census3D	Cover4D	Lsi25D	Lsi50D	Lsi104D
1～10	#Q's	10	10	10	11	10	10	11	12
	#t's	46923	41116	37972	22580	51773	921	4802	10726
11～50	#Q's	40	42	41	40	40	41	44	47
	#t's	9836	5826	4971	3827	9808	2731	2732	7605
51～100	#Q's	51	55	52	56	50	55	56	61
	#t's	3783	2327	1620	1862	2876	753	3572	5395

续表

数据集		Gauss3D	Array3D	Census2D	Census3D	Cover4D	Lsi25D	Lsi50D	Lsi104D
101～200	#Q's	104	107	109	108	103	126	129	135
	#t's	2408	2052	981	1000	2045	1288	2713	3899
201～500	#Q's	327	393	389	356	318	503	499	554
	#t's	1377	1121	488	608	1135	1018	1596	1868
501～1000	#Q's	603	760	811	768	579	1788	1760	1637
	#t's	889	793	301	326	776	954	949	1053
1001～(|$\mathcal{P}$|−1)	#Q's	1455	1976	2719	2509	1417	4118	5807	6444
	#t's	571	641	226	244	491	735	714	873
|$\mathcal{P}$|	#Q's	7410	6657	5869	6152	7483	3359	1694	1110
	#t's	551	602	215	244	453	662	622	850

从表 4.4 可知, $\mathcal{P}$包含简档的数目越多, 则检索元组的数目就越少, 除了如下三种例外情况: 对于数据集 Lsi25D, $\mathcal{P}$的两个区间 "1～10" 和 "51～100", 以及对于数据集 Lsi50D, $\mathcal{P}$的一个区间 "11～50". 如上所述, 处理高维数据集时, 可能会导致候选集的大小出现较大误差的情况(2.1.3 节). 查询流中的查询都是从相应的数据集随机选出的, 对于这三种例外情况, 其查询数目都很小, 分别为 10、55、44, 某些查询的结果会影响平均值的大小, 因此, 一些 "幸运的" 查询具有 "好的" 搜索区域(也就是说, 包含所有 Top-N 元组, 而不需要的元组却很少), 使得候选元组的平均数目减少.

4.5.5　知识库的空间开销

对于 NM 和 LRC 两种方法, 表 4.5 显示了其知识库的内存开销情况. 在处理一个查询流的初始之时, 空间开销较小, 随着提交查询的增多, 知识库的空间开销单调递增, 直到简档集$\mathcal{P}$满. 因为开始的 1000 个查询使得$\mathcal{P}$的大小快速增长, 所以表 4.5 中平均值和最大值之间的差异不大.

表 4.5　知识库的内存空间开销　(单位: MB)

数据集	NM		LRC	
	平均值	最大值	平均值	最大值
Gauss3D	0.068	0.078	8	9
Array3D	0.066	0.078	9	10
Census2D	0.058	0.070	6	7
Census3D	0.066	0.078	7	7
Cover4D	0.075	0.085	12	12

续表

数据集	NM		LRC	
	平均值	最大值	平均值	最大值
Lsi25D	0.234	0.280	4	5
Lsi50D	0.452	0.547	10	11
Lsi104D	0.949	1.184	21	23

如4.1节所述, 数据库查询通常服从Zipf分布, 因此可以运用更紧凑的聚类模型(3.2.2 节), 使得知识库的空间开销更小而且处理 Top-*N* 查询的速度更快. 注意, 因为查询流的10000查询是从每个数据库中随机选出的, 所以***t***-List占据了知识库的大部分空间. 例如, ***t***-List 中的元组几乎是数据集 Lsi104D 中的所有元组, 只有Lsi104D中的少数元组没有在***t***-List中, 每个元组含有104个双精度实型的属性值, 每个 SCR(每个聚类的最小包含区域)是用两个 104 维的点(两个双精度实型数组 *a*[104]和 *b*[104])定义的; 因此, 数据集 Lsi104D 有一个大的知识库(23MB). 这个事实及 4.5.3 节的分析促使进一步考虑运用 MMDB(内存数据库)机制对 Top-*N* 查询进行处理, 第 7 章所介绍的算法可以视为这种基本思想的体现.

4.5.6　查询结果不同 *N* 值的影响

为了更多地了解LRC方法, 对于低维数据集及 $N = 50, 250$ 和 1000, 或对于高维数据集及 $N = 10, 80$ 和 200, 重复 4.5.2 节～4.5.5 节用默认设置 $N = 100$ 或 $N = 20$ 的一些相同实验. 对于每一个 *N*, 查询流仍然包含 10000 个查询. 这里只报告每个实验的部分结果. 例如, 图 4.11 显示了每个查询的平均总耗用时间; 图 4.12 是查

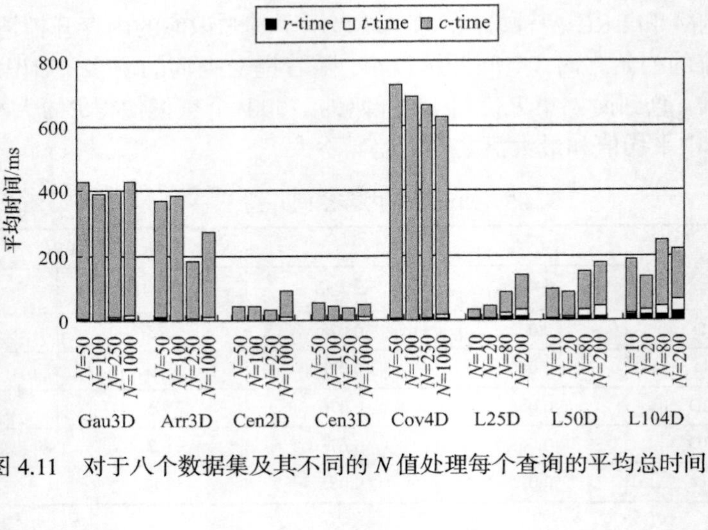

图 4.11　对于八个数据集及其不同的 *N* 值处理每个查询的平均总时间

询流访问底层数据库的 SQL Select 语句的数目；表 4.6 显示了对于不同的 N，简档集合$\mathcal{P}$含有简档的最大数目.

从图 4.11 可以看出，当 N 变化时，LRC 方法对查询结果的大小 N 是不敏感的，如上述内容所分析的，其原因是：用 LRC 方法处理一个查询所耗用的时间主要依赖于 SQL Select 语句的数目、查询的类型(4.5.4 节的四种类型)、数据集的性质及 $\boldsymbol{t}$-List 的状态. 例如，对于数据集 Array3D，当 $N = 250$ 时，如图 4.12 所示，查询流执行 Select 语句的次数在四个 N 值中最少，这是导致图 4.11 中其平均耗用时间在四个 N 值中最小的主导因素. 与此不同，对于数据集 Lsi50D，在图 4.12 中关于 $N = 200$ 的 Select 语句的数目在四个 N 值中最小，但在图 4.11 中关于 $N = 200$ 的查询平均总耗用时间是四个 N 值中最大者，其原因是：一个更大的 N 值可能导致一个更大的搜索区域含有大量的候选元组，进而导致大量的内部运算开销.

对于每个 N 及其具有 10000 个查询的查询流，图 4.12 显示了访问底层数据库的 SQL Select 语句的总数目. 一般而言，除了数据集 Array3D 和 Census2D，一个较小的 N 会导致较大数目的 Select 语句. 例外情况的原因如下：①一个较小的 N 可能会导致一个较小的搜索区域，而较小的搜索区域不容易形成区域聚类；②Select 语句的数目与数据集的性质有关.

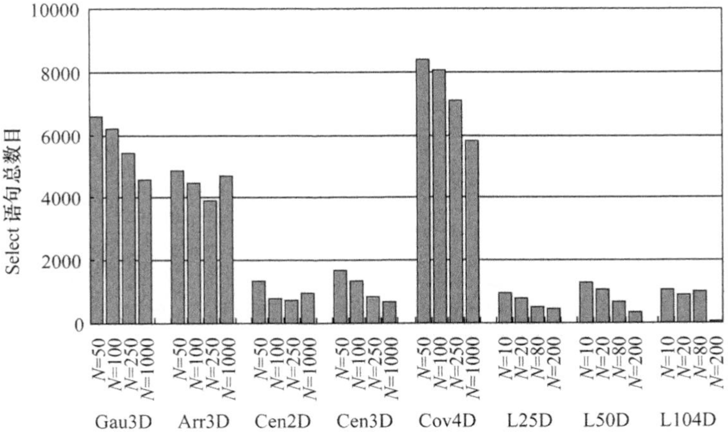

图 4.12　对于八个数据集及其不同的 N 值处理查询流执行的 SQL Select 语句的总数目

从表 4.6 可以看出，对于具有 10000 个查询的查询流，当 N 变化时，简档集$\mathcal{P}$含有简档数目的最大值可能会有所不同. 如果 N 不是很大，如对于低维数据集 $N = 50$ 和 100，或对于高维数据集 $N = 10$ 和 20，简档集$\mathcal{P}$将被装满，即最大值达到$\mathcal{P}$的设定上界. 反之，对于一些较大的 N，$\mathcal{P}$可能不会被装满. 例如，当 $N = 1000$ 时对于所有低维数据集，当 $N = 200$ 和 80 时对于所有高维数据集，以及 $N = 250$ 时对于数据集 Census2D 和 Census3D，简档集$\mathcal{P}$都不满. 原因如下：一个更大的 N 可能会导致一个更大的搜索区域，而更大的搜索区域更容易形成区域聚类，并且一个具有更大搜索区域的查询成为类型-2 查询的可能性大于其具有较小的搜索区域. 例如，对于数据集 Census2D，当 $N = 1000$ 时有 9270 个类型-2 查询，因此简档集$\mathcal{P}$的大小比其上界小得多(在实验中为 530：2000). 注意，维护$\mathcal{P}$的策略是：当$\mathcal{P}$不满时，仅将类型-3 和类型-4 查询添加到$\mathcal{P}$中(2.2.3 节).

表 4.6　对应不同的 *N* 值简档集合含有简档的最大数目

数据集	Gauss3D	Array3D	Census2D	Census3D	Cover4D	Lsi25D	Lsi50D	Lsi104D
N=50, 10	2000	2000	2000	2000	2000	1261	1310	1410
N=100, 20	2000	2000	2000	2000	2000	1261	1310	1410
N=250, 80	2000	2000	1620	1811	2000	1036	1199	917
N=1000, 200	1565	1390	530	595	1376	1063	1271	1367

4.5.7　实验小结

查询流中的所有 10000 个查询都是从各自数据集中随机选出的. 对于高维数据集，重复查询(类型-1 查询)的数目较大；重复查询数目和查询流的大小(10000)之比率大约是 1/2. 对于除了 Array3D 的低维数据集，重复查询的数目不大，与查询流的大小(10000)的比率在 1/20 和 1/10 之间，而数据集 Array3D，其比率约为 1/5. 另外，知识库的维护是“懒惰的”. 对于所有八个数据集，LRC 方法优于两种朴素方法 LB 和 Opt，其空间开销大于朴素方法 LB. 对于 LRC 方法，知识库的最大内存空间开销在 5MB 和 23MB 之间. 相对于 LB 方法，LRC 方法能节省的总时间，即 (time(LB) – time(LRC))/time(LB)，对于 Gauss3D、Array3D 和 Cover4D 分别是 36%、51%和 17%，对于其他数据集为 81%～87%. 另外，使用 LRC 方法会有许多查询的耗用时间少于几十毫秒. 从实验结果可知，LRC 方法及其所用的知识库同时适于低维(2 维、3 维和 4 维)和高维(25 维、50 维和 104 维)数据集. 此外，当 Top-*N* 查询的结果数目 *N* 变化时，LRC 方法是不敏感的.

4.6　本 章 小 结

在关系数据库系统及其应用中，不同时刻不断提交的 Top-*N* 查询形成查询流(或称为查询序列). 本章介绍了一种处理查询流的方法，即 LRC 方法. 此方法使用一个知识库存储一些过去处理完毕查询的相关信息，运用缓存机制并借助基于学习策略和区域聚类的技术. LRC 方法通过区域聚类的技术，把某些过去查询的搜索区域聚合成一些较大的区域，并且从这些较大区域中得到元组. 为了处理一个新提交的查询，首先通过基于学习的技术确定它的搜索区域，然后从知识库中找出某个/些相关区域，并且尽量从这个/些相关区域在内存缓存的元组中获取全部或大部分结果. LRC 方法通过避免和减少对底层数据库的访问来寻求最小的响应时间. 同时，LRC 方法能够避免维数灾难，因为基于学习的方法和区域聚类技术对高维数据都是有效的. 大量的实验用来测试 LRC 方法的性能，实验结果表明无论低维(2 维、3 维和 4 维)还是高维(25 维、50 维和 104 维)数据，这种方法都明显优于逐一处理的朴素方法.

参 考 文 献

Acharya S, Gibbons P B, Poosala V. 1999. Aqua: A fast decision support system using approximate query answers// Proceedings of the 25th Int. Conf. Very Large Data Bases (VLDB'99), Edinburgh: 754-757.

Adamic L A, Huberman B A. 2002. Zipf's law and the Internet. Glottometrics, 3:143-150.

Balke W, Nejdl W, Siberski W, et al. 2005. Progressive distributed top-k retrieval in peer-to-peer networks// Proceedings of the 21st Int. Conf. Data Eng. (ICDE'05), Tokyo: 174-185.

Bruno N, Chaudhuri S, Gravano L. 2002. Top-k selection queries over relational databases: Mapping strategies and performance evaluation. ACM Transactions on Database Systems, 27(2): 153-187.

Bryant R, O'Hallaron D. 2011. Computer Systems: A Programmer's Perspective. 2nd ed. Boston: Pearson Education, Prentice Hall.

Chen C, Ling Y. 2002. A sampling-based estimator for top-k selection query// Proceedings of the 18th International Conference on Data Engineering (ICDE'02), San Jose: 617-627.

Fenk R, Markl V, Bayer R. 1999. Improving multidimensional range queries of non-rectangular volumes specified by a query box set// Proceedings of Databases, Web and Cooperative Systems (DWACOS), Baden-Baden.

Garcia-Molina H, Salem K. 1992. Main memory database systems: An overview. IEEE Transactions on Knowledge and Data Engineering, 4(6): 509-516.

Goldstein J, Larson P. 2001. Optimizing queries using materialized views: A practical, scalable solution// Proceedings of ACM Int. Conf. Management of Data (SIGMOD'01), Santa Barbara: 331-342.

Meng W, Yu C, Wang W, et al. 1998. Performance analysis of three text-join algorithms. IEEE Trans. Knowl. Data Eng., 10(3): 477-492.

Silberschatz A, Korth H F, Sudarshan S. 2002. Database System Concepts. 4th ed. New York: McGraw-Hill.

Zhu L, Meng W, Liu C, et al. 2010. Processing top-N relational queries by learning. Journal of Intelligent Information Systems, 34(1): 21-55.

Zhu L, Song X, Liu C. 2015. Evaluating a stream of relational *K*NN queries by a knowledge base. International Journal of Cooperative Information Systems, 24(2): 1550003-1-1550003-44.

第 5 章 基于语义距离的 Top-N查询处理

传统数据库系统仅支持元组和查询条件之间的模式匹配, 其工作方式如布尔计算. 对于一个查询, 仅当元组精确匹配查询词时, 元组才被选择. 传统查询以这种**精确匹配方式**(exact-match paradigm)为标准, 往往不能或难以检索出用户满意的结果. 因此, 支持**近似匹配方式**(approximate-match paradigm)是重要的, 而且支持近似匹配的方式有多种(1.3.3 节), 本书主要讨论三种情况: ①基于距离匹配(Top-N 查询); ②基于语义相似度的匹配; ③基于结构的匹配(关键词搜索). 本章介绍的内容属于第二种方式, 将讨论具有语义的英文文本属性的 Top-N查询处理, 其中元组和查询皆为词的集合. 为了与其余各章相区分, 本章用 $\boldsymbol{q}$ 表示一个查询.

在现实世界中, 可以用多种方法描述相同的观念, 如文献(Bates, 1989)中所述"任何两个人使用相同的主要词汇描述同一对象的可能性是 0.07～0.18".

例 5.1 如图 5.1 所示, 数据库 IPUMS 包含两个关系 IPUM99 和 OCC50. 关系 IPUM99 来自美国人口调查局人口普查数据库(IPUMS Census Database, 1990), 可以从 UCI KDD Archive 网站下载. 关系 OCC50 源于同一网站中 ipums.la.names 的 The variable labels OCC1950 "Occupation, 1950 basis". OCC50 有两个属性(num, occ50), 其中 num(职业编码)是主键, occ50 为文本属性, 表示职业. 关系 IPUM99 有 61 个数值属性, 其中 F29 为年龄, F40 是职业编码, 也是外键(参照 OCC50. num), F50 是收入.

IPUM99

F29	F40	F50
42	2	20000
28	3	25000
55	240	20000
51	930	33000
9	999	999999
47	930	25000

OCC50

num	occ50
2	Airplane pilots and navigators
3	Architects
240	Officers, pilots, pursers and engineers, ship
930	Gardeners, except farm and groundskeepers
985	Unemployed/without occ
999	N/A (blank)

图 5.1 人口普查数据库 IPUMS 的局部

某人想从数据库 IPUMS 中查找关于 "a gardener with age between 45 and 55" (45～55 岁的园丁)的信息, 可用如下 SQL 语句:

```
select R0.F29, R0.F50, R.occ50, R.num from IPUM99 R0,
OCC50 R
    where(R0.F40 = R.num) and (R.occ50 like '% Gardener %')
    and (R0.F29 between 45 and 55)
```

可得到答案.

易知"gardener"、"nurseryman"、"transplanter"、"groundsman"、"groundkeeper"、"hedger"、"horticulturist"、"plantsman"、… ("园丁"、"园艺师"、…)是同义词或近义词. 传统查询是精确匹配, 当查询词为"nurseryman"或"horticulturist"时得不到任何答案, 因为数据库不包含这些词. 对于 Web 数据库, 用户所能做的和所要做的就是输入查询词. 用户不可能知道数据库在哪里、谁是系统管理员(SA)、数据库的模式和数据库词典等信息.

例 5.2　考虑一个图书数据库, 其模式为 Books(id#, issn, title, author, year, publisher, price). 如果一个用户想搜索书名为关于"film(电影)"的书, 则可用如下 SQL 查询语句:

```
select * from Books where title like '%film %'
```

但是得不到关于"movie(电影)"的书. 要想得到关于"movie"的书, 必须提交包含查询词"movie"的另一个查询语句.

为了解决上述问题, 使查询变得更健壮且"聪明", 进而改善其性能, 在数据库搜索时, 应该考虑词汇的语义; 不仅能够得到精确匹配的结果, 而且能得到在语义上相同或相近的答案, 同时按语义相近程度排序输出最好的 N 个答案.

在关系数据库搜索中, 关于词汇的语义匹配存在两个挑战性问题. 第一, 在自然语言中存在大量的词是同义词或近义词, 因此在语义搜索中必须确定需要考虑哪些词. 第二, 如何确定两个词的相似程度, 也就是说, 如何定义一个"好的"距离函数/相似度函数来度量词汇之间的相似性, 使其与人类的认知一致. 本章将用亲缘词并且定义语义距离解决这两个问题. 亲缘词源自电子词典数据库 WordNet (Fellbaum, 1998; Miller et al., 2005). 进而对具有语义的文本属性实现 Top-N 查询.

语义搜索已经在信息检索(information retrieval, IR)和语义 Web(semantic Web, SW)中得到了许多研究(Mäkelä, 2005); 然而, 将文本数据库(IR 和 SW)语义搜索的技术应用到关系数据库, 这是具有挑战性的. 第一, 文档是文本数据库中用户信息搜索的基本单位. 然而在关系数据库中信息的逻辑单位可能存储在多个列和多个关系中; 提交一个查询, 获得其答案可能需要连接多个关系. 第二, 在保证时间效率的前提下, 查询效果(查询的准确性)是语义搜索成功的一个主要因素. 在语义搜索中可能有许多元组回答查询, 但是这些答案的有用性对用户不是相等的; 更有用的答案应该排位更靠前. 为了有效地排列答案, 在数据库搜索中, 对于查询的候选元组需要使用语义距离函数. 第三, 关系数据库比文本数据库有更好的结构性, 而且在关系数据库中, 对于短的文本属性, 如书名、职业等, 通常仅包含几个词, 比文本数据库的文档要短很多. 这些短的文本属性很难直接使用 IR 系统中关于(tf, df, dl)的评分函数(Singhal et al., 1996; Singhal, 2001)进行处理, 其中 tf 为词条频率、df 是文档频率、dl 是文档长度. 对于关系数据库中的长文本属性, 如书的摘要和注解, 可看作文档, 因而可用文本数据库的技术进行处理. 另外, 关系数据库的结构使得为查询的语义搜索创建索引成为可能.

本章主要内容源自文献(Zhu et al., 2010). 针对一个关系数据库, 基于 WordNet 建立索引, 扩展元组词, 定义语义距离, 实现查询词和元组的扩展词之间的语义匹配; 对于一个查询, 运用该索引、简单的 SQL-Select 语句和语义距离不仅能够检索到精确匹配的结果, 而且能得到在语义上相同或相近的答案, 并且按相近程度(语义距离)排序答案, 输出 Top-*N* 结果.

5.1 亲缘词和语义距离

设 $\boldsymbol{t}$ 是关系 $\boldsymbol{R}(\cdots, A, \cdots)$中的一个元组, 其中 A 是具有自然语义的英文文本属性, $\boldsymbol{t}[A] = (\mathrm{tw}_1, \mathrm{tw}_2, \cdots, \mathrm{tw}_n)$是 $\boldsymbol{t}$ 在属性 A 的值且由 n 个词组成. 为便于讨论, 记 $\boldsymbol{t} = (\mathrm{tw}_1, \mathrm{tw}_2, \cdots, \mathrm{tw}_n)$, 并且称 $\mathrm{tw}_i(1 \leqslant i \leqslant n)$为一个元组词. $\boldsymbol{R}$ 中所有元组词构成的集合表示为 $\mathcal{T}(\boldsymbol{R}) = \bigcup_{t\in \boldsymbol{R}}\{\mathrm{tw}_i \mid \mathrm{tw}_i \in \boldsymbol{t}\}$. 此外, 设 $\boldsymbol{q} = (\mathrm{qw}_1, \mathrm{qw}_2, \cdots, \mathrm{qw}_k)$是一个查询且由 k 个查询词构成, 其中每个 $\mathrm{qw}_i(1 \leqslant i \leqslant k)$称为一个查询词. 本节将讨论元组 $\boldsymbol{t}$ 的亲缘词扩展, 定义语义距离和基于语义距离的 Top-*N* 查询, 并且与 IR 排序模式进行比较.

5.1.1 亲缘词

对于任意一个词 w, 在本章的实现中, 其扩展词是 WordNet 中与之有密切关系的一些词, 包括: ①词 w 自身; ②变体词; ③同义词; ④直接下位词; ⑤直接上位词. 这五种类型的词统称 w 的亲缘词(kinship word). 词 w 的所有亲缘词组成的集合表示为 $\mathcal{K}(w)$. 例如, 若 w ="computers", 则 "computer"、"data processor"、"internet site" 和 "machine" 分别为 w 的变体词、同义词、直接下位词和直接上位词; 因此, "computers" 的亲缘词集合是

$$\mathcal{K}(\text{computers}) = \{\text{computers, computer, data processor, machine, internet site, calculator}, \cdots\}$$

通常, 一个词的含义和其直接上/下位词是相近的. 例如, "horticulturist" 和 "plantsman" 是 "gardener" 的两个直接上位词; "transplanter" 是 "gardener" 的一个直接下位词. 这一事实启发我们在一个词 w 的亲缘词集合 $\mathcal{K}(w)$中考虑其直接

上/下位词，进而改善查询的检索结果.

设 $\boldsymbol{t}=(\mathrm{tw}_1, \mathrm{tw}_2, \cdots, \mathrm{tw}_n)$是 $\boldsymbol{R}$ 的一个元组. 对于每个元组词 $\mathrm{tw}_i \in \boldsymbol{t}$, tw_i 的亲缘词集合能从 WordNet 获得，记为 $\mathcal{K}(\mathrm{tw}_i)=\{\mathrm{kw}_{i1}, \mathrm{kw}_{i2}, \cdots, \mathrm{kw}_{ip_i}\}$，因此，得到元组 $\boldsymbol{t}$ 的亲缘词扩展，表示为

$$\mathcal{E}(\boldsymbol{t})=\begin{pmatrix} \mathrm{kw}_{11}, \mathrm{kw}_{12}, \cdots, \cdots, \cdots, \mathrm{kw}_{1p_1} \\ \mathrm{kw}_{21}, \mathrm{kw}_{22}, \cdots, \mathrm{kw}_{2p_2} \\ \cdots\cdots\cdots\cdots\cdots\cdots\cdots\cdots \\ \mathrm{kw}_{n1}, \mathrm{kw}_{n2}, \cdots, \cdots, \mathrm{kw}_{np_n} \end{pmatrix} \tag{5-1}$$

用 f 表示亲缘词 kw_{ij} 的频率，即 kw_{ij} 在 $\mathcal{E}(\boldsymbol{t})$中出现的次数. 在定义 $\boldsymbol{t}$ 和一个查询 $\boldsymbol{q}$ 之间的语义距离时，f 是有用的.

这样，得到元组 $\boldsymbol{t}$ 的亲缘词集合为 $\mathcal{K}(\boldsymbol{t})=\bigcup_{i=1}^{n} \mathcal{K}(\mathrm{tw}_i)$，及关系 $\boldsymbol{R}$ 的亲缘词集合为 $\mathcal{K}(\boldsymbol{R})=\bigcup_{t\in \boldsymbol{R}}\mathcal{K}(\boldsymbol{t})$. 一个词 w，如果 $w\in\mathcal{K}(\boldsymbol{t})$称 w 为元组 $\boldsymbol{t}$ 的亲缘词；如果 $w\in\mathcal{K}(\boldsymbol{R})$，称之为关系 $\boldsymbol{R}$ 的亲缘词. 另外，$\mathcal{E}(\boldsymbol{t})$可能包含重复的词；然而 $\mathcal{K}(\boldsymbol{t})$和 $\mathcal{K}(\boldsymbol{R})$是两个集合，不包含重复的词.

5.1.2　语义距离和 Top-N 查询

在语义搜索和结果排序中，计算语义距离是关键之一.

设 $\boldsymbol{q}=(\mathrm{qw}_1, \mathrm{qw}_2, \cdots, \mathrm{qw}_k)$是一个查询且由 k 个查询词构成, $\boldsymbol{t}=(\mathrm{tw}_1, \mathrm{tw}_2, \cdots, \mathrm{tw}_n)$是 $\boldsymbol{R}$ 的一个元组. 本节定义四种语义距离：①$d(w_1, w_2)$, w_1 和 w_2 是两个词；②$d(w, \boldsymbol{t})$, $w\in\mathcal{K}(\boldsymbol{t})$，即 w 是元组 $\boldsymbol{t}$ 的一个亲缘词；③$d(\boldsymbol{q}, \boldsymbol{t})$, $\boldsymbol{q}$ 和 $\boldsymbol{t}$ 之间的语义距离；④$d(\boldsymbol{q}, \boldsymbol{T})$, $\boldsymbol{T}$ 是 $\boldsymbol{R}$ 中一些元组的集合.

定义 5.1　任给一个词 w_1(或 WordNet 中的一个词条)，对于任意一个词 w_2，定义

$$d(w_1, w_2)=\begin{cases} d_0, & w_2=w_1 \\ d_1, & w_2\text{是}w_1\text{的变体词} \\ d_2, & w_2\text{是}w_1\text{的同义词} \\ d_3, & w_2\text{是}w_1\text{的直接下位词} \\ d_4, & w_2\text{是}w_1\text{的直接上位词} \\ d_5, & \text{其他} \end{cases}$$

其中, $0<d_0<d_1<d_2<d_3\leqslant d_4<1\leqslant d_5$.

在定义 5.1 中, d_i $(i=0, 1, \cdots, 5)$的值通常基于实际需求，由训练得到. 为了进行语义搜索, d_i 的下标 i $(i=0, 1, \cdots, 5)$将被存储在一个索引中.

定义 5.2　若 $w\in\mathcal{K}(\boldsymbol{t})$，定义

$$d(w, \boldsymbol{t}) = \alpha(n) \min\{d(w, \mathrm{tw}_i) \mid w \in \mathcal{K}(\mathrm{tw}_i)\}$$

其中，n 是 $\boldsymbol{t} = (\mathrm{tw}_1, \mathrm{tw}_2, \cdots, \mathrm{tw}_n)$中元组词的个数; $d(w, \mathrm{tw}_i)$如定义 5.1; $\alpha(n)$是一个严格单调递增函数，满足 $1 \leqslant \alpha(n) < 2$, $n < L$, L 是一个充分大的常数.

权重函数$\alpha(n)$被用来调整 $d(w, \boldsymbol{t})$. 例如，在例 5.1 中，设元组 $\boldsymbol{t}_1$ = (No.2, "Airplane pilots and navigators")和 $\boldsymbol{t}_2$ = (No.240, "Officers, pilots, pursers and engineers, ship") 属于数据库 IPUMS; 若 w = "pilot"，则有 $w \in \mathcal{K}(\boldsymbol{t}_1)$和 $w \in \mathcal{K}(\boldsymbol{t}_2)$，这是因为"pilot"∈ $\mathcal{K}$(pilots). 直观地，$d(w, \boldsymbol{t}_1)$应该小于 $d(w, \boldsymbol{t}_2)$，即 $d(w, \boldsymbol{t}_1) < d(w, \boldsymbol{t}_2)$，其原因是 $\boldsymbol{t}_1$ 和 $\boldsymbol{t}_2$ 的元组词个数分别是 4 和 6. 使用$\alpha(n)$能够得到 $d(w, \boldsymbol{t}_1) = \alpha(4)d_1 < \alpha(6)d_1 = d(w, \boldsymbol{t}_2)$. 随着 n 的增大，函数$\alpha(n)$将会使 $d(w, \boldsymbol{t})$变大，而且当 $n < L$ 时，$d(w, \boldsymbol{t})$仍然为0～1，在本章实验中，取$\alpha(n)$为

$$\alpha(n) = \lg(10 + \lg(n)), \qquad n < 10^{90}$$

即 $L=10^{90}$，在实际中不会有一个元组包含多达 10^{90} 个词.

作为一个实例，在本章的实验中，定义 5.1 中的值取 $d_0 = 0.001041$, $d_1 = 0.001042$, $d_2 = 0.0319$, $d_3 = 0.1$, $d_4 = 0.1$, $d_5 = 1.0$. 这些值能得到很好的检索结果，获得并且使用这些值的理由如下.

首先定义 $d_3 = d_4 = 0.1$. 根据文献(Chen, 2002)的次序融合理论，以及在实际中查询词的平均数不超过 6.7 的事实(Liu et al., 2006)，对于元组 $\boldsymbol{t} = (\mathrm{tw}_1, \mathrm{tw}_2, \cdots, \mathrm{tw}_n)$，依照下列假定获得 d_0、d_1 和 d_2 的值.

(1) $\mathcal{K}(\boldsymbol{t})$中三个或三个以上的直接上/下位词胜过一个元组词 $\mathrm{tw}_i \in \boldsymbol{t}$，并且每个元组词 $\mathrm{tw}_i \in \boldsymbol{t}$ 胜过 $\mathcal{K}(\boldsymbol{t})$中两个或两个以下的直接上/下位词，即

$$(\alpha(3))^3 (d_3)^3 < \alpha(3)d_0, \qquad \alpha(2)d_0 < (\alpha(2))^2 (d_3)^2$$

所以

$$(\lg(10 + \lg(3)))^3 (0.1)^3 < (\lg(10 + \lg(3)))d_0$$

$$(\lg(10 + \lg(2)))\, d_0 < (\lg(10 + \lg(2)))^2 (0.1)^2$$

(2) $\mathcal{K}(\boldsymbol{t})$中两个或两个以上的同义词优先于一个元组词 $\mathrm{tw}_i \in \boldsymbol{t}$，但是两个同义词位列于 $\mathcal{K}(\boldsymbol{t})$中三个或三个以上的直接上/下位词之后，即

$$(\alpha(2))^2 (d_2)^2 < \alpha(2)d_0, \qquad (\alpha(3))^3 (d_3)^3 < (\alpha(3))^2 (d_2)^2$$

得到

$$(\lg(10 + \lg 2))^2 (d_2)^2 < (\lg(10 + \lg 2))d_0$$

$$(\lg(10 + \lg 3))^3 (0.1)^3 < (\lg(10 + \lg 3))^2 (d_2)^2$$

这样，从上述假定(1)和(2)中的不等式得到 $d_0 = 0.001041$ 和 $d_2 = 0.0319$，进而得到 $d_1 = 0.001042$.

定义 5.3　设 $\boldsymbol{q} = (\mathrm{qw}_1, \mathrm{qw}_2, \cdots, \mathrm{qw}_k)$是一个查询，$\boldsymbol{q}$ 和 $\boldsymbol{t}$ 之间的语义距离定义为

$$d(\boldsymbol{q}, \boldsymbol{t}) = \prod_{\mathrm{qw}_i \in \mathcal{K}(\boldsymbol{t})} (\varphi(f) d(\mathrm{qw}_i, \boldsymbol{t}))$$

其中，乘积是通过 $\boldsymbol{t}$ 的所有亲缘词 qw_i 而得到的；$d(\mathrm{qw}_i, \boldsymbol{t})$如定义 5.2 中 $d(w, \boldsymbol{t})$的 w；f是 qw_i 的频率；$\varphi(f)$是一个严格单调递减函数，满足 $1 \leqslant \varphi(f) < 2$.

通常，$\boldsymbol{q}$ 和 $\boldsymbol{t}$ 皆是由词条组成的集合，语义距离 $d(\boldsymbol{q}, \boldsymbol{t})$用于测量这两个集合之间的语义相似度，也就是说，在两个集合中相互匹配的词越多，两个集合越相似. 如同定义 5.2 中的$\alpha(n)$，$\varphi(f)$用来调整 $d(\boldsymbol{q}, \boldsymbol{t})$，并且在本章的实验中取$\varphi(f) = 1/\lambda(f)$其中$\lambda(f) = 1+ \lg(1+ \lg(f))$源于文献(Singhal, 2001)，频率 f 是 qw_i 在式(5-1)$\mathcal{E}(\boldsymbol{t})$中出现的次数.

定义 5.4　设 $\boldsymbol{T} = \{\boldsymbol{t}_1, \boldsymbol{t}_2, \cdots, \boldsymbol{t}_p\}$是一个含有 p 个元组的集合，$\boldsymbol{q}$ 是一个查询. $\boldsymbol{q}$ 和 $\boldsymbol{T}$ 之间的语义距离定义为

$$d(\boldsymbol{q}, \boldsymbol{T}) = \min\{d(\boldsymbol{q}, \boldsymbol{t}_i) \mid i=1, 2, \cdots, p\}$$

其中，$d(\boldsymbol{q}, \boldsymbol{t}_i)$如定义 5.3. 定义 $\boldsymbol{q}$ 和 $\boldsymbol{T}$ 之间的第 N 距离为

$$\text{dis-}N(\boldsymbol{q}, \boldsymbol{T}) = \min_N\{d(\boldsymbol{q}, \boldsymbol{t}_i) \mid i=1, 2, \cdots, p\}$$

其中，$\min_N\{d(\boldsymbol{q}, \boldsymbol{t}_i) \mid i=1, \cdots, p\}$是距离集合$\{d(\boldsymbol{q}, \boldsymbol{t}_i) \mid i=1, 2, \cdots, p\}$中第 N 个最小的距离. 显然 $d(\boldsymbol{q}, \boldsymbol{T}) = \text{dis-}1(\boldsymbol{q}, \boldsymbol{T})$. 若一个元组 $\boldsymbol{t} \in \boldsymbol{T}$ 并且

$$d(\boldsymbol{q}, \boldsymbol{t}) \leqslant \text{dis-}N(\boldsymbol{q}, \boldsymbol{T})$$

则称 $\boldsymbol{t}$ 为 $\boldsymbol{q}$ 的 dis-N 结果元组，或简称 $\boldsymbol{q}$ 的 dis-N 元组. 称 $\boldsymbol{q}$ 为一个 dis-N 查询，若其检索 dis-N 元组的有序集合.

定义 dis-N 距离的目的是得到 Top-N 结果，$\boldsymbol{T}$ 将是候选元组的集合. 从第 2～4 章可知，为了得到 Top-N 查询的结果，关键是得到候选集合.

通常，对于一个 Top-N 查询，其结果集合中元组的数目(也就是 N)是确定的. 对于排序为第 N 和第 N+1 的元组 $\boldsymbol{t}_N$ 和 $\boldsymbol{t}_{N+1}$，若二者与查询 $\boldsymbol{q}$ 等距，即 $d(\boldsymbol{q}, \boldsymbol{t}_N) = d(\boldsymbol{q}, \boldsymbol{t}_{N+1})$，则有两种方法处理这样的结果集合(Chen et al., 2003). 一是严格地返回 N 个元组，这种方法可能引起非确定性结果；第 2～4 章皆用此方法处理数值 Top-N 查询. 另一种方法是返回与查询 $\boldsymbol{q}$ 的距离等于 $d(\boldsymbol{q}, \boldsymbol{t}_N)$的所有元组. 显然，后者返回的结果是唯一的，但可能返回多于 N 个元组，本章用此方法处理基于语义距离的 Top-N 查询.

对于数值型数据，要确保返回 Top-N 元组，其原因是数值“远距离”的数据点通常会有意义. 如买二手车，当查询是(价格，里程) = (5000, 6000)，而返回数据点为(6000, 5000)可能正是用户所需的答案. 但是语义“远距离”的答案通常会失去意义，这也正是我们把语义搜索限定为亲缘词的原因. 因此，基于语义距离的 Top-N 查询，我们不要求确保返回 Top-N 元组，可以返回少于 N 个元组，甚至空集.

综上所述，基于语义距离的 Top-N 查询返回的结果可能大于、等于或小于 N.

本章获得 Top-N 查询的结果主要是借助 dis-N 查询，示例如下.

对于查询 $\boldsymbol{q}$，设 $\boldsymbol{T}=\{\boldsymbol{t}_1, \boldsymbol{t}_2, \boldsymbol{t}_3, \boldsymbol{t}_4, \boldsymbol{t}_5, \boldsymbol{t}_6\}$为检索的候选集合，按定义 5.3 的语义距离排序后，如图 5.2 所示，状似一个中心在查询 $\boldsymbol{q}$ 的洋葱，Top-N结果就是输出从内到外每层的所用元组直到大于或等于 N 个. 通常，对一个 dis-N查询，其结果集合大小是不确定的. 如图 5.2 所示，dis-N 查询返回从内到外所有 N 层的元组，每层可能有多个元组且数目是非确定的.

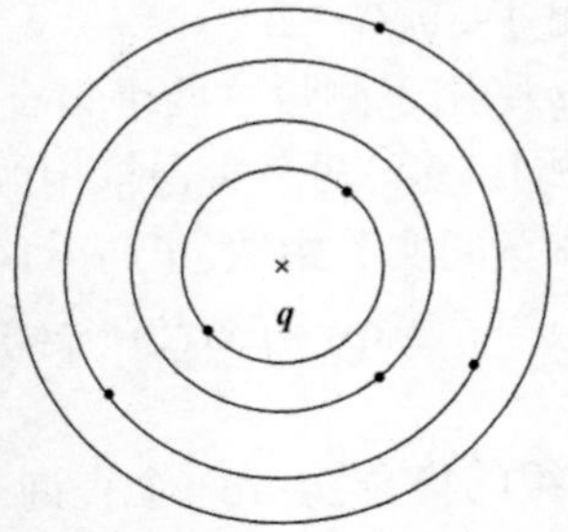

图 5.2 dis-N 元组和 Top-N 元组的示例

例如，在图 5.2 中，如果 $d(\boldsymbol{q}, \boldsymbol{t}_1)=d(\boldsymbol{q}, \boldsymbol{t}_3)=0.0025$, $d(\boldsymbol{q}, \boldsymbol{t}_2)=0.0035$, $d(\boldsymbol{q}, \boldsymbol{t}_4)=d(\boldsymbol{q}, \boldsymbol{t}_6)=0.005$，和 $d(\boldsymbol{q}, \boldsymbol{t}_5)=0.0065$，那么对于 $\boldsymbol{q}$, dis-1 元组的集合是$\{\boldsymbol{t}_1, \boldsymbol{t}_3\}$, dis-2 元组的集合是$\{\boldsymbol{t}_1, \boldsymbol{t}_3, \boldsymbol{t}_2\}$, dis-3 元组的集合是$\{\boldsymbol{t}_1, \boldsymbol{t}_3, \boldsymbol{t}_2, \boldsymbol{t}_4, \boldsymbol{t}_6\}$. 然而，若要返回 Top-3 元组，则只需返回从内到外第 1 层和第 2 层的元组，即$\{\boldsymbol{t}_1, \boldsymbol{t}_3, \boldsymbol{t}_2\}$，其等价于 dis-2 元组的集合. 同理, Top-4 元组的集合等价于 dis-3 元组的集合$\{\boldsymbol{t}_1, \boldsymbol{t}_3, \boldsymbol{t}_2, \boldsymbol{t}_4, \boldsymbol{t}_6\}$，返回 5 个元组.

显然，如果结果集合有 N 层，那么 Top-N 元组个数不超过 dis-N 元组的个数. 因此，为了得到Top-N元组，只需用dis-N' 查询得到dis-N' 元组使得元组个数不少于N即可，其中$N' \leqslant N$，并返回最外侧的第N' 层的所有元组. 例如，两本书的书名不同，但书名中词的个数相等；对于一个查询，如果二者皆包含与查询词相同个数的同义词，只是这些同义词互异，那么二者与查询之间的语义距离相等. 因此，二者位于图 5.2 的同一层，则它们要么都被返回，要么都被丢弃. 一个基于上述语义距离的 Top-N 查询的答案包含的元组数目可能为四种情况之一: $<N$、$=N$、$>N$ 或 0. 根据本章的实验可知，就语义而言, dis-1、dis-2 或 dis-3 元组通常是好的答案.

5.1.3 排序方式比较

对于一个元组 $\boldsymbol{t}$，直观地，根据式(5-1)，其扩展 $\mathcal{E}(\boldsymbol{t})$被视为一个小的文档；然而一些排序方法，如信息检索中的关于 df(文档频率)的权重函数，对本章所讨论的关系数据库系统是不适合的.

通常，对一个查询，IR 系统为文档分配数值分数作为查询和文档之间相似性的度量，且据此分数排列文档. 例如，如果 $\boldsymbol{D}$ 是一个文档, $\boldsymbol{q}$ 是一个查询, w 是一个词条，下列内积函数能表示文档 $\boldsymbol{D}$ 和查询 $\boldsymbol{q}$ 之间的一种相似度(Singhal et al., 1996; Singhal, 2001)

$$\mathrm{Sim}(\boldsymbol{q}, \boldsymbol{D})=\sum_{w \in \boldsymbol{q}, \boldsymbol{D}} \mathrm{Weight}(w, \boldsymbol{q}) \cdot \mathrm{Weight}(w, \boldsymbol{D})$$

此式为旋转范化权重方法(pivoted normalization weighting method)，广泛地应用于

IR, 并且

$$\text{Weight}(w,\boldsymbol{q}) = \text{qtf}$$

$$\text{Weight}(w,\boldsymbol{D}) = \frac{1+\ln(1+\ln(\text{tf}))}{(1-s)+s\cdot\dfrac{\text{dl}}{\text{avdl}}}\cdot\ln\left(\frac{M+1}{\text{df}}\right)$$

其中的因数如下(Singhal et al., 1996; Singhal, 2001):

tf是文档中的词条频率, 也就是一个词条在文档中出现的次数. 直观地, 一个词条在文档中出现的次数越多, 其权重应该越高.

qtf 是查询中的词条频率.

M 是系统所收集文档的总数.

df 为文档频率, 是包含某词条的所有文档的数目, 也就是某词条出现的文档构成的集合的大小, 直观地, 一个词条在越多的文档中出现, 越难鉴别这一词条, 文档内容不易表征, 应该赋予一个较小的权重, Weight(w, $\boldsymbol{D}$)中的函数 ln((M+1)/df) 意味着用逆文档频率(inverse document frequency, idf)权重方法来范化 df.

dl 是文档长度, 是指所用字节或文档所包含词条的数目.

avdl 是平均文档长度.

s 是一个常数(通常设为 0.20).

逆文档频率权重方法通常不适合关系数据库系统的语义搜索. 出现在许多 $\mathcal{E}(\boldsymbol{t})$ 中的一个亲缘词可能是一个重要的词并且要加倍重视. 例如, 在一个图书数据库系统中, 一个关键词通常在相同学科的许多书名中出现, 而且被用来寻找图书; 在此情况下, 关键词的亲缘词具有高文档频率. 本章所用的排序方法(也就是在 5.1.2 节中定义的语义距离函数)独立于因数 df 和 M(此处的 M 为关系 $\boldsymbol{R}$ 的大小|$\boldsymbol{R}$|).

5.2　查询的语义搜索

本节将讨论查询的语义搜索包括索引创造过程、索引维护和查询处理.

考虑关系数据库中的一个关系 $\boldsymbol{R}_0$ 具有模式 $\boldsymbol{R}_0(\cdots, A, \cdots)$, 其中 A 是一个具有语义的文本属性. 使用投影操作 $\pi_A(\boldsymbol{R}_0)$(重复元组被除去), 得到一个新的关系 $\boldsymbol{R}$(tid, A), 其中 tid 是 $\boldsymbol{R}$ 中元组的标识且作为 $\boldsymbol{R}$ 的主键.

在关系数据库中, 信息通常存储在多个关系中. 对于一个查询, 获得其结果(元组树, 本章有时不区别元组和元组树)可能需要随时连接多个关系. 为了便于讨论, 给 $\boldsymbol{R}_0$ 增加一个属性 FKid 作为外键参照 $\boldsymbol{R}$.tid, 这样 $\boldsymbol{R}_0$ 的模式变成 $\boldsymbol{R}_0(\cdots, A, \cdots,$ FKid).

为了得到 Top-N 查询的候选集合, 需要实现查询的语义搜索. 处理步骤为:

第一，用 WordNet、关系 ***R*** 和在 5.1.2 节定义的语义距离创建一个索引，该索引将用亲缘词扩展 ***R*** 中每个元组词且存储相关的信息；第二，对于一个查询，用索引匹配查询词和元组的亲缘词，得到 ***R*** 中候选元组的标识；第三，用关于 $\boldsymbol{R}_0$.FKid = ***R***.tid 的自然连接 $\boldsymbol{R}_0 \bowtie \boldsymbol{R}$ 从数据库中检索查询的候选结果；第四，用语义距离排列并且输出 Top-*N* 结果.

5.2.1　索引创建过程

直观地，创建一个知识库存储元组词的扩展词和一些相关的信息(如第 4 章关于知识库的基本思想). 本章使用一个索引作为知识库来实现语义搜索. 图 5.3 显示了基于 WordNet 的索引创建过程，称此索引为 w-索引. 其创建过程包括如下五个步骤.

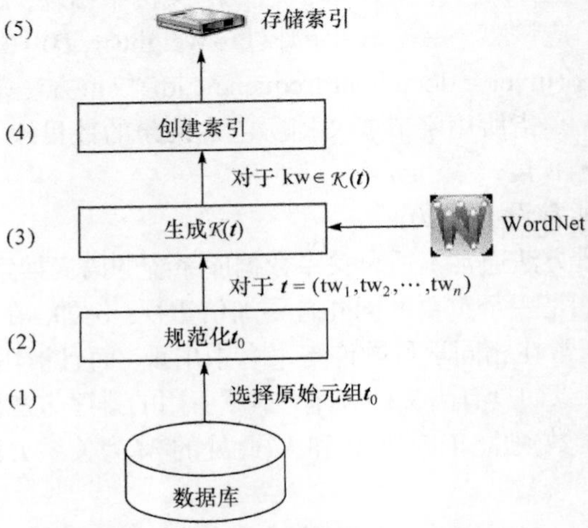

图 5.3　创建 w-索引的过程

(1) 从关系 ***R*** 选择所有的原始元组. 对于每个原始元组 $\boldsymbol{t}_0$，可能包含各种符号和字符串不能被 WordNet 识别，因此 $\boldsymbol{t}_0$ 需要规范化.

(2) 规范化 $\boldsymbol{t}_0$. 第一，对于每个原始元组 $\boldsymbol{t}_0$，删除一些符号、字符串、停止词；或用一些规范的字符串替换之，这样 $\boldsymbol{t}_0$ 变成规范元组 $\boldsymbol{t}$ = (tw$_1$, tw$_2$, …, tw$_n$). 另外，如何处理停止词(如 “and”、“of ”、“the” ……)要根据实际需求和 ***R*** 的大小而定. 本章实验中有两种选择，对于数据库 BOOK 删除一些停止词，但是对于 IPUMS 不删除. 这样，得到 ***R*** 的所有规范元组. 第二，提取 ***R*** 中所有元组词的集合和每个元组词对应的一或多个元组标识. 获得元组词的集合，$\mathcal{T}(\boldsymbol{R}) = \bigcup_{t\in \boldsymbol{R}}\{\mathrm{tw}_i \mid \mathrm{tw}_i \in \boldsymbol{t}\}$. 一个元组词通常在多个元组中，也就是说，一个元组词对应多个元组标识 tid，如图 5.4(a)所示. 例如，在数据库 IPUMS 中，若 $\boldsymbol{t}_1$ = (No.2, "Airplane pilots and navigators"), $\boldsymbol{t}_2$ =

(No.240, "Officers, pilots, pursers and engineers, ship")，则元组词 tw = "pilots"对应两个元组标识{2, 240}. 第三，将元组词集合 $\mathcal{T}(\boldsymbol{R})$及一些相关信息存入一个关系，其模式为 TupleWordTable(id#, Word, Size, DBvalue). 属性 Word 表示元组词 tw；属性 Size 的含义是多少个元组包含这个元组词 tw，如图 5.4(a)所示，对于元组词 tw 有 Size = k. 例如，在数据库 IPUMS 中，对于 tw = "pilots", Size = 2. DBvalue 是一个文本属性，对于一个元组词, DBvalue 为一个字符串，其结构为“tid, d, n, f; tid, d, n, f; …;”，其中 tid 是包含这个元组词的某一元组的标识, d 为定义 5.1 中 d_i 的下标 i, n 表示 tid 元组所包含元组词的数目，而 f 是元组词的频率. 例如，数据库 IPUMS 中，若 tw = "pilots"，则 DBvalue = "2,0,4,1;240,0,6,1"，也就是说, tw = "pilots"对应两个 tid 为{2, 240}，“$d = 0$”的含义为 d(pilots, pilots) = d_0(按定义 5.1)，标识为 tid = 2 的元组有 4 个元组词，标识为 tid = 240 的元组有 6 个元组词，对于二者都有 $f = 1$，即 pilots 在二者中都是只出现一次. 此步骤的目标是删除重复的元组词，因而减少了访问 WordNet 数据库的次数. 注，此处的关系 TupleWordTable 也可以运用于关键词查询(Zhu et al., 2009).

(3) 对于 $\boldsymbol{t}$ 的每个元组词 tw$_i$，用 WordNet 的 API 函数从 WordNet 数据库中检索其亲缘词集合 $\mathcal{K}$(tw$_i$). 在本章实验中，使用六种搜索选项：①"-synsn"；②"-synsv"；③"-synsa"；④"-synsr"；⑤"-hypon"；⑥"-hypov". 选项①～④将分别获得名词、动词、形容词和副词的同义词和直接上位词. 选项⑤和⑥将分别得到名词和动词的直接下位词. 例如，对于元组词 tw = "pilots"，得到其亲缘词集合 $\mathcal{K}$(pilots)为

$\mathcal{K}$(pilots) = {pilots, pilot, airplane pilot, aviator, aeronaut, airman, flier, flyer, barnstormer, stunt flier, stunt pilot, captain, senior pilot, …, astrogate}

一个元组词 tw 通常能被扩展为多个亲缘词，而且 tw 对应多个元组标识，如图 5.4(b)所示. 此步骤生成元组 $\boldsymbol{t}$ 的亲缘词集合 $\mathcal{K}(\boldsymbol{t}) = \bigcup_{\mathrm{tw}_i\in \boldsymbol{t}}\mathcal{K}(\mathrm{tw}_i)$，以及 $\boldsymbol{R}$ 的亲缘词集合 $\mathcal{K}(\boldsymbol{R}) = \bigcup_{\boldsymbol{t}\in \boldsymbol{R}}\mathcal{K}(\boldsymbol{t}) = \bigcup_{\boldsymbol{t}\in \boldsymbol{R}}\bigcup_{\mathrm{tw}_i\in \boldsymbol{t}}\mathcal{K}(\mathrm{tw}_i)$.

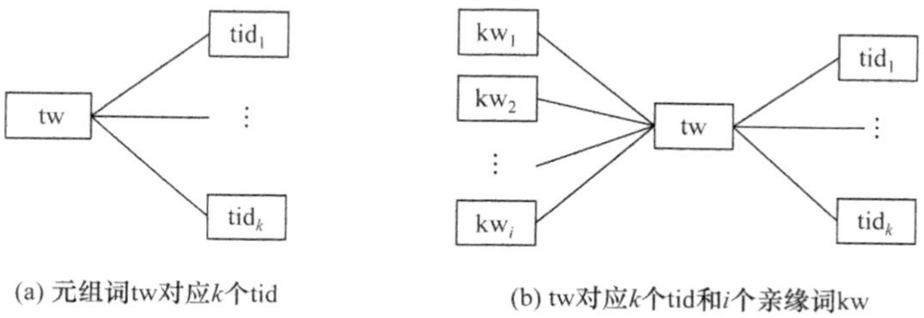

图 5.4　一个元组词对应多个元组 tid 和多个亲缘词 kw

图 5.5(a)显示了 $\boldsymbol{R}$ 的亲缘词集合 $\mathcal{K}(\boldsymbol{R})$、元组词集合 $\mathcal{T}(\boldsymbol{R})$和元组标识集合{tid; tid∈$\boldsymbol{R}$}三者之间的对应关系为“多对多对多”(many to many to many). 对于每个亲缘词 kw，如果重复的元组标识 tid 重复计数，则亲缘词 kw 对应的元组标识数目

$\eta(\mathrm{kw}) = \sum_{k=1}^{F}(\psi_k)$，其中 F 是 kw 的扇出，ψ_k 是亲缘词 kw 对应元组词 $\mathrm{tw}^{(k)}$ 的扇出，其中 $k\in\{1, 2, \cdots, F\}$. 亲缘词 kw 及其 $\eta(\mathrm{kw})$ 将被存储到一个关系中，在创建 w-索引时 $\eta(\mathrm{kw})$ 被用来分配空间.

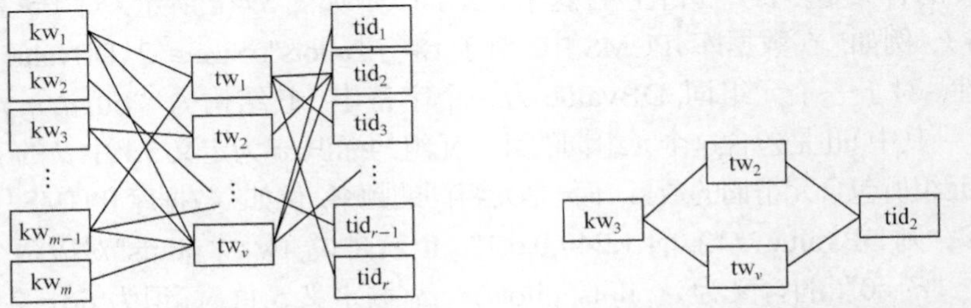

(a) 集合 $\mathcal{K}(\boldsymbol{R})$、$\mathcal{T}(\boldsymbol{R})$ 和 {tid; tid∈$\boldsymbol{R}$} 三者之间的对应关系　(b) 一个亲缘词对应两个元组词对应一个tid

图 5.5　亲缘词、元组词和 tid

例如，在图 5.5(a)中，亲缘词 kw_1 的扇出 $F = 3$，对应的三个元组词$\{\mathrm{tw}^{(1)}, \mathrm{tw}^{(2)}, \mathrm{tw}^{(3)}\}$分别为图 5.5(a)中的$\{\mathrm{tw}_1, \mathrm{tw}_2, \mathrm{tw}_v\}$，而这三个元组词的扇出又分别为 3, 1, 3, 因此亲缘词 kw_1 对应的元组标识数目 $\eta(\mathrm{kw}_1) = \psi_1 + \psi_2 + \psi_3 = 3+1+3 = 7$，其中 tid_2 被重复计数三次；事实上，kw_1 只对应了五个标识$\{\mathrm{tid}_2, \mathrm{tid}_3, \mathrm{tid}_r, \mathrm{tid}_1, \bullet\}$，其中 "•" 为某个元组标识. 实际上，$\eta(\mathrm{kw}_1)$ 是多重集合或包$\{\mathrm{tid}_2, \mathrm{tid}_3, \mathrm{tid}_r, \mathrm{tid}_2, \mathrm{tid}_1, \mathrm{tid}_2, \bullet\}$的大小，即 $\eta(\mathrm{kw}_1) = |\{\mathrm{tid}_2, \mathrm{tid}_3, \mathrm{tid}_r, \mathrm{tid}_2, \mathrm{tid}_1, \mathrm{tid}_2, \bullet\}| = 7$，其中术语"多重集合(multiset)或包(bag)"参见 1.1.1 节.

图 5.5(b)显示了一个亲缘词、多个元组词和一个元组标识三者之间的关系为"一对多对一"(one to many to one)，用这种关系为亲缘词的频率 f 计数.

(4) 创建 w-索引. 在此步骤，基于亲缘词，运用一个 Hash 表和多个链表创建 w-索引(5.2.2 节). 本章将采用两种存储策略. 对于小的数据库(通常会导致小的 w-索引)，整个索引将存储在内存中. 对于大的数据库，只将 w-索引的主要部分存储在内存中. w-索引所含信息将存储在一个关系(称为**索引关系**或**索引表**)中，其模式为 IndexTable(id#, Word, Size, dbNSize, DBvalue)，将由 RDBMS 维护. 以数据库 BOOK 为例，由 Microsoft SQL Server 的"SQL 查询分析器"得到关系 IndexTable 的部分内容如图 5.6 所示.

	id#	Word	Size	dbNSize	DBvalue
271	270	kronecker	1	1	1112, 0, 5, 1;
272	271	toughened	3	3	1113, 0, 2, 1; 21625, 2, 2, 1; 46034, 4, 6, 1;
273	272	plastics	101	97	48950, 0, 4, 1; 48764, 0, 11, 2; 47955, 0, 3, 1; ...

网格　消息

图 5.6　数据库 BOOK 的索引关系 IndexTable 的部分内容

在图 5.6 中，文本属性 DBvalue 具有上述步骤(2)的关系 TupleWordTable 中同名属性一样的结构. 属性 DBvalue 的值是一个字符串，形如“tid, d, n, f; tid, d, n, f; ⋯;”其中每个“tid, d, n, f;”是一个节点, $d = 0, 1, \cdots, 5$, “$d = i$”为定义 5.1 中 d_i 的下标 i, f 是元组 tid 的亲缘词扩展中的频率(5.1.1 节中 $\mathcal{E}(\boldsymbol{t})$). Size 的值是上述步骤(3)中的 η(kw)，也就是 kw 对应的元组标识 tid 的数目(重复的标识，按重复计数)，dbNSize 是 DBvalue 中节点的数目，即 DBvalue 中分号的个数. 以图 5.5(b)为例，tw_2 和 tw_v 是元组 tid_2 的两个元组词，而且 kw_3 是二者的一个共同亲缘词，因而对于 kw_3，“tid_2, i, n, 2”($f = 2$)是 DBvalue 属性值中的一个节点，其中 $d = i$ 使得 $d_i = \min\{d(kw_3, tw_2), d(kw_3, tw_v)\}$(定义 5.2). DBvalue 的节点按 d 从小到大排序.

另外，如果 $\boldsymbol{R}$ 中的元组不多，$\mathcal{K}'(\boldsymbol{t}) = \boldsymbol{t}_0 \cup \mathcal{K}(\boldsymbol{t})$ 可被用来创建 w-索引使得查询搜索更有效，但是需要较多的存储空间. 在本章的实验中，$\mathcal{K}'(\boldsymbol{t})$ 用于数据库 IPUMS，但不用于数据库 BOOK.

(5) 当 w-索引被建立之后，将其存储在索引关系 IndexTable(id#, Word, Size, dbNSize, DBvalue)中. 若数据库(或关系 $\boldsymbol{R}$)被更新(如插入或删除一个元组)，则 w-索引可能需要改变. w-索引的维护将会在 5.2.3 节讨论.

5.2.2　w-索引的结构和创建

为了实现关系数据库的语义搜索，w-索引是重要的工具. 本节描述 w-索引的结构和创建步骤.

1. w-索引的结构

如图 5.7 所示，w-索引有三个部分：一个散列表(hash table)、一个(纵)双向链表(wn-list)和 m 个(横)双向链表(db-list)，其中 m 是 wn-list 的节点个数.

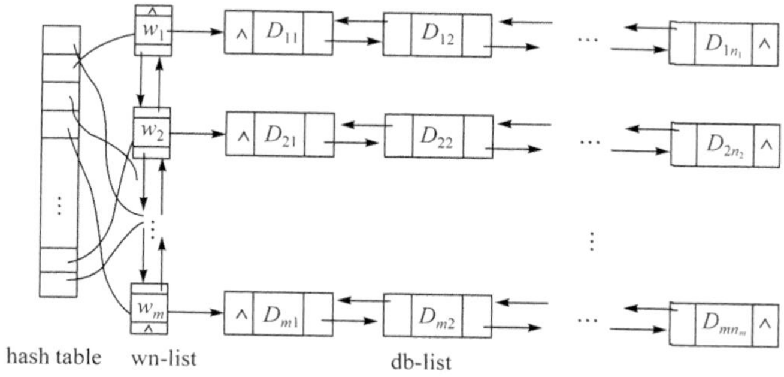

图 5.7　w-索引的结构

(1) **hash table**. hash 函数 $h()$：字符串 → 桶; hash table 的每个桶包含一个指针 pWnPointer 指向 wn-list 的一个节点.

(2) **wn-list**. 用来存储 $\mathcal{K}(\boldsymbol{R})$和相关信息, 其节点表示为 wnNode (图 5.7 中的 w_i) 具有结构{iRow, kw, size, dbNSize, pDBList}. iRow 是 5.2.1 节步骤(4)所描述的索引关系 IndexTable 中一行的标识号(id#); kw∈$\mathcal{K}(\boldsymbol{R})$是 $\boldsymbol{R}$ 的一个亲缘词, 对应一些元组, 这些元组标识 tid 存储在一个 db-list 中并且由指针 pDBList 指向; size 是 5.2.1 节步骤(3)中的η(kw); dbNSize 是 db-list 的大小, 也就是 pDBList 指向的 db-list 的节点个数. wn-list 按 $\mathcal{K}(\boldsymbol{R})$所有亲缘词的字母表顺序排列.

(3) **db-list**. 其节点表示为 dbNode (也就是图 5.7 中的 D_{ij}), 具有结构{tid, d, n, f}(如 5.2.1 节步骤(4)所描述). db-list 按 d 排序, $d\in\{0, 1, \cdots, 5\}$ (或为−1, 对应于 $\mathcal{K}'(\boldsymbol{t})$的一种特别情形); 在下面的讨论中, 有时 d 也被称为(语义)距离. 对于每个 db-list, 其中 tid 是唯一的. 如果一个具有距离 d_{new} 的新节点要插入到 db-list 中, 此新节点和 db-list 中存在的某个节点有相同的 tid, 那么将频率 f 加 1 并且 $d := \min(d, d_{\text{new}})$.

2. w-索引的创建

对于每个元组 $\boldsymbol{t}$ = (tw$_1$, ···, tw$_n$), 得到其亲缘词集合 $\mathcal{K}(\boldsymbol{t})$或 $\mathcal{K}'(\boldsymbol{t}) = \boldsymbol{t} \cup \mathcal{K}(\boldsymbol{t})$. $\mathcal{K}(\boldsymbol{t})$和 $\mathcal{K}'(\boldsymbol{t})$之间的不同是对 $\mathcal{K}'(\boldsymbol{t})$有额外的步骤 1, 而对于 $\mathcal{K}(\boldsymbol{t})$直接到步骤 2.

步骤 1　对于特殊字符串 $\boldsymbol{t}$ = (tw$_1$, ···, tw$_n$), 计算其 hash 值 h=$h(\boldsymbol{t})$; 检查 hash table 桶中的指针 pWnPointer 和 wn-list.

(1) If pWnPointer 为 NULL, 或(tw$_1$, ···, tw$_n$)不在 wn-list 中:

① 创建一个新的 db-list 和一个节点 dbNode, 其中 tid: = $\boldsymbol{t}$.tid, d := −1 (意思为特别情形), n := 1 和 f:=1. 将 dbNode 插入 db-list;

② 为 wn-list 创建一个节点 wnNode, 其中 kw: = (tw$_1$, ···, tw$_n$), dbNSize: =1, 按 kw 的字母顺序将 wnNode 插入 wn-list;

③ 获得指针 pDBList 和 pWnPointer.

(2) Else if 在 wn-list 中找到字符串 $\boldsymbol{t}$ = (tw$_1$, ···, tw$_n$), 则在包含 $\boldsymbol{t}$ 的节点 wnNode 中将 dbNSize 加 1, 如上述创建一个 dbNode, 并且作为 db-list 的第一个节点.

步骤 2　对于每个元组词 tw$_i$∈$\boldsymbol{t}$, 及其每个亲缘词 kw∈$\mathcal{K}$(tw$_i$), 得到 hash 值 h=h(kw), 检查 hash table 桶中的指针 pWnPointer 和 wn-list.

(1) If pWnPointer 为 NULL 或 wn-list 中不存在 kw, 如上述步骤 1(1)做同样的工作, 除了用 kw 代替 $\boldsymbol{t}$ 以及定义 $d = k$, $k\in\{0, 1, \cdots, 5\}$使得 d_k 为定义 5.1 中的 d(kw, tw$_i$).

(2) Else if kw 已经在 wn-list 中, 获得其 db-list. 存在如下两种情况.

情况 1: 在 db-list 中, 存在一个 dbNode 和 $\boldsymbol{t}$ 有相同的标识, 即 dbNode.tid = $\boldsymbol{t}$.tid, 用二者较小的距离替换 d, 并且 f 加 1.

例如, 在图 5.5(b)中, 假设元组词 tw$_2$ 已经被处理, 并且 kw$_3$ 已经在 wn-list 中,对应的 db-list 有一个节点(tid_2, 3, n, 1); 若 $d(kw_3, tw_v) = d_2$, 则 $d := \min\{3, 2\}$, $f := f + 1$, 在 tw_v 被处理之后, 节点(tid_2, 3, n, 1)将会变成(tid_2, 2, n, 2).

情况 2: 若在 db-list 中不存在节点满足 dbNode.tid = ***t***.tid, 则将含有 kw 的 wnNode 中的 dbNSize 加 1, 创建一个新的 dbNode, 并且按语义距离 d 排序将新 dbNode 插入 db-list 中.

步骤 3　将 w-索引存入索引关系 IndexTable 中.

5.2.3　w-索引的维护

当增加、删除或修改操作使数据库(或关系 ***R***)的状态发生变化时, w-索引也可能需要维护. 修改操作可以看作删除后跟随增加操作, 因此只需考虑增加和删除操作. 设 ***t*** 是一个元组, 将被增加到关系 ***R*** 或从 ***R*** 中删除.

(1) 增加操作: 只需重复 5.2.1 节和 5.2.2 节中创建 w-索引的过程, 包括: ①元组 ***t*** 的规范化; ②从 WordNet 检索 ***t*** 的亲缘词生成 $\mathcal{K}(\boldsymbol{t})$; ③如果必要, 更新 hash table、wn-list 和 db-lists; ④更新索引关系中对应的行或列.

(2) 删除操作: 做与上述“增加操作”①和②相同的工作; ③对每个亲缘词 kw∈$\mathcal{K}(\boldsymbol{t})$, 计算 hash 值 $h=h(kw)$, 相应于 kw, 从 wn-list 中找出 wnNode, 进而找出 db-list, 然后在 db-list 中修改或删除 tid = ***t***.tid 的节点, 并且将 wnNode 中的 dbNSize 减 1, 如果 dbNSize = 0, 则从 wn-list 中删除 wnNode, 并且更新 hash table; ④更新索引关系中对应的行或列.

5.2.4　查询处理

用索引关系 IndexTable 来建立 w-索引, 其结构如图 5.7 所示. 根据系统内存配置情况和 w-索引的大小, 可用不同的策略创建 w-索引. 本章使用两种策略, 策略 1 针对小的索引(如本章实验中的数据库 IPUMS), 将整个索引关系 IndexTable 中的相关数据载入内存生成 w-索引; 对于大的 w-索引(如本章实验中的数据库 BOOK), 将用策略 2, 也就是说, 只将索引关系 IndexTable 中的部分内容载入内存, 生成的 w-索引只有 hash table 和 wn-list, 而 db-list 的所有信息仍然存储在数据库的关系 IndexTable 中.

1. 查询处理过程

对于给定的查询 ***q*** = (qw_1, …, qw_k), 首先, 通过 w-索引匹配查询词和 ***R*** 的亲缘词, 获得候选元组标识集合, 用 ***T*** 表示此集合, 并且计算 ***q*** 及其候选元组之间的语义距离; 其次, 用关系的自然连接检索出结果(元组树); 最后, 将答案排序并显示 Top-N 结果. 因为 Top-N 结果由 dis-N'结果产生, 其中 $N' \leqslant N$, 所以下面重点讨论如何得到 dis-N 结果.

为了得到候选元组标识集合 $\boldsymbol{T}$, 将中间结果存储在一个暂时链表 TQList 中. TQList 的节点结构为{tid, $d[K]$, dis}, 其中 $d[K]$为实数型数组, 用来保存语义距离, 并且 K 是 $\boldsymbol{q}$ = (qw_1, ···, qw_k)的查询词的最大数目, 若 $k > K$, 则令 $\boldsymbol{q}$ = (qw_1, ···, qw_K) (在本章实验中, K = 30).

首先讨论存储策略 1, 即整个 w-索引的 hash table、wn-list 和所有 db-list 都驻留在内存中. 查询处理过程有如下五个步骤.

(1) 规范化 $\boldsymbol{q}$. 如同创建 w-索引的情形, 删除一些符号、字符串或停止词, 或用规范字符串替换之. 规范化的 $\boldsymbol{q}$ 仍然表示为 $\boldsymbol{q}$ = (qw_1, ···, qw_k) (在实际中, 若使用编辑距离和相关技术处理拼写错误将会更好).

(2) 对于每个 $qw_i \in \boldsymbol{q}$ (i = 1, ···, k), 计算 hash 值 h=h(qw_i), 进而在 wn-list 中查找 qw_i. 若 qw_i 在 wn-list 中, 则得到其 wnNode 节点、wnNode 中的指针 pDBList, 以及由 pDBList 指向的 db-list 中相应的那些节点 dbNode.

对于每个 dbNode 节点{tid, d, n, f}, 得到 $d = j$ ($0 \leqslant j \leqslant 5$), 即得到语义距离 d_j(定义 5.1). 把相关数值存入 TQList, 也就是 tid := $\boldsymbol{t}$.tid, $d[i]$:= $\alpha(n)d_j\varphi(f)$. 数组 $d[K]$将会对相同的 tid 保存所有的距离{d_j}, 进而得到 $d[i] = d(qw_i, \boldsymbol{t})\varphi(f)$, 其中 $d(qw_i, \boldsymbol{t})=\alpha(n)\min\{d_j\}$(定义 5.2 和定义 5.3). 对于查询 $\boldsymbol{q}$, TQList 存储候选元组的所有标识, 而且每个标识 tid 在 TQList 中是唯一的.

(3) 对于 TQList 的每个节点计算 dis := $\prod d[i]$, 此乃定义 5.3 中的 $d(\boldsymbol{q}, \boldsymbol{t})$. 从 TQList 获得候选元组标识的集合 $\boldsymbol{T}$.

(4) 对于给定的正整数 N, 从 $\boldsymbol{T}$ 得到 dis-N 元组标识的集合 $\boldsymbol{T}_N$ = {tid_1, tid_2, ···, tid_s}$\subseteq \boldsymbol{T}$, 其中 $s = |\boldsymbol{T}_N|$, 并且 $s < N$、$s = N$ 和 $s > N$ 皆有可能. 然后使用自然连接 $\boldsymbol{R}_0 \bowtie \boldsymbol{R}$ 获得查询 $\boldsymbol{q}$ 的 dis-N 元组, 其 SQL 选择语句如下:

```
select R0.a1, …, R0.ai, R.b1, …,R.bj from R0, R
where (R0.FKid = R.tid) and (R.tid in (tid1, tid2, …, tids))
and …                                                   (5-2)
```

(5) 按距离 $d(\boldsymbol{q}, \boldsymbol{t})$排序 dis-$N$元组并且显示之. 另外, 如果在 where 子句中使用条件($\boldsymbol{R}$.tid in $\boldsymbol{T}$), 那么所有的候选元组将会被排列且显示.

注意: 如果在创建 w-索引时使用了 5.2.2 节步骤 1, 也就是整个 $\boldsymbol{t}$ = (tw_1, ···, tw_n) 作为一个字符串保存在 wn-list 中, 那么在 wn-list 中可能发现特别字符串(qw_1, ··· qw_k) (= $\boldsymbol{q}$), 及 db-list 中的一个 dbNode 节点 "tid, d, n, f" 具有 d = −1. 在这种特别情形下, 设 $d(\boldsymbol{q}, \boldsymbol{t})$ = 0, 也就是 $\boldsymbol{q}$ 和标识为 tid 的元组 $\boldsymbol{t}$ 是同一的. 有两种方法可用来处理查询 $\boldsymbol{q}$, 第一种方法只检索出元组 $\boldsymbol{t}$, 然后停止搜索; 这种方法与传统的搜索是等价的, 而且比上述处理步骤(1)～步骤(5)更快速. 第二种方法即为上述方

法通常能检索出较多的结果. 此外, 在 SQL 选择语句(5-2)的 where 子句中, 条件 $\boldsymbol{R}$.tid in(tid$_1$, tid$_2$, ···, tid$_s$)是关键.

例 5.3(例 5.1 的继续) 一个用户要从数据库 IPUMS 中寻找信息 “a horticulturist with age between 45 and 55” (“年龄为 45～55 的园艺家”), 如例 5.1 所示, 数据库 IPUMS 包含两个关系 IPUM99 和 OCC50. 关系 OCC50 有两个属性(num, occ50), 其中 num 是职业编码且是主键. 在关系 IPUM99 中, 属性 F29 是年龄, F40 是职业编码而且是外键, 参照 OCC50.num, F50 为收入. 因为在 OCC50.occ50 中没有单词 “horticulturist” (园艺家), 若用下列传统 SQL Select 语句:

```
select R0.F29, R0.F50, R.occ50, R.num from IPUM99 R0, OCC50
R where (R0.f40 = R.num) and (R.occ50 like '% horticulturist %')
and (R0.F29 between 45 and 55)
```

则得不到任何答案.

现在使用上述步骤(1)～步骤(3), 首先确定候选元组标识的集合, 得到 $\boldsymbol{T}$ = {930}. 然后使用下列 SQL 选择语句:

```
select R0.F29, R0.F50, R.occ50, R.num from IPUM99 R0, OCC50
R where (R0.F40 = R.num) and R.num in (930) and (R0.F29 between
45 and 55)
```

检索的结果为 46 行, 每行的职业为 “Gardeners, except farm and groundskeepers” 包含 “Gardeners” (园丁)和 “groundskeepers” (庄园、公园或运动场地的维护者). 其中 “R.num in (930)” 在 where 子句中起着重要作用.

对于较大的 w-索引, 使用策略 2, w-索引只有 hash table 和 wn-list 驻留在内存中. 查询搜索过程与上述步骤(1)～步骤(5)类似, 只有步骤(2)被下列(2′)代替.

(2′) 对于每个 qw$_i$ ∈ $\boldsymbol{q}$ (i= 1, ···, k), 计算 hash 值 h=h(qw$_i$), 进而在 wn-list 中查找 qw$_i$. 若发现 qw$_i$, 则从 wn-list 中得到节点 wnNode, 然后用 SQL 选择语句:

```
select * from IndexTable where id# = wnNode.iRow        (5-3)
```

从索引关系 IndexTable 中检索出元组(索引关系 IndexTable 见 5.2.1 节); 从关系 IndexTable 的属性 DBvalue 提取所有的节点, 而且将这些节点存储在一个线性表中, 此线性表担任 db-list 的角色.

注意: 步骤(2′)导致 I/O 操作, 因此步骤(2)的开销要远远小于步骤(2′)的开销. 以本章实验为例, 步骤(2)的耗时小于毫秒级, 而步骤(2′)的耗时约为 500ms(主要是 I/O 开销).

2. 空间和时间开销

显然, 运用 w-索引处理查询, 需要一点 CPU 时间和一些内存空间存储 w-索引或其部分. 事实上, 在空间和时间之间存在权衡. 关于空间和时间的开销, 讨论两种策略: 策略 1, 整个 w-索引的三部分全都在内存中; 策略 2, 只有 w-索引的两部分(hash table 和 wn-list) 驻留内存, 而将所有 db-list 中的信息留在硬盘.

(1) 空间. 在一个 32 位系统中, 通常 byte(char) = 1B(8bit), byte(int) = 4B, byte(double) = 8B, 一个指针分配 4B.

用 l_w 表示一个词的平均长度, l_k 是 $\mathcal{K}(\boldsymbol{t})$的平均大小. 双向链表的每个节点包含 next 和 prev 指针. 因此, byte(bucket) = byte(pWnPointer) = 4B, byte(wnNode) = (24+ l_w)B, byte(dbNode) = 24B. 用$|H|$表示 hash table 的大小, m 是 wn-list 的大小, $|\boldsymbol{R}|$为关系 $\boldsymbol{R}$ 的大小, 则有

$$\begin{aligned}\text{byte(index)} &= 4\cdot|H| + (24 + l_w)\cdot m + 24\cdot l_k\cdot|\boldsymbol{R}| \\ &= c_1|H| + c_2 m + c_3|\boldsymbol{R}| \end{aligned} \tag{5-4}$$

其中, $c_1, c_2, c_3 > 1$. 因此, 对于策略 1

$$\text{index-space-1} = \Theta(|H| + m + |\boldsymbol{R}|) \tag{5-5}$$

对于策略 2, 只有 hash table 和 wn-list 占用内存空间, 而将所有 db-list 留在硬盘

$$\text{index-space-2} = \Theta(|H| + m) \tag{5-6}$$

其中, index-space-1 和 index-space-2 分别表示 w-索引关于策略 1 和策略 2 的内存空间开销.

显然, m(也就是$|\mathcal{K}(\boldsymbol{R})|$)小于 WordNet 中词条的数目, 其原因是 $\mathcal{K}(\boldsymbol{R})$为 WordNet 的一个子集, 也就是说, wn-list 可能较大, 但其大小是收敛的, 因此存在一个正数为其上界. 另外, hash table 的大小可以控制. 例如, 本章的实验中$|H|$=29 用来处理一个词的首字符. 因此对于策略 2, w-index 的大小是收敛的; 但是对于策略 1, 其大小不一定收敛. 在 index-space-1 中, $|\boldsymbol{R}|$扮演着重要角色, 即策略 1 只适用于小的 $\boldsymbol{R}$. 注意: index-space-1 的大小只与 $\boldsymbol{R}$ 有关, 而与 $\boldsymbol{R}_0$ 无关; 例如, 本章实验中 IPUM99(也就是 $\boldsymbol{R}_0$)很大, 但是 OCC50(也就是 $\boldsymbol{R}$)却很小.

设δ是所有 db-list 的平均大小, 也就是δ = average(dbNSize), 其中 dbNSize 是节点 wnNode 的一个域, 其含义是 wnNode 的指针指向的 db-list 的大小. δ与 $\boldsymbol{R}$ 的大小和元组词的平均数目有关. 对于不同的数据集, δ值变化较大, 例如, 对于数据库 IPUMS, δ是 3; 而对于数据库 BOOK, δ是 114. 在式(5-4)中, $c_3|\boldsymbol{R}|$能用 $c_3|\boldsymbol{R}| = m\delta$估计, 其中 m 是 wn-list 的大小.

(2) 时间. 在一个 hash 表中, 冲突用链接解决, 在简单均匀散列的假设之下, 一次成功的搜索所花的平均时间为$\Theta(1 + \tau)$, 其中$\tau = n_e/n_b$是 hash 表的局部因数, hash 表有 n_b 个桶存储 n_e 个元素(Cormen et al., 2001).

设 k 是 $\boldsymbol{q}$ = (qw_1, ⋯, qw_k)中查询词的数目, k'是在 wn-list 发现的查询词的数目,

则 $k' \leqslant k$. 通常 k 很小, 由文献(Liu et al., 2006)知, 在实际中 average(k) $\leqslant$ 6.7. 因此, 对于策略 1, 索引所耗用时间为 index-time-1, 也就是 5.2.4 节步骤(1)～步骤(3)所耗用时间如下

$$\text{index-time-1} = O(k)\Theta(1+\tau) + O(k')O(\delta) \tag{5-7}$$

然而, 对于策略 2, w-索引(5.2.4 节中(1)、(2′)和(3))的步骤(2′)的 SQL 选择语句(5-3)导致对底层数据库的 I/O 访问, 其耗用时间用 index-DB-time 表示; 因此, 索引所耗用时间 index-time-2 是

$$\text{index-time-2} = O(k)\Theta(1+\tau) + O(k')O(\delta) + \text{index-DB-time} \tag{5-8}$$

用 tuple-DB-time 表示 5.2.4 节步骤(4)从数据库检索元组的时间, 这是 RDBMS 用于 SQL Select 语句(5-2)所花费的时间. 对于策略 1, 处理查询的时间 time-1 (query) 为

$$\text{time-1(query)} = \text{index-time-1} + \text{tuple-DB-time} \tag{5-9}$$

对于策略 2, 处理查询的时间 time-2(query)为

$$\text{time-2(query)} = \text{index-time-2} + \text{tuple-DB-time} \tag{5-10}$$

在大多数数据库应用中, I/O 开销通常是主要开销; 因此, 对于策略 1

$$\text{time-1(query)} \approx \text{tuple-DB-time} \tag{5-11}$$

对于策略 2, 可能有较大的 δ 值

$$\text{time-2(query)} \approx O(k\delta) + \text{index-DB-time} + \text{tuple-DB-time} \tag{5-12}$$

5.3 实验与数据分析

本节报告且分析实验结果. 实验使用 Microsoft SQL Server 2000, VC++ 6.0 和 Windows XP, 及一台配置为 Pentium 4/2.8GHz CPU 和 768MB 内存的个人计算机系统. 另外, WordNet 2.1 及其 API 函数、ODBC 和 ODBC API 函数用于程序之中.

5.3.1 数据集和准备

数据集: 实验使用两个真实数据集. 第一个是 IPUMS 数据库 “ipums.la.99.gz Los Angeles - Long Beach 1990 large version (2.3M; 17.2M uncompressed)”, 为美国人口普查数据的一部分, 如例 5.1 所述. 该数据集具有 61 个属性且包含 88443 个元组, 由其生成关系 IPUM99. 另一个关系 OCC50 源自 the variable labels occ1950 “Occupation, 1950 basis”, 其在 ipums.la.names 中, OCC50 有 2 个属性且包含 286 个元组. 两个关系 IPUM99 和 OCC50 分别扮演 5.2 节中 $\boldsymbol{R}_0$ 和 $\boldsymbol{R}$ 的角色. 数据库 IPUMS 的部分数据如例 5.1 所示.

第二个数据集 BOOK 是北京工业大学图书馆英文书籍记录的集合，生成两个关系. 一个关系是 **Books**(id#, issn, title, author, year, publisher, price, FKid)，有 56180 个元组. 另一个关系为 **Titles**(tid, title)，有 48107 个元组(重复的书名被去掉). 外键 **Books**.FKid 参照主键 **Titles**.tid. 关系 **Books** 和 **Titles** 分别担当 $\boldsymbol{R}_0$ 和 $\boldsymbol{R}$ 的角色.

w-索引的空间开销：实验中策略 1 用于 IPUMS，策略 2 用于 BOOK. hash 表的大小$|H|$=29，也就是说，对于一个词 w 的首字符 $w^{(0)}$，一个简单的 hash 被用于三种情形：①$w^{(0)}$<'a'；②$w^{(0)}$='a', ⋯, 'z'；③$w^{(0)}$>'z'. 从表 5.1 的数据和 5.2.4 节的分析知道，内存空间的开销 index-space-IPUMS 约为 470KB，而 index-space-BOOK 约为 3MB. 在表 5.1 中，δ是 db-list 的平均大小(5.2.4 节).

表 5.1 IPUMS 和 BOOK 的统计

数据集	$\|\boldsymbol{R}_0\|$	$\|\boldsymbol{R}\|$	$\|\mathcal{T}(\boldsymbol{R})\|$	$\|\mathcal{K}(\boldsymbol{R})\|$	δ
IPUMS	88443	286	492	12872	3
BOOK	56180	48107	20245	80603	114

查询集：建立一个程序，为每个数据库创建一个包含 100 个查询的集合. 首先，从 $\boldsymbol{R}$ 中随机选择 100 个元组，对于每个元组 $\boldsymbol{t}$，从 $\mathcal{K}(\boldsymbol{t})$中随机选择 1～10 个亲缘词，其中包含 1～3 个词的简单查询为 50 个，包含 4～10 个词的复杂查询也是 50 个. 把这些查询分为 10 组 G_i (i = 1, 2, ⋯, 10)，在 G_i 中的查询有 i 个查询词，$\{G_i\}$的大小是随机的.

对于数据库 IPUMS, G_i (i =1, 2, ⋯, 10)的大小分别是 11、15、24、5、8、11、8、6、2 和 10. 例如，G_3 包含 24 个查询，而且每个查询有 3 个查询词. 对于 BOOK, G_i (i =1, 2, ⋯, 10)的大小分别是 12、20、18、6、5、9、7、5、8 和 10.

如前所述，欲得 Top-*N* 结果，只需得到 dis-*N* 结果，因此，实验中将主要讨论关于 dis-*N* 元组的结果并且运用 N = 1, 2, ⋯, 100，以便充分测试本章所介绍方法的性能.

设 $\boldsymbol{T}$ 是由 w-索引所获得的候选元组标识的集合，$\boldsymbol{T}_N$ = {tid$_1$, tid$_2$, ⋯, tid$_s$} (⊆ $\boldsymbol{T}$) 是 dis-*N* 元组标识的集合. 通常，使用 $\boldsymbol{T}_N$ 能从一个关系或多个关系的自然连接中获得查询结果. 为了测量式(5-9)和式(5-10)中的 tuple-DB-time，由如下 SQL 选择语句得到 dis-*N* 元组：

```
select R0.a1, R0.a2, R.b1, R.b2 from R0, R
where (R0.FKid = R.tid) and R.tid in TN                (5-13)
```

也就是说，使用两个关系 $\boldsymbol{R}_0$ 和 $\boldsymbol{R}$ 的自然连接并且 Where 子句有两个条件. 对于其他查询，答案可以用 SQL 语句(5-2)如例 5.3 所示获得，其中 SQL 选择语句可能包含“tid in $\boldsymbol{T}_N$”和其他更多的条件.

实验报告中，下列测量用于每个 $G_i(i = 1, 2, \cdots, 10)$的所有查询.

(1) 耗用时间(ms)：为了处理每个 G_i 中所有的查询，使用本章算法并且从数据库中检索元组(或元组树)所需的平均时间. 耗用时间包括两种，一是索引时间(index-time，见式(5-7))和式(5-8))，即为了得到 $\boldsymbol{T}$ 运行 5.2.4 节中步骤(1)、(2)/(2′)和(3)所需的时间，另一种是为了从数据库检索元组运行步骤(4)执行 SQL-Select 语句(5-13)所需的时间(tuple-DB-time).

(2) 检索元组数目(the number of tuples retrieved, NTR)：为了获得每个 G_i 中所有查询的答案，检索元组的平均数目. 对于数据库 IPUMS，从 $\boldsymbol{R}$ 检索元组；NTR 就是 $\boldsymbol{T}_N$ 大小的平均值. 对于数据库 BOOK，从 $\boldsymbol{R}_0 \bowtie \boldsymbol{R}$ 检索元组，$|\boldsymbol{R}_0|$和$|\boldsymbol{R}|$之间的差不大，因此，应用 $\boldsymbol{R}_0 \bowtie \boldsymbol{R}$ 来报告 NTR，其中包括书名重复的图书数目.

(3) 检索相匹配的元组数目(the number of matching tuples retrieved, NMTR)：检索的元组与 G_i 中查询相匹配的平均元组数目. 可能存在检索的元组与查询不匹配的情况，因此 NMTR $\leqslant$ NTR. 将报告平均查准率(precision)，即 NMTR 与 NTR 的比率；dis-N 的结果中出现的匹配元组越多，查准率越大. 此比率只与相匹配元组的数目有关，与匹配元组的排序无关.

(4) SAP@N (the scaled average precision at N) (Lu et al., 2005)：在语义搜索中，对于每个 dis-N 查询，用 SAP@N($N = 1, 2, 3, \cdots, 100$)测量查询结果的准确性

$$\text{SAP@}N = \left(\sum_{i=1}^{M} r_i\right)/M$$

其中，$r_i = 1/i$，如果排在第 i 位的结果是一个匹配元组，否则 $r_i = 0$；M 是检索元组的数目(也就是 M = NTR). 对于每个 G_i 的所有查询，报告 SAP@N 的平均值. 易知，SAP@N 不仅考虑 dis-N 结果中匹配元组的数目，而且考虑匹配元组的排位. NMTR 的值越大且匹配元组的排位越靠前，SAP@N 的值越大.

注意：当讨论查询和元组之间的语义匹配时，很难用计算机来验证数据库中哪些元组与查询是语义匹配的. 当数据集很大时(如 BOOK)，识别语义匹配的工作量之大，由人工来完成通常是不可能的. 另外，从一个大规模数据集合中抽取样本来测量“**召回率**(或称为**查全率**, recall)”可能会产生很大的误差，因此用于评价信息检索(IR)系统的传统测量“召回率”不适合于语义匹配. 为了与其他方法相比较，本章将只给出数据库 IPUMS 的召回率.

对于数据库 IPUMS，因为$|\boldsymbol{T}|$远小于 100，所以只报告 $N = 1, 2, 3, 100$ 四种类型 dis-N 查询的结果. 对于数据库 BOOK，报告 $N = 1, 2, 3, 10, 20, 40$ 和 100 的查询结果. 在本章的实验中，将所有的查询结果写成文本文件，然后由人工来识别查询和返回的结果之间的语义匹配. 在下列讨论中，有时将不区别元组 $\boldsymbol{t}$ 及其标识 tid.

例 5.4(例 5.1 和例 5.2 的继续)　对于数据库 IPUMS，查询 $\boldsymbol{q}$ = ("countermine")$\in$

G_1, 是由元组 tid = 48 产生的, 即从 $\mathcal{K}$(48, "Mining Engineers")中随机选取. 如图 5.8 所示, dis-1 结果元组是{48}, dis-2 结果元组是{48, 650}. 对此查询, $\boldsymbol{T}$ 只有三个元组, 因此 dis-3 和 dis-100 结果元组都是{48, 650, 660}. 根据"countermine"和"mine"两个词的语义, 认为所有三个元组与查询语义匹配, 并且 SAP@1 = 1, SAP@2 = 0.75, SAP@3 = SAP@100 = 0.61.

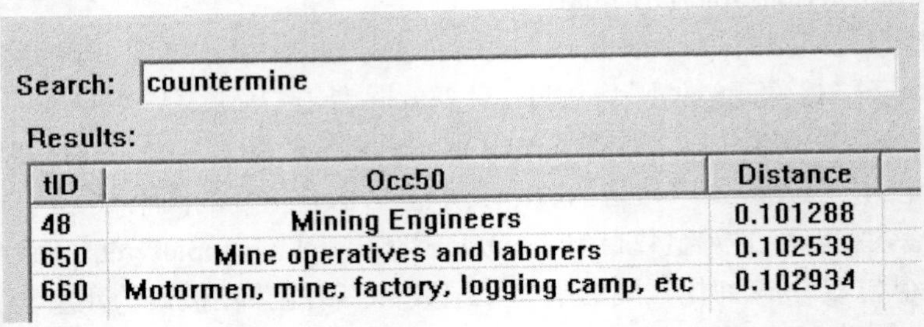

Search: countermine

Results:

tID	Occ50	Distance
48	Mining Engineers	0.101288
650	Mine operatives and laborers	0.102539
660	Motormen, mine, factory, logging camp, etc	0.102934

图 5.8　对于查询词"countermine"从 $\boldsymbol{R}$ 中检索的结果元组

类似地, 对于数据库 BOOK, 查询 $\boldsymbol{q}$ = ("literary work", "shibboleth", "soliloquy")∈ G_3, 能够得到的所有结果为六个元组, 其 $\boldsymbol{t}$[tid, title]的值如下

$\boldsymbol{t}_1$: (27594, "Soliloquy in nineteenth-century fiction")

$\boldsymbol{t}_2$: (30307, "Text, speech and dialogue")

$\boldsymbol{t}_3$: (22906, "Text, speech and dialogue := TSD 2001")

$\boldsymbol{t}_4$: (26603, "Text, speech and dialogue := TSD 2005")

$\boldsymbol{t}_5$: (22849, "Text, speech and dialogue := TSD 2006")

$\boldsymbol{t}_6$: (4569 , "Text, speech and dialogue := TSD 2004")

并且 $d(\boldsymbol{q}, \boldsymbol{t}_1) = 9.26591\times10^{-5}$; $d(\boldsymbol{q}, \boldsymbol{t}_2) = 0.000953043$; $d(\boldsymbol{q}, \boldsymbol{t}_3) = d(\boldsymbol{q}, \boldsymbol{t}_4) = d(\boldsymbol{q}, \boldsymbol{t}_5) = d(\boldsymbol{q}, \boldsymbol{t}_6) = 0.000978773$. 查询 $\boldsymbol{q}$ 和元组 $\boldsymbol{t}_1$ 有相同的词"soliloquy"; 然而其余五个元组与查询 $\boldsymbol{q}$ 没有相同的词, 是通过语义搜索返回的, 并且通过传统搜索不能检索到这五个元组.

注: 如例 5.1 和例 5.2 所述, 若没有 w-索引和语义距离, 则实验中用到的大多数查询在传统的数据库系统中将返回空集, 因为其查询词不在数据库中. 然而, 针对实验中的每个查询, 通过本章的技术都可以得到精确匹配和/或语义相似的答案, 如例 5.3 和例 5.4 所示. 更多的细节将在 5.3.2 节描述.

5.3.2　实验结果

在本节的下列图中, 后缀 1, 2, ⋯, 100 分别表示 dis-1, dis-2, ⋯, dis-100 查询.

1. 耗用时间

对于数据库 IPUMS, 图 5.9 显示了处理每个 G_i 中的所有查询平均耗用时间. 曲线 it1、it2、it3 和 it100 是四种 dis-*N* 查询的索引时间, 对所有查询, 它们几乎为零. 因为 w-索引较小且完全载入内存, 而且 ***R***(也就是 OCC50)也小, 所以索引时间小于毫秒级. 曲线 dt1、dt2、dt3 和 dt100 表示从数据库检索元组的时间(tuple-DB-time), 也就是用 $\boldsymbol{R}_0$ 和 ***R*** 自然连接的 SQL Select 语句从数据库检索元组的时间开销; 对于 *N* = 1, 2, 3 和 100, dis-*N* 查询曲线的位置分别为从下到上. 对于每个 dis-*N* 查询, 全部平均耗用时间是从几十到几百毫秒.

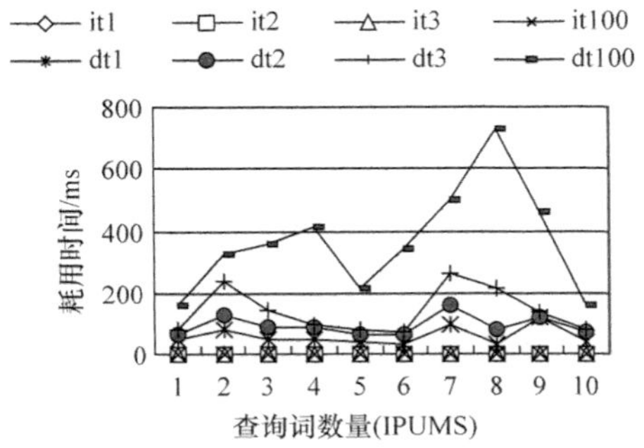

图 5.9　对于 IPUMS 索引的耗用时间

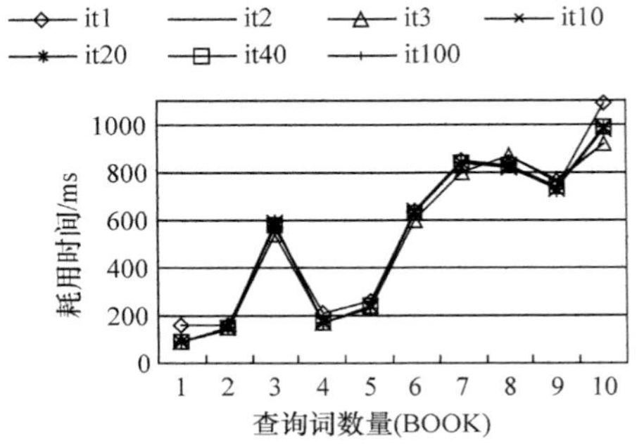

图 5.10　对于 BOOK 索引的耗用时间

对于数据库 BOOK, 图 5.10 显示了 w-索引的耗用时间. 七条曲线几乎一样, 而且只与查询所含查询词的个数有关, 与 *N*(*N* = 1, 2, ···, 100)无关. 曲线的总体趋势是查询词越多, w-索引花费的时间越多; 除了查询词个数为 3 的情况, 曲线大体上是随着查询词个数增加而呈线性增长. 数据库 BOOK 用 w-索引的策略 2, 即将所有 db-list 保留在硬盘上, 因此 w-索引导致 I/O 操作, 这也是导致曲线不是近似于直线, 而有较大弯曲的原因. 对于数据库的 I/O 操作, 查询不同, 其 I/O 操作的开销可能会有很大的不同. 对于所有查询, w-索引的平均耗用时间(主要是 I/O 开销)约为 500ms. 另外, 给定一个查询, w-索引将会返回与 *N* 无关的确定的候选元组标识的集合 ***T***.

对于数据库 BOOK, 图 5.11 和图 5.12 显示了检索元组访问数据库的平均耗用时间. 不同的 dis-*N* 查询返回的结果集有各种差异. *N* 越大, 耗用时间越多. 如果 1⩽ *N* ⩽ 3, 平均耗时小于 100ms. 如果 10⩽ *N* ⩽ 40, 平均耗时 300～2000ms. 对于 dis-100 查询, 耗时 1000～4000ms, 这是因为要返回上千个元组. 另外, 其I/O操作的开销主要与结果集的大小有关, 与查询词的数目无直接关系.

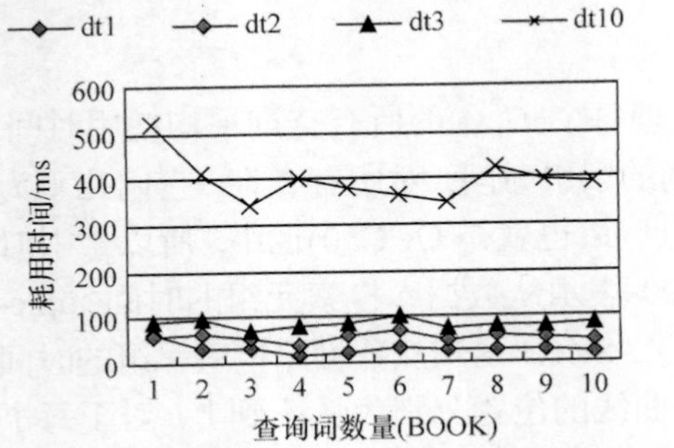

图 5.11　对于 BOOK, DB-耗用时间(N=1, ···, 10)

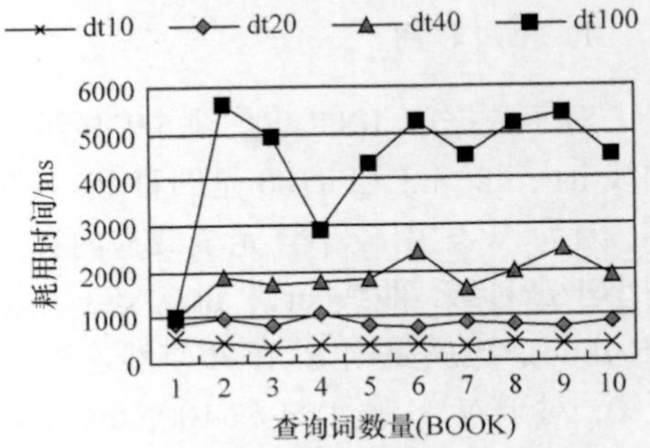

图 5.12　对于 BOOK, DB-耗用时间(N=10, ···, 100)

2. 检索元组的数目

对于数据库 IPUMS, 图 5.13 显示了从关系 $\boldsymbol{R}$ 检索元组的平均数目(NTR). 对于数据库 BOOK, 元组从 $\boldsymbol{R}_0 \ltimes \boldsymbol{R}$ 检索元组, 当 $1 \leqslant N \leqslant 3$ 时, 图 5.14 显示了相应的 NTR, 当 $10 \leqslant N \leqslant 100$ 时, 图 5.15 显示了相应的 NTR.

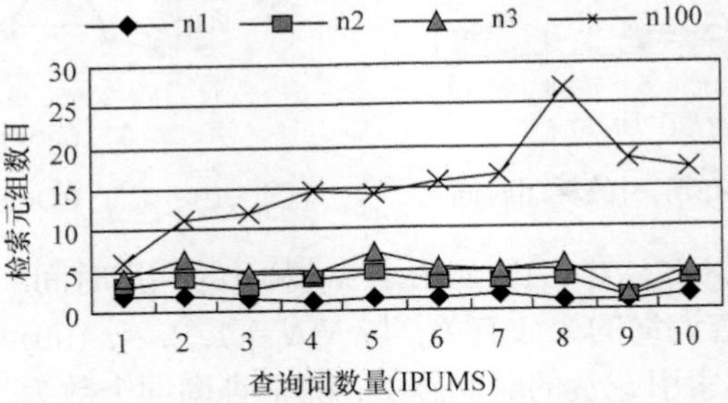

图 5.13　对于 IPUMS 检索出的元组数目

如果 $1 \leqslant N \leqslant 40$, 如图 5.13～图 5.15 所示, 曲线的变化幅度是不大的, 也就是说, 当查询词的数目变化时, NTR 变化不大, 即 NTR 是稳定的. 然而, 如果 N=100, 从图 5.13 和图 5.15 看到两条曲线有大的变化. 当 $1 \leqslant N \leqslant 3$ 时, 平均 NTR 为 1.5～5(对于 IPUMS), 和 1.6～7(对于 BOOK). 从图 5.15 可知, 对于 BOOK, 当 N = 10, 20, 40, 100 时, 总的平均数分别是 80、260、600 和 1600. 将图 5.9、图 5.11、图 5.12 与图 5.13、图 5.14、图 5.15 作比较可知, 耗用时间曲线和 NTR 曲线有相似的趋势. 这说明检索元组的数目对耗用时间有直接和按比例的影响. 注意, 多数查询词不在数据库中, 使用传统搜索, 这些查询将会返回空集.

3. 查准率

图 5.16 和图 5.17 分别显示了 IPUMS 和 BOOK 的平均查准率.

由图 5.16 和图 5.17 可见, N 越小查准率越大; 因此, 越小的 N 预示着其 dis-N

结果出现越多的匹配元组. 用 k 表示查询词的数目. 对于 IPUMS, 除了 $k=5$ 和 8; 对于 BOOK 除了 $k=4$, 7 和 10, 对于所有的 $N=1, 2, 3$, 查准率均超过 0.5; 也就是说, 对于 dis-1、dis-2 和 dis-3 元组, 其多数与查询匹配. 对于 IPUMS 当 $N=100$ 时, 对于 BOOK 当 $N \geqslant 10$ 时, 除了少数 k 值, 查准率都小于 0.4. 若 $k=2$ 且两个查询词之一匹配一个元组时, 就认为查询匹配元组, 则存在四种情况{(0,0), (0,1), (1,0), (1,1)} (其中 0 为 No, 1 为 Yes), 因而匹配概率约为 3/4 = 0.75.

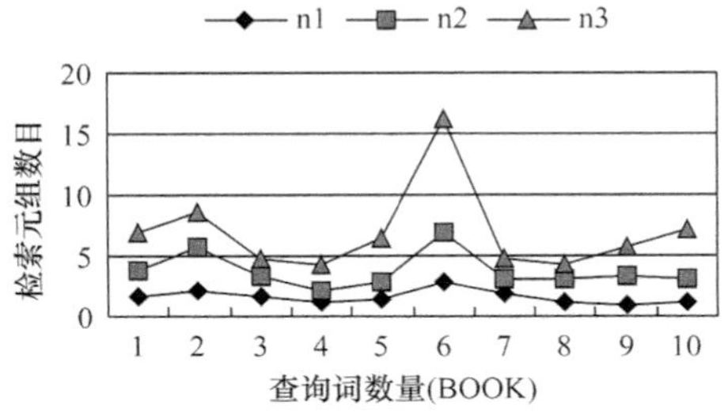

图 5.14　对于 BOOK 和 N= 1, 2, 3 检索出的元组数目

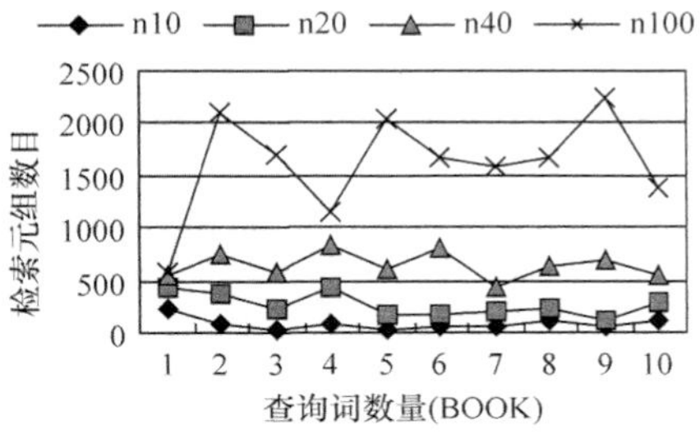

图 5.15　对于 BOOK 和 N= 10, 20, 40, 100 检索出的元组数目

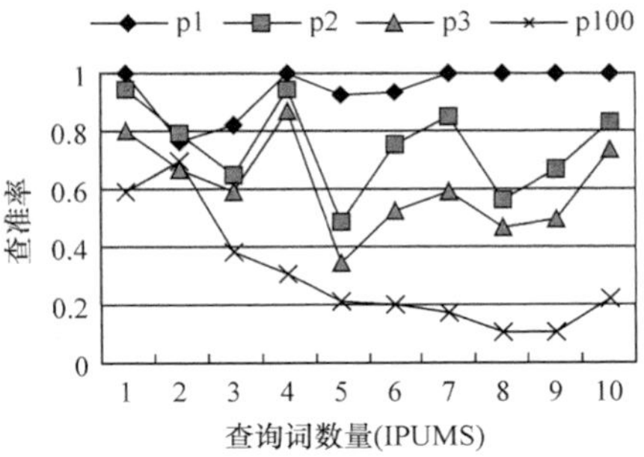

图 5.16　对于 IPUMS 的平均查准率

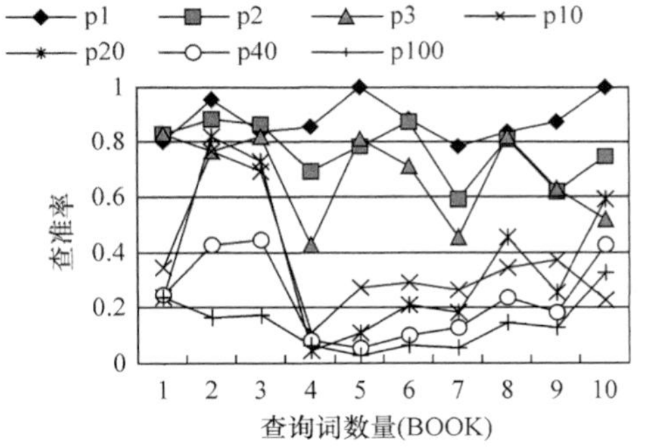

图 5.17　对于 BOOK 的平均查准率

从图 5.16 可以看到, 当 $k=2$ 时, 查准率确实约为 0.75, 原因是 $\boldsymbol{R}$(也就是 OCC50) 的性质, 即$|\boldsymbol{R}|$较小且在 OCC50 中的职业(occupations)属性值的语义很清晰, 而且候选元组集合的大小($|\boldsymbol{T}|$)远小于 100. 然而, 在图 5.17 中, 对于 $k=2$, 查准率有大的变化, 其原因是 $\boldsymbol{R}$(也就是 Titles)的性质, 以及 NTR 来自 $\boldsymbol{R}_0 \bowtie \boldsymbol{R}$. 例如, 一个用户提交了一个查询具有两个查询词, 其中一个查询词是 "film", 在用户心中其语义为 "电影, a form of entertainment that enacts a story by a sequence of images giving the illusion of continuous movement", 但是有许多关于 "film" 的书, 而其语义为 "薄膜材料, thin sheet of material used to wrap or cover things"; 因此, 元组的这个 "film" 不能够匹配用户心中的那个 "film"; 另外, 一些书名可能是重复的.

4. SAP@*N*

图 5.18 和图 5.19 分别显示了关于数据库 IPUMS 和 BOOK 的 SAP@*N* 平均值. 易见 *N* 越小, SAP@*N* 的值越大, 即在 dis-*N* 结果中, 匹配的元组越多并且匹配越好的元组排位越靠前.

另外, 比较图 5.19 和图 5.17, 当查询词的数目 $k = 2$ 和 3, 及 N=10 和 20 时, 在图 5.17 中, 查准率大于 0.6; 然而, 在图 5.19 中对应的 SAP@*N* 数值小于 0.2; 原因是比较大的 *N* 将会检索更多的候选元组(图 5.13～图 5.15), 而 SAP@*N* 的值不仅与 dis-*N* 结果中匹配元组的数目有关, 而且与匹配元组的排位次序有关.

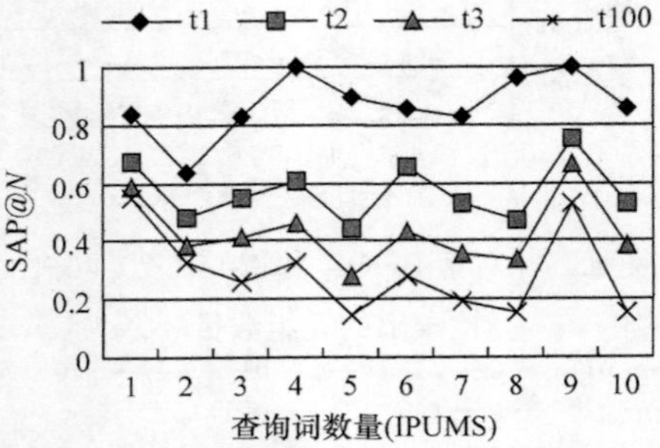

图 5.18　SAP@*N* 对于 IPUMS

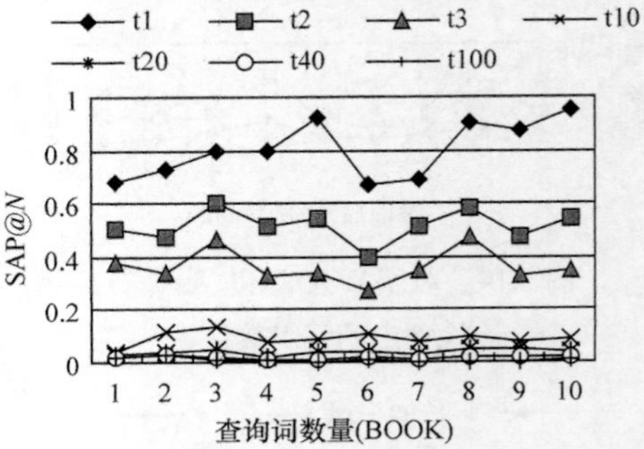

图 5.19　SAP@*N* 对于 BOOK

5. 比较基于本体的方法

本体(ontology)已经开始应用于建立数据库(Das et al., 2004; Hung et al., 2004; Lim et al., 2007; Necib et al., 2003; Udrea et al., 2005; Zhang et al., 2006). 使用领域特定知识, 支持基于本体的语义匹配, 在数据库上提供语义搜索. 本节比较所介绍的方法与在文献(Das et al., 2004; Hung et al., 2004; Zhang et al., 2006)中基于本体的方法. 通常, 基于本体方法的时间效率低于本章所给出的方法.

在文献(Das et al., 2004)中, 其实验环境为: Oracle 9i Release2(9.2.0.3), SunOS5.6, Ultra-60 Sparc 工作站具有 450MHz CPU 和 512MB 内存. 存储本体由 25762 个项(term)和 54387 个联系(relationship)组成. 对于 ONT_EXPAND 的性能, 随着 ONT_EXPAND 结果集合行数的增加, 查询运行时间线性增长. 例如, 如果 ONT_EXPAND 结果集合中项的数目是 6000 时, 查询 "SELECT count (*)…" 的运行时间为 3～4 秒. 对于 ONT_RELATED 的性能, 查询时间仍然是随着结果集合大小的增加而线性增长. 当被查询的行数是 40000 时, 查询运行时间(索引处理, 在三个 ONT_RELATED 处理机制中最好的一个)为 5～6 秒.

在文献(Hung et al., 2004)中, 实验环境为 1.4GHz CPU, 524MB 内存的 PC 和 Windows 2000 专业平台. 在 3 个数据集(每个数据集包含来自 DBLP 的 100 个随机

文件)上处理 12 个选择查询, TOSS 系统得到查准率和召回率. 对于阈值 $\epsilon = 2$, 平均查准率和召回率分别是 0.987 和 0.596, 对于阈值 $\epsilon = 3$, 分别是 0.942 和 0.843. 对于可扩展性实验, 数据集包含 3712 个文件, 对于选择查询, 文献(Hung et al., 2004)的算法的运行时间是 12.5～14 秒.

在文献(Zhang et al., 2006)中, 其作者发现其语义搜索器的时间效率低于 RDBMS 的 IR 引擎. 文献(Zhang et al., 2006)主要处理其框架的准确效率, 而且限于改进 KSORD 系统的查准率和召回率, 把改进其框架的时间效率留作未来的工作. 用 477 个注解文件和 1369 个语义索引条目, 当语义相似阈值 $\varepsilon_{ssim} = 0.5$ 时, 对于 Top-10～Top-100 查询, 平均查准率是 0.6～0.78, 召回率是 0.58～0.7.

在上述文献中没有报告空间开销的详情.

由图 5.10～图 5.12 可知, 本章方法的时间效率明显优于上述基于本体的技术, 而且容易得知, 运行本体的时间将会超过使用本章方法处理一个查询的全部响应时间.

为了与文献(Hung et al., 2004; Zhang et al., 2006)的结果进行比较, 图 5.20 显示了 IPUMS 的召回率. 由图 5.20 可见, 除了 G_4 的 dis-1 查询, 所有的召回率都大于 0.6. 总的平均召回率分别是 Avg (r1) = (r1(1) +⋯+r1(10))/10 = 0.78, Avg (r2) = 0.9, Avg (r3) = 0.96 和 Avg (r100) = 1.0. 另外, 对于 IPUMS, 由图 5.16 可见, 总的平均查准率分别是 Avg(p1) = 0.94, Avg(p2) = 0.75, Avg(p3) = 0.61 和 Avg(p100) = 0.3.

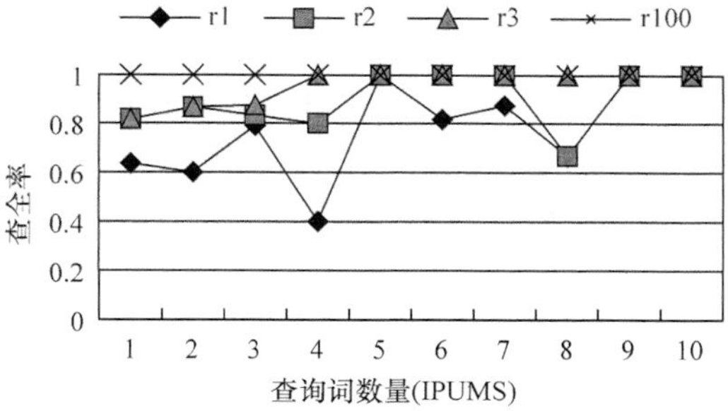

图 5.20　对于 IPUMS 的召回率

对于 BOOK, 由图 5.17 可知, 总的平均查准率分别是 Avg(p1) = 0.88, Avg(p2) = 0.77, Avg(p3) = 0.68, Avg(p10) = 0.37, Avg(p20) = 0.36, Avg(p40) = 0.23 和 Avg(p100) = 0.14. 5.3.1 节已经提到, 因为数据集 BOOK 很大, 不报告其召回率; 然而, 从图 5.20 中关于 IPUMS 的结果可以合理地推测出关于 BOOK 的召回率.

当 N 较大时(如 $N = 100$ 对于 IPUMS, 和 $N \geqslant 10$ 对于 BOOK), 用本章的方法, 对于 dis-N 查询会返回较多的元组, 导致查准率不是很高. 例如, 对于数据库 BOOK, 由图 5.15 可知, 当 $N = 10, 20, 40$ 和 100 时, 检索结果元组总的平均数目分别是 80、260、600 和 1600. 因此, 若要得到 Top-100 结果, 只需考虑 dis-10 到 dis-20 查询即可, 查准率约为 0.36, 由图 5.10 和图 5.12 可知, 平均查询响应时间为 1000～2000ms, 即最多用 2 秒左右的时间即可完成查询.

考虑到本章实验中查询的选择是随机的, 并且语义搜索的目标是在保证快速的前提下得到更有效的查询结果. 另外, 答案的显示按语义距离排序, 与用户查询越相关的答案排位越靠前, 最后输出 Top-*N* 结果, 或按部分逐批逐屏幕输出全部结果(如果返回结果很多, 并且要求全部输出). 因此, 整体性能的增益远超过查准率的少许不足.

5.4 本章小结

本章介绍了一种方法, 在数据库检索中实现元组词和查询词之间的语义匹配. 该方法定义语义距离而且使用 WordNet 扩展元组词创建一个索引. 使用此索引不但能够检索出与查询词精确匹配的元组, 而且能检索出与查询词语义相似的元组. 运用数据库中关系/表的自然连接的简单 SQL Select 语句检索出候选元组; 然后, 用语义距离函数对候选元组进行排序, 最终输出 Top-*N* 结果. 另外, 对于查询处理, 还讨论了索引的维护以及空间和时间开销. 基于两个真实的数据集, 用大量的实验数据来验证和分析这种处理策略的性能. 实验结果表明, 所需要的 Top-*N* 答案出现在 dis-*N* 结果中并且越相关的答案排位越靠前. 对于 dis-*N* 查询, 较小的 N 将得到较好的结果, 尤其当 N =1, 2 和 3 时, 通常是最好的答案. 对于 N 很大的情况(如 N = 100), dis-*N* 查询可能返回太多的元组. 因为答案用语义距离排序, 为了更快地应答, 在实际中如果要求返回所有查询结果, 可以逐部分地显示出来. 通常, 最先显示的一些结果(也就是 dis-1、dis-2 或 dis-3 元组)将会是所需的答案, 因为它们有高查准率和高 SAP@*N* 值.

参考文献

Bates M J. 1989. Rethinking subject cataloging in the online environment. Library Resources & Technical Services, 33(4): 400-412.

Chen Y. 2002. Raw Relation Sets, Order Fusion and Top-N Query Problem. Binghamton: SUNY.

Chen Y, Meng W. 2003. Top-N query: Query language, distance function and processing strategies// Proceedings of International Conference on Web-Age Information Management, Chengdu: 458-470.

Cormen T H, Leiserson C E, Rivest R L, et al. 2001. Introduction to Algorithms. Cambridge: MIT Press.

Das S, Chong E I, Eadon G, et al. 2004. Supporting ontology-based semantic matching in RDBMS// Proceedings of the Thirtieth International Conference on Very Large Data Bases (VLDB'04),

Toronto: 1054-1065.

Fellbaum C. 1998. WordNet: An Electronic Lexical Database. Cambridge: MIT Press.

Hung E, Deng Y, Subrahmanian V S. 2004. TOSS: An extension of TAX with ontologies and similarity queries// Proceedings of the ACM International Conference on Management of Data (SIGMOD'04), Paris: 719-730.

IPUMS Census Database. 1990. http://kdd.ics.uci.edu/databases/ipums/ipums.html.

Lim L, Wang H, Wang M. 2007. Unifying data and domain knowledge using virtual views// Proceedings of the 33rd International Conference on Very Large Data Bases (VLDB'07), Vienna: 255-266.

Liu F, Yu C, Meng W, et al. 2006. Effective keyword search in relational databases// Proceedings of the ACM International Conference on Management of Data (SIGMOD'06), Chicago: 563-574.

Lu Y, Meng W, Shu L, et al. 2005. Evaluation of result merging strategies for metasearch engines// Proceedings of the 6th International Conference on Web Information Systems Engineering (WISE'05), New York: 53-66.

Mäkelä E. 2005. Survey of semantic search research// Proceedings of the Seminar on Knowledge Management on the Semantic Web. Department of Computer Science, University of Helsinki. http://www.seco.tkk.fi/ publications/ 2005/makela-semantic-search-2005.pdf.

Miller G A, Fellbaum C, Tengi R, et al. 2005. WordNet 2.1. http://wordnet. princeton. edu.

Necib C B, Freytag J C. 2003. Ontology based query processing in database management systems// Proceedings of CoopIS/DOA/ODBASE2003, Catania: 839-857.

Singhal A, Buckley C, Mitra M. 1996. Pivoted document length normalization// Proceedings of the 19th Annual International ACM SIGIR Conference on Research and Development in Information Retrieval (SIGIR'96), Zurich: 21-29.

Singhal A. 2001. Modern information retrieval: A brief overview. IEEE Data Engineering Bulletin, 24(4): 35-43.

Udrea O, Deng Y, Hung E, et al. 2005. Probabilistic ontologies and relational databases// Proceedings of CoopIS/ DOA/ODBASE2005, Agia Napa: 1-17.

Zhang J, Peng Z, Wang S, et al. 2006. Si-SEEKER: Ontology-based semantic search over databases// Proceedings of Knowledge Science, Engineering and Management, The First International Conference (KSEM 2006), LNAI 4092, Guilin: 599-611.

Zhu L, Ji S, Yang W, et al. 2009. Keyword search based on knowledge base in relational databases// Proceedings of the Eighth International Conference on Machine Learning and Cybernetics: 1528-1533.

Zhu L, Ma Q, Liu C, et al. 2010. Semantic-distance based evaluation of ranking queries over relational databases. Journal of Intelligent Information Systems, 35(3): 415-445.

第 6 章　基于索引技术的中文关键词 Top-N 查询处理

对于本书主要讨论的三种**近似匹配方式**(approximate-match paradigm): ①基于距离匹配(Top-N 查询); ②基于语义相似度的匹配; ③基于结构的匹配(关键词搜索), 本章将介绍的内容属于第三种方式, 也就是基于结构的匹配(关键词搜索). 针对关系数据库中自由态中文关键词 Top-N 查询, 本章讨论基于索引的处理方法. 建立一个关系用于存储数据库的中文元组字及其相关信息, 并据此关系创建元组字索引; 利用此索引快速匹配查询字和元组字并且计算查询和候选元组之间的相似度, 实现数据库的按字搜索. 依据中文的特征给出排序方法, 并且基于第一次匹配的候选元组给出短语匹配优化算法, 返回查询的 Top-N 答案.

6.1　引　　言

关键词查询(keyword query, KQ, 或称关键词搜索, keyword search, KS)的理论和技术方法在信息检索和 Web 搜索引擎中得到了深入和广泛的研究与应用(Salton et al., 1983; Baeza-Yates et al., 2011; Rao et al., 2013; Wang et al., 2014; Meng et al., 2017); 传统数据库管理系统(database management system, DBMS)仅支持模式匹配, 不支持自由态的关键词查询. 在 Web 检索中, 有海量的信息通过查询接口在线访问后端的 Web 数据库. 根据美国 UIUC 的研究结果(Chang et al., 2004), 截至 2004 年 4 月, 整个 Web 上有 307000 个网站提供 450000 个 Web 数据库, 是文献(BrightPlanet.com, 2000)在 2000 年 7 月所估计的 50000 个网站的 6 倍多. 此外, 在这 450000 个 Web 数据库中有 348000 个结构数据库(Chang et al., 2004), 其中主要是关系数据库. 从 Web 数据库中搜索信息不同于查找 Web 网页, 数据存储在数据库中, 数据搜索由数据库系统执行, 可能运用主-外键联系连接多个表获取结果, 因此导致查询界面有多个区域对应数据库中相应的属性, 这样的复杂界面不易于用户使用.

关键词查询能够更好地适应 Web 数据库, 不需要用户知道数据库模式和查询语言(如结构化查询语言, structured query language, SQL)等信息, 不仅简化了 Web 检索系统界面, 而且改进了系统性能. 鉴于此, 2002 年以来关系数据库系统中支持自由态的英文关键词查询成为一个重要研究课题, 如 (Hristidis et al., 2002;

Bhalotia et al., 2002; Li et al., 2009; 王斌等, 2008; 唐明珠等, 2012; 林子雨等, 2014)等. 本章讨论自由态中文关键词 Top-N 查询: 只需一个简单的查询界面(如百度界面), 用户提交一个或几个中文查询关键词, 就可以从数据库中检索出与查询词相似度最高的 N 个元组, 并按所构造的排序函数计算的相似度对输出结果进行排序, 如例 6.1 所示.

例 6.1　在一个图书检索系统中, 数据库 BOOKS 有三个关系(图 6.1): 书名(Titles)、作者(Authors)和出版社(Publishers), 其模式分别为: Titles(tid, title, Faid, Fpid, …), Authors(aid, aname, …)和 Publishers(pid, pname, …), 其中 Titles.tid 为主键, Titles.Faid 和 Titles.Fpid 是两个外键, 分别参照 Authors.aid 和 Publishers.pid 两个主键. 用户输入查询词"高代; 高教出版社"(其中"高代"在数据库中也许是某作者姓名), 希望得到关于"高等代数; 高等教育出版社"的查询结果, 如图 6.2 所示. 另外, 即使查询词中有个别汉字遗漏或错误, 用户仍希望能得到较好的答案.

Titles

tid	title	Faid	Fpid
t1	高等代数	a1	p1
t2	数据库系统概论	a2	p1
t3	民法教程	a3	p3

Authors

aid	aname
a1	北京大学数学系
a2	萨师煊王珊
a3	江平

Publishers

pid	pname
p1	高等教育出版社
p2	新华出版社
p3	中国政法大学出版社

图 6.1　数据库 BOOKS

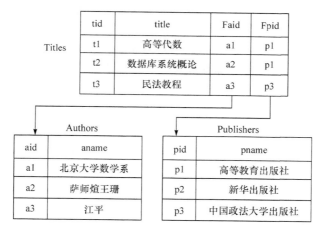

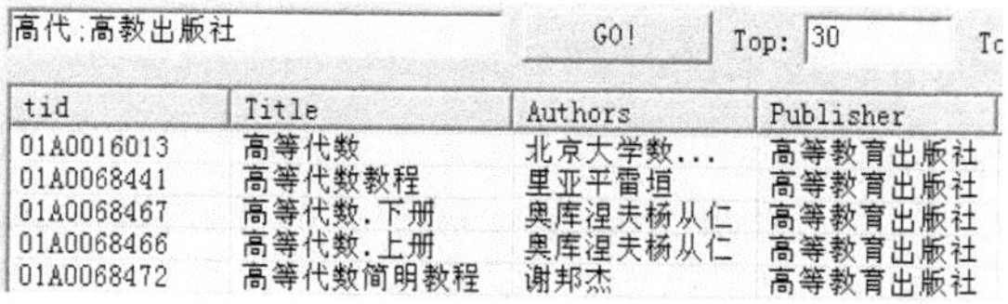

图 6.2　中文关键词查询原型系统

传统数据库系统难以处理例 6.1 所示的关键词查询问题, 通常返回结果只能是空集. 因此, 支持中文关键词 Top-N 查询对系统的实际应用是重要的. 关于例 6.1 有如下说明: 不失一般性, 设 Authors 和 Titles 之间存在"一对多"而非"多对多"联系. 若一本图书有多个作者, 则视其为一个长字符串且将其看成"一个作者".

对于中文环境，在实际中这种一对多联系具有更好的实用性；例如，当录入多个作者时(如萨师煊，王珊)，可能出现两个或多个作者姓名之间没有分隔符而连接为一串，如图 6.1 所示的“萨师煊王珊”，或出现打字错误，一对多联系可以更好地得到查询结果.

信息检索的对象是非结构化和半结构化文档构成的文本数据库(Salton et al., 1983; Baeza-Yates et al., 2011; Rao et al., 2013; Wang et al., 2014)，将其关键词查询的理论和技术应用到关系数据库，这是具有挑战性的(Liu et al., 2006). 如第 5 章所述，第一，文档是文本数据库中用户信息搜索的基本单位. 然而在关系数据库中信息的逻辑单位可能存储在多个列和多个关系中；一个查询的答案可能需要连接多个关系. 第二，关系数据库比文本数据库有更好的结构性，而且对于一些文本属性，如人名、书名、职业等，通常仅包含几个字/词；远远小于文本数据库中文档的长度. 第三，在保证快速查询的前提下，准确性是关键词搜索的一个重要因素. 在关键词查询中，其结果可能包括许多元组. 为了有效地排列答案，在关键词搜索中，需要根据数据库的特性构造排序函数对查询的候选元组进行排序. 另外，需要考虑利用 DBMS 处理关键词搜索，保证快速得到查询结果. 鉴于此，已经提出的关系数据库**英文关键词查询**处理方法往往只能借鉴 IR 中的基本思想及相关技术，不能直接使用；因而，如何设计有效的处理算法及合理的排序策略成为两个核心问题(Liu et al., 2006; Chaudhuri et al., 2009; Yu et al., 2010).

中文有其特性，中英文之间存在很大差异. 例如：①中文是“2 维语言”，英文是“1 维语言”，汉字用 GB2312-80 编码，每个汉字在内存中为两个连续的字节(如“人”编码为 0xC8CB)，英文单词由字母串组成，每个字母的 ASCII 编码为一字节(如“person”需 6 字节)，英文单词长短不一；②中文词语之间没有空格，英文单词间有空格；③通常，中文缩略词是从短语或词句中抽取汉字组成的(如“高代”表示“高等代数”)，英文为首字母缩写词(如“WWW”代表“World Wide Web”).

信息检索主要理论和技术的基础环境是西文(尤其是英文)，如 Zipf 定律、Heaps 定律、Shannon 信息论、单词分布、倒排索引等(Baeza-Yates et al., 2011). 在信息检索领域，许多西文的处理方法在处理中文时不能直接运用. 鉴于中文基本文法的特性以及词语之间没有分隔符，分词成为中文处理的关键技术和重要环节. 同样，由于中英文之间的差异，可以借鉴目前关系数据库英文关键词查询的技术方法，但是很难直接应用于中文.

针对关系数据库中文关键词查询，自然考虑到运用分词技术；然而，歧义识别和未登录词(或称新词)识别是中文分词中的两大难题，尤其是未登录词，主要包括人名、机构名、地名、产品名、商标名、简称、缩略词等；而这些词汇正是数据库关键词查询所关注的，如例 6.1 所示. 因此，如何避开分词技术是数据库中文关键词查询处理的又一个难点.

综上所述，本章将借鉴 IR 中倒排索引和相似度的基本思想，给出中文关键词 Top-*N* 查询的一种处理策略，设计新的算法和排序函数，其目标为：①不受领域知识的限制，实现自由态检索功能，无须用户了解数据库模式和查询语言等信息；②避开中文分词技术，实现“按字搜索”，改善查询性能，需要说明的是，按字搜索往往损坏字/词之间的语义关联，本章将通过短语匹配解决此问题；③能够处理中文缩略词，并且针对查询词中有个别汉字遗漏或拼写错误的情况，也可以很好地进行处理.

本章方法的基本思路如下：①创建索引表，索引表被用来存储从数据库元组中析出的中文元组字及其相关信息，进而构建索引，并用其快速匹配查询关键字；②构造排序函数，借鉴 IR 系统中有效的相似度计算公式，构造适合中文关键词查询的排序函数；③给出查询处理方法. 对于一个中文关键词查询，首先利用索引快速匹配查询字和元组字且得到相应信息，并根据这些信息创建候选元组生成链表、构造 SQL 查询语句、计算相似度，进而按相似度排序返回 Top-*N* 结果. 据此建立图书检索原型系统，如图 6.2 所示.

6.2　相 关 工 作

2002 年之后，关系数据库关键词查询的研究备受国内外学者关注. 借鉴和改进 IR 中的基本思想和方法，以及其他技术和算法，结合关系数据库的特性，针对英文关键词查询，目前已经有许多研究工作，示例简述如下：基于有向图策略，文献(Hristidis et al., 2002)定义了模式图用元组连接网表示元组之间的联系，其方法出现了 NP-complete 问题. 文献(Bhalotia et al., 2002)提出了一种关键词查询的框架和遍历查询结果的启发式算法，每个元组用有向图中的一个节点表示并赋予一个权值，数据库模式中的主-外键联系用图的有向边表示，不同的边赋予不同的权重，综合考虑节点的权重和边的权重来计算相似度并将查询结果排序. 文献(Hristidis et al., 2002; Bhalotia et al., 2002)返回关键词查询结果的方法都没有借鉴经典 IR 排序策略，仅给出了简单的排序方法. 文献(Liu, et al., 2006)借鉴 IR 排序策略，给出了一种较好的排序方法，并且用 IR 中的召回率-查准率方法评价查询效果. 基于关键词联系图，文献(Vu et al., 2008)中的排序策略既考虑了数据节点的属性，也考虑了整个查询结果的属性，如边的权重. SEEKER(文继军等, 2005)借鉴文献(Hristidis et al., 2002)模式图思想，运用 Oracle 9i 的全文索引处理关键词查询，文献(文继军等, 2005)的方法既能检索文本属性也可以检索数据库元数据和数值属性，并且定义了评分公式．文献(林子雨等, 2014)运用蚁群优化算法处理关键词查询．文献(Demidova et al., 2012; Duan et al., 2013)提出了概率方法，其中文献(Demidova et al., 2012)迭代运用从用户获取的反馈信息；文献(Duan et al., 2013)则使用基于实体说明及关联的文本数据．文献(Coffman et al., 2014; Kargar et al., 2014)对一些存在的方法进行了实现，文献(Coffman et al., 2014)给出了实验评价，而文献(Kargar et al., 2014)给出了原型演示．鉴于相关应用环境和需求，关键词查询得到了进一步深入和广泛的研究，如空间关键词查询(Long et al., 2013; Chen et al., 2014)．总之，对于关键词查询，不仅要设计好的算法，而且如何合理排序也至关重要(Liu et al., 2006; Chaudhuri et al., 2009; Yu et al., 2010)．本章借鉴文献(Zhu et al., 2010b)和第 5 章中的一些基本思想，对文献(Zhu et al., 2010a; Zhu et al., 2012)进行扩展，讨论中文文本属性的关键词 Top-N 查询的一种处理方法，综合考虑查询的响应时间和准确性等因素．

6.3　索引和索引表

设一个数据库有 n 个关系/表 $\boldsymbol{R}_1, \boldsymbol{R}_2, \cdots, \boldsymbol{R}_n$, $n \geqslant 1$；每个关系 $\boldsymbol{R}_i$ $(1 \leqslant i \leqslant n)$有 mi 个中文文本属性/列 $A_1^i, A_2^i, \cdots, A_{mi}^i$，而且有一个主键和/或至少一个外键(参照其他关系的主键)．本章使用如下术语．

模式图(Hristidis et al., 2002)：模式图是描述数据库模式主-外键联系的有向图．图中每个节点对应数据库中的一个关系 $\boldsymbol{R}_i(i = 1, 2, \cdots, n)$，每条边 $\boldsymbol{R}_i \to \boldsymbol{R}_j$ 表示数据库中的一个关系 $\boldsymbol{R}_i$ 的属性集$(A^i{}_{b1}, \cdots, A^i{}_{bq})$到另一个关系 $\boldsymbol{R}_j$ 的属性集$(A^j{}_{b1}, \cdots, A^j{}_{bq})$的主-外键联系，其中 $A^i{}_{bk} \equiv A^j{}_{bk}$, $k = 1, \cdots, q$.

元组字：对于任一元组 $\boldsymbol{t} \in \boldsymbol{R}_i$ 及其属性 $A \in \{A^i{}_1, A^i{}_2, \cdots, A^i{}_{mi}\}$, $\boldsymbol{t}[A] = \{z_1 z_2 \cdots z_k\}$是元组 $\boldsymbol{t}$ 在属性 A 的值(也称为元组 $\boldsymbol{t}$ 关于属性 A 的分量)，包含一个或多个汉字，其中 z_i $(1 \leqslant i \leqslant k)$为一个汉字，称为元组字．

元组树：一棵元组树 τ是元组的连接树，是查询的一个结果．元组树 τ 的每个节点都是数据库中的一个元组．对于相邻的元组 $\boldsymbol{t}_i$, $\boldsymbol{t}_j \in \tau$，存在一条边 $\boldsymbol{R}_i \to \boldsymbol{R}_j$ 使得 $\boldsymbol{t}_i \bowtie \boldsymbol{t}_j \in \boldsymbol{R}_i \bowtie \boldsymbol{R}_j$，其中 $\boldsymbol{t}_i \in \boldsymbol{R}_i$, $\boldsymbol{t}_j \in \boldsymbol{R}_j$．每个 $\boldsymbol{t}_i$ $(\boldsymbol{t}_i \in \tau)$ 被称为基本候选元组．本章将不区分术语“元组树”和“元组”．

中文关键词查询：关系数据库的中文关键词查询 $Q = \{q_1 q_2 \cdots q_i[;\cdots;q_1 q_2 \cdots q_k]\}$是汉字 q_h $(1 \leqslant h \leqslant \max(i, \cdots, k))$ 的(多重)集合，称每个 q_h 为一个**查询字**．Q 包含一个或多个**查询词**，每个查询词由一个或多个查询字组成．只包含一个查询词的查询称为**简单查询**，记为 $Q^s = \{q_1 q_2 \cdots q_d\}$．包含多个(两个及两个以上)查询词的查询称为**复杂查询**，记为 $Q^c = \{Q^s{}_1; Q^s{}_2; \cdots; Q^s{}_p\}, p \geqslant 2$，即由多个简单查询 Q^s 构成，每个 Q^s

之间用分号“;”分隔. 查询的候选结果是经过连接基本表得到的元组(树)$\boldsymbol{t}$ 的集合, 每个 $\boldsymbol{t}$ 至少包含一个查询字. 对于给出的一个相似度函数 sim(·,·), 计算候选元组集合中的每一候选元组 $\boldsymbol{t}$ 与查询 Q 之间的相似度 sim(Q, $\boldsymbol{t}$), 将 $\boldsymbol{t}$ 按照相似度降序排列, 前 N 个元组即为 Q 的 Top-N 结果; 若候选元组的数目小于 N, 则按照相似度降序输出全部候选元组.

本章实现按“字”搜索; 因此, 在不导致混淆时, 不区分“字”和“词”.

注: 多重集合(multi-set)是一种集合的“变体”, 也称为包(bag), 是指其元素可以重复(1.1.1 节). 例如, 图 6.2 中的查询为复杂查询 $Q^c = \{Q^s{}_1;Q^s{}_2\}$ = {高代;高教出版社}, 其中有两个“高”.

长度: 查询 Q 的长度是其所包含的查询字的个数, 即$|Q^c| = |Q^s{}_1|+|Q^s{}_2| + \cdots + |Q^s{}_p|$, 例如, $Q^s = \{q_1q_2\cdots q_d\}$时, $|Q| = d$. 同样, 分量 $\boldsymbol{t}[A]$的长度是指元组 $\boldsymbol{t}$ 的 A 属性值所含元组字的个数, 记为$|\boldsymbol{t}[A]|$. 若 $\boldsymbol{t}[A] = \{z_1z_2\cdots z_k\}$, 则$|\boldsymbol{t}[A]| = k$.

索引表: 索引表(也称**索引关系**)是由数据库中所有元组字(范围是一级和二级字库, 6763 个汉字)及其相关信息构成的一个基本关系, 存储在数据库中, 由 DBMS 管理. 索引表的模式为 TupleWordTable(wordid, word, size, DBvalue), 其中 wordid 为主键; word 为元组字; DBvalue 是字符串, 描述元组字在数据库中的相关信息, 形式为“cid,df,rid,tf,dl;···;cid,df,rid,tf,dl;”; size 是元组字 word 在数据库分量中出现的次数, 也就是 DBvalue 中分号“;”的个数. 在 DBvalue 的每段信息“cid,df,rid,tf,dl;”中, cid 是元组字所在元组 $\boldsymbol{t}$ 的列/属性标识; df 是相应 cid 的属性 A 中包含该元组字之分量 $\boldsymbol{t}[A]$的个数(统计有多少个 $\boldsymbol{t}[A]$含有该元组字 word, 例如, word = "王", 在“作者”关系的“姓名”属性 Authors.aname 中, df 表示姓“王”或名字包含“王”的作者的个数, 即在列 aname 中, 包含元组字“王”的属性值个数); rid 是元组字所在元组 $\boldsymbol{t}$ 的行/元组标识; tf 是元组字出现在该属性值中的频率; dl 是元组字所在的属性值的长度. 例如, 作者“王飞飞”, 元组字“飞”的 tf = 2, dl = 3. 图 6.3 所示为索引表的部分数据. 例如, 元组字“厨”, 其 wordid = 2355, size = 2 表示元组字“厨”在数据库中出现 2 次, 即"DBvalue" = "2,1,53766,1,6;1,1, 37282,1,2;" 包含两段信息, 其中第一段信息"cid,df,rid,tf,dl;" = "2,1,53766,1,6;"的含义是: 行标识 rid 为 53766 的元组在列标识为 2 的属性值包含“厨”, 此属性值的长度为 6(dl = 6), “厨”在属性值中出现了一次(tf = 1), “df = 1”说明列标识为 2 的列中只有一个元组关于此列的分量包含“厨”.

索引: 将索引表中的汉字及其全部或部分相关信息调入内存, 创建索引; 索引由一些基本数据结构(如链表、动态数组等)形成. 当查询关键词提交后, 通过索引快速匹配查询字和元组字, 获取元组字信息, 进而确定候选元组和相似度.

wordid	word	size	DBValue
…	…	…	…
3161	齿	35	2,1,57091,1,10;1,34,78217,1,14;…;
2355	厨	2	2,1,53766,1,6;1,1,37282,1,2;
2640	稠	1	2,1,10547,1,3;
…	…	…	…

图 6.3　索引表 TupleWordTable 中的三个元组

6.3.1　索引表的创建

为了创建模式为 TupleWordTable(wordid, word, size, DBvalue)的索引表/关系，首先唯一标识数据库中各个相关表的表名、属性名，并且为这些表的主键属性统一编号，避免发生标识重复的情况．索引表的创建过程如下．

(1) 规范化，对各个表中的相关属性值进行清理，去掉无意义的标记和字符，将每个元组分量 $\boldsymbol{t}[A]$规范化为 $\boldsymbol{t}[A]=\{z_1z_2\cdots z_m\}$，其中每个 $z_i\,(1\leqslant i\leqslant m)$为一个元组字．

(2) 对于每个表，按其元组标识顺序依次遍历每个相关属性，设计算法析出每个元组字及其相关信息．另外，也可将连续的英文字母组合视为一个汉字．不失一般性，本章只析出汉字．

(3) 将析出的元组字及其相关信息插入索引结构中．

(4) 当析出所有元组字及相关信息后，将索引结构中的内容存入数据库的一个基本关系，即索引表 TupleWordTable．

为创建索引表，依据数据库不同属性的语义，通过实验、训练、统计和分析，人工设计“停用词表”，去除这个属性中信息量低的汉字(设定一个阈值，如 80%，大于该百分比的元组在该属性的值均包含的实词/字可视为停用词)．如例 6.1 的 Publishers.pname 属性中最后的三个字“出”、“版”、“社”为停用词；在书名 Titles.title 中，当书名的字数不少于 3 时，最后的“学”字为停用词，若“的”前一字为“目”，则“的”变为非停用词；在作者姓名 Authors.aname 中无停用词等．

1. 索引结构

创建索引表的算法将使用如下结构(称为索引结构)：Word-list→{Col-list→{tl-list}}，由三层链表构成，如图 6.4 所示．若索引表较小，此结构亦可作为索引驻留内存，否则将索引表的部分内容调入内存，运用动态数组/链表等建立索引．索引的创建思想如下．

第一层，Word-list 是关于元组字及其部分信息的一个双向链表，其节点 W 的结构为 CWNode(wordid, word, size, pCList, wpNext, wpPrev)，其中 wordid 为标识；

word 用于存储元组字; size 是元组字 word 在数据库分量中出现的次数; 指针 pCList 是指向链表 Col-list 的首节点; 指针 wpPrev 和 wpNext 分别指向链表 Word-list 的前后节点. Word-list 节点中的(wordid, word, size)为索引表中相应的三个属性.

第二层, 双向链表 Col-list 中的每个节点保存元组字 word 的属性信息, 其节点 D 的结构为 CCLNode(cid, df, ptlist, cpNext, cpPrev). 数据库中每个相关属性对应 Col-list 的一个节点; 即 Col-list 中的每个节点的 cid 和 df 与索引表中 DBvalue 的每段信息的 cid 和 df 相对应. 指针 ptlist 指向链表 tl-list; 指针 cpPrev 和 cpNext 分别指向 Col-list 的前后节点.

第三层, 双向链表 tl-list 中的每个节点保存元组字 word 在每个分量的信息, 其节点 T 的结构为 CTLNode(rid, tf, dl, tpNext, tpPrev). tl-list 中的每个节点的(rid,tf,dl)与索引表中 DBvalue 的每段信息的(rid,tf,dl)相对应. 指针变量 tpPrev 和 tpNext 分别指向 tl-list 前后节点.

注: 图 6.4 所示为基本索引结构, 可以进一步优化或改进, 如参考图 5.7 所描述的 w-索引结构, 在图 6.4 所示的 Word-list 之上建立一个 hash 表或一个树型结构(例如, 以 Word-list 为叶级链表的 B^+树).

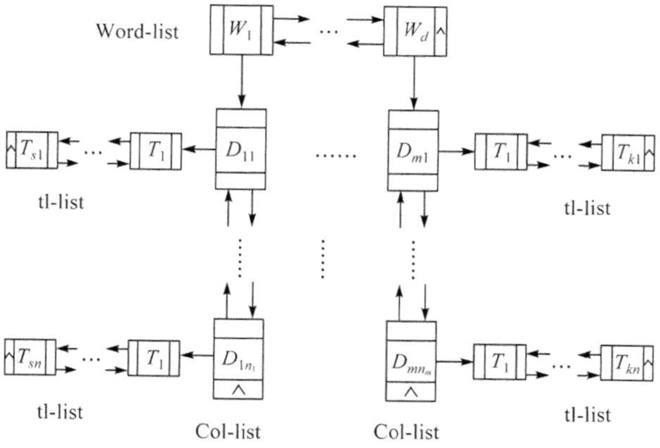

图 6.4 索引结构

2. 索引表创建算法

基于图 6.4 的索引结构及其创建思想, 下面给出创建索引表的算法. 首先描述元组字析出算法如下.

算法 6.1 元组字析出算法

输入: $\boldsymbol{t}[A]$ /* 元组 $\boldsymbol{t}\in\boldsymbol{R}(A_1, A_2, \cdots, A_m)$在属性 $A\in\{A_1, A_2, \cdots, A_m\}$的值*/

输出: 元组字 z //$z\in\boldsymbol{t}[A] = \{z_1z_2\cdots z_k\}$

```
1. 将 t[A]读入到字符数组 pWord[]中; 令 length = pWord.length()
2. FOR i, 0 ≤ i < length;      /*用 For 循环析出 t[A]的每个元组字*/
     IF (−9 ≥ pWord[i] ≥ −80) and (−2 ≥ pWord[i+1] ≥ −95)
        z[0]=pWord[i]; z[1]=pWord[i+1]; i=i+1;
        /* pWord[i], pWord[i+1]构成元组字 z 的机内编码 */
     END IF
     i = i+1;
3. END FOR
4. Return z
```

根据汉字区位表(GB2312-80), 算法 6.1 析出元组字的范围是一级和二级字库(6763 个汉字), 每个汉字是字符数组中满足条件(−9 ≥ pWord[i] ≥ −80) and (−2 ≥ pWord[i+1] ≥ −95)的相邻两个元素, 本章实验中得到 4506 个汉字. 下面描述创建索引表的算法, 其中需要如图 6.4 所示的索引结构并且调用算法 6.1.

算法 6.2 创建索引表算法

输入: 数据库中的关系 $\boldsymbol{R}_1, \cdots, \boldsymbol{R}_n$

输出: 索引表 TupleWordTable

1. 初始化链表 Word-list, 用 p 指针指向其地址;
2. 对于每个关系 $\boldsymbol{R}_i$, 将其每个元组 $\boldsymbol{t}$ 的每个相关属性值 $\boldsymbol{t}[A]=\{z_1z_2\cdots z_k\}$读入字符数组 pWord[];
3. 调用算法 6.1, 析出 $\boldsymbol{t}[A]$的每个汉字 z;
   /*将用 z.rid 和 z.cid 分别表示 $\boldsymbol{t}[A]$相应元组 $\boldsymbol{t}$ 的 rid 和属性 A 的 cid*/
4. IF 汉字 z 不在 Word-list 中 //参见 6.3.1 节
   (1) 创建一个类型为 CWNode 的新节点 W 并将其插入 Word-list, 根据 z 的 GB2312-80 编码排序 Word-list 中的节点. 其中 W.word = z; W.size = 1;
   (2) 创建一个新链表 Col-list 被 W 的指针 pCList 所指, 创建一个类型为 CCLNode 的新节点 D 并将其插入 Col-list, 此节点 D 保存相应的 cid 和 df;
   (3) 创建一个新链表 tl-list 被 D 的指针 ptlist 所指, 创建一个类型为 CTLNode 的新节点 T 并将其插入 tl-list, 此节点 T 保存相应的 rid、tf 和 dl;
5. ELSE // IF 汉字 z 在 Word-list 中
   (1) 得到包含 z 的节点 W, 并由指针 W.pCList 得到链表 Col-list;
   (2) IF 链表 Col-list 有一个节点 D 满足 D.cid=z.cid

① 由指针 *D*.ptlist 得到链表 tl-list;
② IF 链表 tl-list 有一个节点 *T* 具有 *T*.rid=*z*.rid, 更新 tf;
③ ELSE　/*IF 链表 tl-list 中无节点 *T* 满足 *T*.rid = *z*.rid */
创建类型为 CTLNode 的新节点 *T* 并将其插入 tl-list, *T* 保存相应的 rid、tf 和 dl;
将 *W*.size 加 1, 更新 df;
④ END IF
(3) ELSE　/*IF 链表 Col-list 没有节点 *D* 满足 *D*.cid = *z*.cid */
① 创建类型为 CCLNode 的新节点 *D* 并将其插入 Col-list, *D* 保存相应的 cid 和 df;
② 创建新链表 tl-list 被 *D* 的指针 ptlist 所指, 创建类型为 CTLNode 的新节点 *T* 并将其插入 tl-list, *T* 保存相应的 rid、tf 和 dl;
③ 将 *W*.size 加 1;
④ END IF
6. END IF
/*数据库中所有相关汉字析出完毕之后. 对于大规模关系且内存较小, 可以分解关系*/
7. 将索引结构中的信息存储为数据库的关系 TupleWordTable

运用算法 6.2, 对于大规模关系且内存较小的系统, 可能需要分解该关系进而析出元组字得到相应信息, 再将这些信息并入索引表 TupleWordTable.

6.3.2　索引表的维护

当增加、删除或修改操作使数据库状态发生变化时, 索引表可能需要维护. 因为修改操作可视为先删除后增加, 所以只需考虑增加和删除操作. 设 ***t*** 是关系 ***R*** 中增加或删除的元组.

(1) 增加: 首先对元组 ***t*** 规范化; 将 ***t*** 的每个相关属性值 $\boldsymbol{t}[A]=\{z_1z_2\cdots z_k\}$ 读入字符数组 pWord[]; 根据算法 6.2 的步骤 3～步骤 6 得到相应信息; 然后更新索引表相应的行和列.

(2) 删除: 首先对元组 ***t*** 规范化; 析出 ***t*** 中的每个元组字 *z* 及其 cid 和 rid 信息. 在索引结构中寻找元组字 *z* 的 Word-list 节点, 将其 size 值减 1, 此时若 size 值为 0, 则将该节点从 Word-list 中删除, 若不等于 0, 则寻找该节点指向 Col-list 链表中 cid 等于 *z*.cid 值的节点, 再找到 tl-list 中 rid 等于 *z*.rid 值的节点, 对 tl-list 更新或删除(其中 *z*.cid 和 *z*.rid 的含义参见算法 6.2 步骤 3 的注释). 最后对索引表中相关的行和列进行更新.

6.4　中文关键词 Top-*N* 查询处理

调用索引表的部分或全部信息建立索引，记为 cwIndex，常驻内存. 若索引表较小，则索引为图 6.4 所示的三层结构，每层为双向链表或动态数组；若索引表较大，则索引为一个图 6.4 中 Word-list 的双向链表或动态数组，即仅有一层，此时，由于一级和二级字库共有 6763 个汉字，Word-list 的节点数不超过 6763 个.

对于一个关键词查询 $Q^c=\{Q^s{}_1; Q^s{}_2; \cdots; Q^s{}_p\}$，其处理过程如下.

(1) 运用 cwIndex 得到查询 Q^c 的候选元组的标识和相关信息，将查询 Q^c 转化为一个或多个 SQL-Select 语句，利用 DBMS 的性能能够缩短查询的响应时间.

(2) 借鉴 IR 中的排序策略，给出适用于中文关键词 Top-*N* 查询的排序方法，运用该方法和从 cwIndex 得到的相关信息(dl, tf, df)来计算相似度.

(3) 考虑到按字搜索很可能损坏字/词之间的语义关联，用基于短语的匹配算法得到相似度修正参数，调整排序进而优化查询结果，使得当查询和答案匹配得越好时，答案的排序就越靠前，从而保证查询处理的准确性. 最后输出 Top-*N* 答案. 在此处理过程中将用到一个数据结构，如图 6.5 所示，详见 6.4.1 节所述.

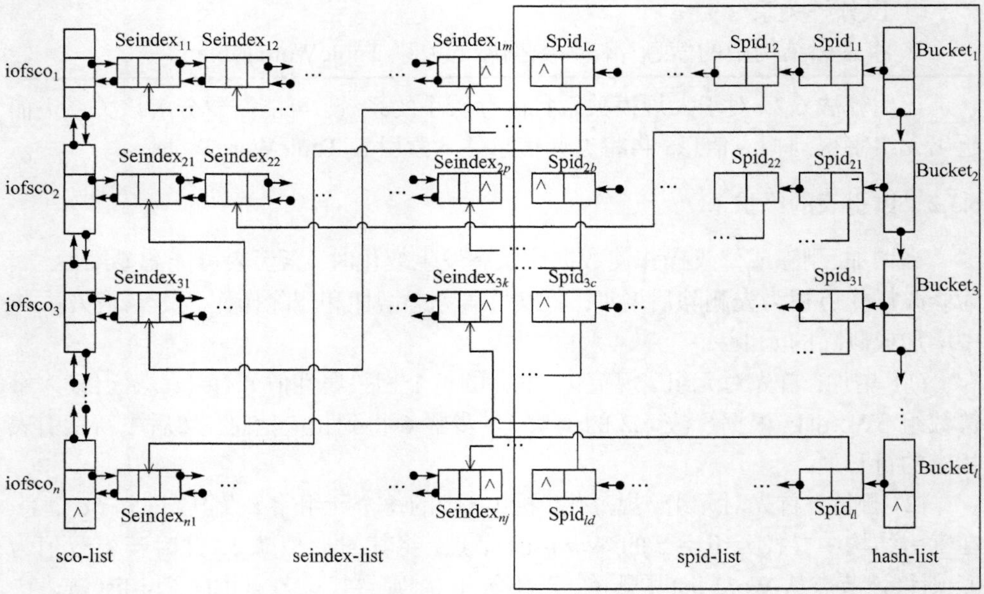

图 6.5　候选元组查找和排序结构

6.4.1　候选元组查找和排序结构

本章所设计的候选元组查找和排序的链表结构如图 6.5 所示，其中每个链表的内容是在排序的过程中动态生成的，链表的建立和元组的排序同时完成. 该结构由两部分完成：图 6.5 右侧(实线框内的部分)和图 6.5 左侧(实线框外的部分).

(1) 图 6.5 右侧(实线框内的部分)包括两层链表：hash-list→{spid-list}，完成快速定位候选元组的功能. 哈希链表 hash-list 的节点结构为 Bucket(B, pspid, pnext)，其中成员变量(或称为域)B 为哈希函数根据元组标识(rid)计算的结果，作为 hast-list 的节点标识，本章中 B = int(rid) mod 100.

(2) 为了提高匹配速度，链表 hash-list 的节点按照成员变量 Bucket.B 的值由大到小降序排列；成员指针 pnext 指向链表 hash-list 的下一个 Bucket 节点；成员指针 pspid 指向链表 spid-list 的第一个节点. 链表 spid-list 的节点结构为 Spid(rid, pseindex, pspid)，其中成员变量 rid 为元组标识(或称为行标识)，指针 pspid 指向链表 spid-list 的下一个 Spid 节点，成员指针 pseindex 指向链表 seindex-list 的相应节点(图 6.5 左侧). 链表 spid-list 的节点和链表 seindex-list 的节点是一一对应的.

(3) 图 6.5 左侧(实线框外的部分)包括三层链表：sco-list→{seindex-list→ {detail-list}}(其中第三层链表 detail-list 没有画出)，完成对候选元组排序的功能. 链表 sco-list 为双向有序链表且按其成员变量 iofsco.sco 的大小降序排列，其节点结构为 iofsco(sco, pseindex, pnext, ppiror). 指针 ppiror 和 pnext 分别指向链表 sco-list 的前后节点. 因为元组字可能在多个元组中出现，sco 的值是数据库中某一元组包含查询字的个数，sco 值相同的节点链接在链表 seindex-list 中，由指针 pseindex 指向此链表. 链表 seindex-list 也是双向有序链表，且按照其成员变量 Seindex.ssco 值的大小降序排列，其节点结构为 Seindex(rid, sco, ssco, pdetail, pnext, ppiror)，其中成员变量 ssco 存储通过计算得到的元组和查询的相似度，指针 ppiror 和 pnext 分别指向 seindex-list 的前后节点，指针 pdetail 指向第三层链表 detail-list(图中没有画出)，其节点的结构为 detail(zid, cid, dl, tf, df, size, pnext)，其中 zid 为存储元组字 z 的字符数组指针，数组存储元组标识为 Seindex.rid 和属性标识为 detail.cid 的元组中包含汉字的 GB2312-80 编码，cid 是汉字所在的元组属性的标识(列标识)，size 是待查询数据库中所有元组的个数，指针 pnext 指向下一个 detail 类型的节点. 此外，dl、tf、df 分别为索引中相应的值(6.3 节).

6.4.2　候选元组生成

根据 6.4.1 节的候选元组查找和排序结构，下面描述候选元组的生成过程. 为减少空间开销，创建索引时，本章只将索引表 TupleWordTable 中的部分信息调入主存，使用链表 Word-list 形成索引 cwIndex. 图 6.5 中链表生成和排序候选元组是同时进行的，其过程如下.

(1) 对于用户提交的复杂查询 $Q^c = \{Q^s{}_1;Q^s{}_2;\cdots;Q^s{}_p\}$，首先析出 Q^c 中的第一个简单查询 $Q^s{}_1 = (q_1q_2\cdots q_k)$，用 $Q^s{}_1$ 的每个查询字 q_i $(i=1, \cdots, k)$ 同驻留内存的索引 cwIndex 中的元组字 $W.z$ 进行匹配 (W 为 Word-list 的节点，$W.z$ 对应 CWNode.word，见 6.3.1 节).

(2) 若存在元组字 $W.z$ 与查询字 q_i 匹配($W.z = q_i$)，则得到 Word-list 链表中相匹配的节点，记为 W_i，进而得到 W_i.size 的值. 用 SQL-Select 语句检索索引表，得到各个 W_i 的 DBvalue，也就是其元组字的相关信息"cid,df,rid,tf,dl". 设 W_b.size = min{W_i.size} ($1 \leqslant i \leqslant k$, $|\{W_i\}| \leqslant k$，因为可能存在$\{q_i\}$的一些查询字$\{q_i'\}$，而$\{q_i'\}$中的查询字不能匹配 cwIndex 中的元组字 $W.z$，此时，$|\{W_i\}| = k - |\{q_i'\}|$). 首先从 W_b 对应的 DBvalue 得到包含查询字 q_b(注意 $q_b = W_b.z$)的所有元组标识的集合 $\mathcal{T}_b$ = {rid$_r$; $r = 1, 2, \cdots$, W_b.size}. 对于匹配节点集合$\{W_i\}$中的每个 $W_c \neq W_b$ 得到对应的标识的集合 $\mathcal{T}_c$ = {rid$_i$; $i = 1, 2, \cdots$, W_c.size}，取交集 $\mathcal{T}_c \cap \mathcal{T}_b$，并且累加 $\mathcal{T}_b$.rid$_r$ 的重复次数 count($\mathcal{T}_b$.rid$_r$)，如步骤(3)～步骤(5)所详述. 给定一个阈值 count$_0 = \theta|\mathcal{T}_b|$($0 < \theta < 1$, θ 为常数，由训练得到)，记 $Q = Q^s{}_1$，得到元组标识的一个集合 $\mathcal{T}(Q^s{}_1)$ = {$\mathcal{T}_b$.rid$_r$; count($\mathcal{T}_b$.rid$_r$) $\geqslant$ count$_0$} = $\boldsymbol{R}_1{}^Q \cup \boldsymbol{R}_2{}^Q \cup \cdots \cup \boldsymbol{R}_n{}^Q$，其中 $\boldsymbol{R}_j{}^Q$ 为关系 $\boldsymbol{R}_j$ ($1 \leqslant j \leqslant n$)中关于 Q ($= Q^s{}_1$)的元组标识的集合. 针对 $\mathcal{T}(Q^s{}_1)$计算相似度(6.4.3 节).

对于 $Q^s{}_2$，令 $\mathcal{T}_b := \mathcal{T}(Q^s{}_1)$，重复上述处理 $Q^s{}_1$ 的步骤，得到 $\mathcal{T}(Q^s{}_2)$，同样对 $\mathcal{T}(Q^s{}_2)$ 进行相似度计算. 循环此过程，直到完成 $Q^s{}_p$.

(3) 按照匹配的元组字的 size 属性值由低到高的顺序从链表 Word-list 得到 DBvalue 值后，分别解析相关信息"cid,df,rid,tf,dl". 如图 6.5 所示，执行如下步骤.

(4) 初始化哈希链表 hash-list，处理由查询字和索引中的元组字匹配得到的候选元组. 例如，处理元组标识为 rid 的元组时，先用哈希函数根据其元组标识 rid 计算得到的哈希函数值在链表 hash-list 中查找相对应的入口地址. 如图 6.5 所示，若在 hash-list 中存在相应的入口地址，则通过链表 hash-list 的成员指针 pspid 指向的链表 spid-list 中查找 Spid.rid = rid 的元组，具体处理如步骤(5)所详述(若找到，则说明标识为 rid 的元组中至少包含一个查询字). 若没有找到相应的入口地址，则需要新建一个 Bucket 节点，并按哈希函数计算得到的 Bucket.B 的值插入到链表 hash-list 的相应位置，再新建一个 Spid 节点，使得 Spid.rid = rid 且 Bucket.pspid 指向 Spid. 根据元组字相关信息(如"cid,df, tf,dl")新建链表 detail-list 及其节点 detail (此链表和节点为第三层链表，在图 6.5 中没有画出)，新建 seindex-list 链表的节点 Seindex，使指针 Seindex.pdetail 指向节点 detail-list.detail. 新建 sco-list 链表的节点 iofsco，使其 iofsco.sco = 1(该元组包含一个查询字)，iofsco.pseindex 指向 Seindex 并插入链表 sco-list 末尾.

(5) 若在 hash-list 中找到了相应的入口地址，则通过指针 Bucket.pspid 指向的链表 spid-list 中 Spid 节点的指针 pseindex 指向的链表 seindex-list 中定位标识为 rid 的元组对应的节点. 根据元组字相关信息(如 “cid,df,tf,dl”)新建链表 detail-list 及其节点 detail，插入 Seindex 节点的指针 pdetail 指向的链表 detail-list 中，使得 Seindex.pdetail 指向 detail，同时更新该 Seindex 节点中成员变量 sco 的值，使得 Seindex.sco = Seindex.sco + 1，并将此 Seindex 节点从 sco 值更新前的链表 sco-list 中摘下，插入新 sco 值的 sco-list 链表的相应位置(链表 sco-list 根据其节点的 sco 值从大到小降序排列).

(6) 所有的查询字处理完之后，包含相同个数查询字的元组信息都位于链表 sco-list 的成员指针指向的 seindex-list 链表中，并且链表 sco-list 按照其节点 iofsco 中的 sco 值由大到小降序排列.

6.4.3　相似度

借鉴并改进 IR 中的相似度计算方法(Salton et al.,1983; Meng et al., 2017; Baeza-Yates et al., 2011; Singhal, 2001)，得到适合中文关键词查询处理的排序方法，计算查询 Q 和每个候选元组的相似度. 相似度越高的候选元组和查询 Q 越靠近，据此相似度排序候选元组并输出 Top-N 结果. 查询 Q 可能是复杂查询 $Q^c = \{Q^s{}_1;Q^s{}_2;\cdots;Q^s{}_p\}, p \geqslant 2$，或简单查询 Q^s (6.3 节)；本章的相似度计算方法如下

$$\mathrm{sim}(Q^c,\boldsymbol{t}) = \sum_{Q^s \in Q^c} \mathrm{sim}(Q^s,\boldsymbol{t}) \tag{6-1}$$

$$\mathrm{sim}(Q^s,\boldsymbol{t}) = \max_{A_i \in \{A_1,\cdots,A_m\}} (\mathrm{sim}(Q^s,\boldsymbol{t}[A_i]))\cdot\gamma \tag{6-2}$$

$$\mathrm{sim}(Q^s,\boldsymbol{t}[A_i]) = \sum_{q\in Q^s, z\in \boldsymbol{t}[A_i]} \mathrm{weight}(q,Q^s)\times \mathrm{weight}(z,\boldsymbol{t}[A_i]) \tag{6-3}$$

$$\mathrm{weight}(z,\boldsymbol{t}[A_i]) = \frac{1+\ln(1+\ln(\mathrm{tf}))}{(1-s)+s\times\dfrac{\mathrm{dl}}{\mathrm{avdl}}}\cdot\ln\frac{n+1}{\mathrm{df}} \tag{6-4}$$

式(6-1)表示复杂查询 Q^c 和元组 $\boldsymbol{t}$ 的相似度是简单查询 Q^s 和元组 $\boldsymbol{t}$ 相似度之和. 式(6-2)表示简单查询 Q^s 和元组 $\boldsymbol{t}$ 的相似度，取简单查询 Q^s 和元组属性值 $\boldsymbol{t}[A_i]$ ($i = 1, \cdots, m$)的相似度最大值与短语匹配修正参数 γ 的乘积，γ 初始化为 1，将由 6.4.5 节的算法 6.3 得到. 数据库中的元组有多个属性，如作者、图书名称、出版社名称，用户提交给查询系统的查询词顺序不影响查询结果. 查询 Q^s 与元组的不同属性值 $\boldsymbol{t}[A_i]$ ($i = 1, \cdots, m$)匹配取其中的最大值，其目的就是取和查询最匹配的元组属性值作为本次匹配的结果. 式(6-3)用简单查询 Q^s 和元组属性 $\boldsymbol{t}[A_i]$的内积计算两者的相似度，其中 weight(q, Q^s)计算查询字 q 在简单查询 Q^s 中的权重，本章取查询字在

查询 Q^s 中出现的频率作为权重. 借鉴文献(Singhal, 2001), 式(6-4)用于计算元组字 z 在元组属性值 $\boldsymbol{t}[A_i]$中的权重, 其中 s 为常数(取 $s = 0.2$), n 是属性 A_i 下的元组数目, avdl 是元组 $\boldsymbol{t}$ 所有属性值 $\boldsymbol{t}[A_i]$的平均长度.

6.4.4 获得查询结果

根据 6.4.2 节和 6.4.3 节生成的元组标识集合和相似度, 以及模式图中主-外键联系, 构建 SQL 查询语句, 然后由 DBMS 执行这些查询语句. SQL 语句检索出的元组由主-外键联系生成并且包含查询字. 例如, 数据库的模式图是 $\boldsymbol{R}_1 \leftarrow \boldsymbol{R}_2 \rightarrow \boldsymbol{R}_3$, 查询 $Q = \{q_1 q_2\}$, 元组标识集合 $\boldsymbol{R}_j^Q = \{s; s = \boldsymbol{t}[\text{tid}], \boldsymbol{t} \in \boldsymbol{R} \wedge q_i \in \boldsymbol{t}\ (q_i \in Q, 1 \leqslant i \leqslant 2)\}$ ($j = 1, 2, 3$), 那么 SQL 语句如下:

select * from $\boldsymbol{R}_1$, $\boldsymbol{R}_2$, $\boldsymbol{R}_3$ where $\boldsymbol{R}_1$.Pid = $\boldsymbol{R}_2$.Fid and $\boldsymbol{R}_3$.Pid = $\boldsymbol{R}_2$.Fid and $\boldsymbol{R}_1$.Pid in $\boldsymbol{R}_1^Q$　(S1)

select * from $\boldsymbol{R}_1$, $\boldsymbol{R}_2$, $\boldsymbol{R}_3$ where $\boldsymbol{R}_1$.Pid = $\boldsymbol{R}_2$.Fid and $\boldsymbol{R}_3$.Pid = $\boldsymbol{R}_2$.Fid and $\boldsymbol{R}_2$.Pid in $\boldsymbol{R}_2^Q$　(S2)

select * from $\boldsymbol{R}_1$, $\boldsymbol{R}_2$, $\boldsymbol{R}_3$ where $\boldsymbol{R}_1$.Pid = $\boldsymbol{R}_2$.Fid and $\boldsymbol{R}_3$.Pid = $\boldsymbol{R}_2$.Fid and $\boldsymbol{R}_3$.Pid in $\boldsymbol{R}_3^Q$　(S3)

其中, Pid 和 Fid 分别为主键和外键. 然而, 若返回的元组树在多个关系的属性值都含有查询字, 则 SQL 语句的查询结果会产生冗余. 因此, 为了避免冗余, 要对关系的标识集合 $\boldsymbol{R}_j^Q$ 及时更新, 策略如下.

对于 $\boldsymbol{R}_1^Q$、$\boldsymbol{R}_2^Q$、$\boldsymbol{R}_3^Q$, 任选一个集合, 如 $\boldsymbol{R}_1^Q$, 执行 SQL 语句(S1), 其中限制条件为"$\boldsymbol{R}_1$.Pid in $\boldsymbol{R}_1^Q$", 然后对返回的元组树进行遍历, 找出返回的元组树中关系 $\boldsymbol{R}_2$、$\boldsymbol{R}_3$ 的主键 $\boldsymbol{R}_2$.Pid 和 $\boldsymbol{R}_3$.Pid, 分别记为 $\boldsymbol{R}_2^1$ 和 $\boldsymbol{R}_3^1$. 因为主键 $\boldsymbol{R}_2$.Pid $\in \boldsymbol{R}_2^1$ 和 $\boldsymbol{R}_3$.Pid$\in \boldsymbol{R}_3^1$ 的元组树已经获得, 所以在后续的 SQL 查询中, 更新 $\boldsymbol{R}_2^Q = \boldsymbol{R}_2^Q - \boldsymbol{R}_2^1$, $\boldsymbol{R}_3^Q = \boldsymbol{R}_3^Q - \boldsymbol{R}_3^1$. 然后任选余下的一条 SQL 查询语句, 执行后, 对其他剩余 $\boldsymbol{R}_j^Q$ 继续更新, 以此类推, 直到执行完全部 SQL 语句.

由 SQL 语句得到的查询结果构成候选集合, 为了得到最终的 Top-N 结果, 还需要短语匹配进行排序修正, 如 6.4.5 节所述.

6.4.5 相似度的短语修正

按字搜索很可能损坏字/词之间的语义关联, 将通过短语匹配解决这一问题. 中文短语经常表现为固定搭配的词组、成语、缩略词等. 短语匹配是指按序的(可以是非连续的)子串匹配, 以提高相似度排序的准确性, 即计算式(6-2)中的修正参数 γ. 假设简单查询 $Q^s = \{\cdots q_i q_{i+1} \cdots q_j \cdots\}$ $(i < j)$, 元组 $\boldsymbol{t} \in \boldsymbol{R}(A_1, A_2, \cdots, A_m)$在属性 $A \in \{A_1, A_2, \cdots, A_m\}$的值为 $\boldsymbol{t}[A] = \{\cdots z_m z_{m+1} \cdots z_n \cdots\}$ $(m < n)$, 若 $q_i = z_m$, $q_{i+1} = z_{m+1}$, $\cdots$, $q_j = z_n$, 且在 $\boldsymbol{t}[A]$中不存在长度大于$|z_m z_{m+1} \cdots z_n|$的子串和查询 Q^s 匹配, 则按序子串匹配得到 $c =$

$|q_iq_{i+1}\cdots q_j|$或$c=|z_mz_{m+1}\cdots z_n|$. 短语匹配不必是连续的子串, 例如, 当$Q^s=\{q_iq_{i+1}q_{i+2}q_{i+3}q_{i+4}\}$, $\boldsymbol{t}[A_i]=\{\cdots z_mz_{m+1}\cdots z_nz_{n+1}\cdots\}$($m+2<n$)时; 若 $q_i=z_m$, $q_{i+1}=z_{m+1}$, $q_{i+2}=z_n$, $q_{i+3}=z_{n+1}$, 则 $c=4=|q_iq_{i+1}q_{i+2}q_{i+3}|$.

算法 6.3 短语匹配算法

输入: 元组标识 rid, 简单查询 Q

输出: 修正参数 γ

1. 将标识为 rid 元组 $\boldsymbol{t}$ 的属性值 $\boldsymbol{t}[A_1], \cdots, \boldsymbol{t}[A_m]$读入内存; 计算查询 Q 的长度 l_Q及元组属性 $\boldsymbol{t}[A_i]$的长度 $l_i^a(i=1, 2, \cdots, m)$; 将 Q 存入数组 masstr[];
2. $c=0$; count = 0; $k=0$; $l=0$; matchNum = 0; $l_a=\max\{l^a{}_i\,;\, i=1, 2, \cdots, m\}$;//赋初值
3. FOR ($i=1$; $i\leqslant m$; i++)　　/* m 为元组 $\boldsymbol{t}\in\boldsymbol{R}(A_1, A_2, \cdots, A_m)$相关属性的个数*/
   (1) 将元组属性值 $\boldsymbol{t}[A_i]$存入数组 substr[]; count = 0; matchNum = 0;
   (2) FOR(j=1; $j\leqslant l_Q$; j++)　　/* l_Q为 Q 中查询字个数 */
      ① $k=2(j-1)$;　$l=0$;
      ② IF count > 0
            l = matchNum + 2;
      ③ END IF
      ④ While (TRUE)
            IF(masstr[k]= =substr[l]) and (masstr[k+1] = = substr[l+1])
               and (k mod 2 == 0)
                  count=count + 1; matchNum=l;
                  break;　// While (TRUE)
            ELSE IF ($l<2l^a{}_i-3$)
                  $l=l+2$;
            ELSE　　/* ($l>=2l^a{}_i-3$) */
                  break;　// While (TRUE)
            END IF
      ⑤ END While
   (3) END FOR
   (4) IF(count > c)
         c = count; $l_a=l^a{}_i$;
   (5) ELSE IF (count = c)
         $l_a=\min\{l_a\,,\, l^a{}_i\}$;
   (6) END IF

4. END FOR
5. 返回 $\gamma = c/l_a$ /*γ 为最大匹配数与其属性值的最小长度之比*/

简言之，在算法 6.3 中，计算查询 $Q=\{q_1q_2\cdots q_d\}$和 $\boldsymbol{t}[A_i]=\{z_1z_2\cdots z_k\}$按序匹配的汉字的个数 $c_i\,(i=1, 2, \cdots, m)$；令 $c=\max_{1\leqslant i\leqslant m}\{c_i\}$为最大匹配数，其对应的属性集合为$\{A_{i1}, \cdots, A_{ia}\}\subset\{A_1, \cdots, A_m\}\ (1\leqslant a\leqslant m)$，即 $c=c_{i1}=\cdots=c_{ia}$；令 $l_a=\min\{|\boldsymbol{t}[A_{i1}]|, \cdots, |\boldsymbol{t}[A_{ia}]|\}$；计算并返回 $\gamma = c/l_a$ 即可.

例如，若简单查询 Q_1 = "高代"，$\boldsymbol{t}$[title] = "高等代数"，由算法 6.3 得 $c=2, l_a=4, \gamma=2/4=0.5$. 又如，$Q_2$ = "代高"和 $\boldsymbol{t}$[title] = "高等代数"匹配时，有 $c=1, l_a=4, \gamma=1/4=0.25$；而 Q_2 = "代高"与 $\boldsymbol{t}$[aname] = "代高"匹配时，$c=2, l_a=2, \gamma=2/2=1$.

6.4.6 时间和空间开销

查询处理过程包括两个步骤：一是通过索引匹配查询字和元组字，得到候选元组的标识和相关信息；二是从数据库中检索元组并生成 Top-N 结果. 本章只将索引表的部分内容(wordid, word, size)调入内存构成索引，其为 Word-list 型的链表，节点按其汉字 word 的编码排序. 内存空间开销为 Index-space = Θ(|Word-list|). 时间开销为 CPU 开销与 I/O 开销之和，即 Index-time = $O(p)O$(|Word-list|) + $O(p')O(\delta\lambda)$ + index-DB-time，其中 O(|Word-list|) 是在 Word-list 中顺序查找一个查询字的时间开销，p 为查询字个数，p'为检索到的查询字个数，δ = avg(|Col-list|)，λ = avg(|tl-list|)，index-DB-time 为访问索引表的 I/O 开销. 因为 CPU 开销远远小于 I/O 开销，可以忽略，所以 index-time ≈ index-DB-time. 再者，生成结果的时间开销为 result-time = $O(p\delta\lambda)$ + result-DB-time，其中 result-DB-time 是从数据库中检索元组的 I/O 开销；较之，CPU 开销 $O(p\delta\lambda)$可以忽略. 另外，索引表的磁盘空间为Θ(|Word-list| + $|\boldsymbol{R}_1|$ +…+ $|\boldsymbol{R}_n|$). 在 6.5 节的实验中，|Word-list| = 4506，是从数据库中析出的汉字个数，其上界为 6763(一级和二级字库中的汉字总数).

另外，欲加速索引，可以用形如 Word-list 的动态数组建立索引，二分法查找一个查询字的时间开销为 O(log|Word-list|)，其中 log|Word-list|≤13 (因为|Word-list|≤6763). 还可以在 Word-list 之上建立一个哈希表，哈希函数以汉字的编码为自变量. 这样 index-time 中 O(log|Word-list|)将变为 $O(1+\alpha)$，其中$\alpha = n_e/n_b$ 是哈希表的局部因数，哈希表有 n_b 个桶存储 n_e 个元素(Cormen et al., 2001). 相对 I/O 开销，$O(1)$～O(|Word-list|)的 CPU 开销可以忽略. 此外，索引表是“较大”还是“较小”，要根据系统配置和应用环境来确定，或针对固定的系统配置和应用环境，通过训练给出一个阈值.

总之，本章索引的内存空间是有限的，Word-list 的节点个数的上界为 6763，即

|Word-list| ≤ 6763; 索引表所占磁盘空间的大小为($|\boldsymbol{R}_1| + \cdots + |\boldsymbol{R}_n|$)的倍数, 即 $O(|\boldsymbol{R}_1| + \cdots + |\boldsymbol{R}_n|)$; 查询响应时间(索引时间与生成结果时间之和, index-time + result-time)主要取决于 DBMS 访问索引表与基本表的 I/O 开销之和.

6.5　实验与数据分析

实验的软件环境为 Windows XP, Microsoft SQL Server 2000 和 VC++ 6.0, 实验程序运行于 Dell Optiplex 360 计算机, CPU 为 Intel Core2 Duo 2.8 GHz, 内存为 2.0GB.

分别针对单表和多表数据库设计不同的实验, 实验数据来自河北大学图书馆图书数据库, 表 Book(id#, title, authors, publisher)中存储随机选择的 100000 条图书记录. 将用如下测量.

(1) 查询响应时间(ms)是索引时间(index-time)与生成结果时间(result-time)之和(6.4.6 节): ①索引时间, 用索引匹配查询字和元组字, 访问索引表, 得到候选元组及其信息等时间; ②生成结果时间, 对候选元组进行排序, 访问基本表, 输出 Top-N 结果等时间.

(2) 查准率(precision), 也称正确率; 用 NTR(the number of tuples retrieved)表示查询检索出的元组之数目; NMTR(the number of matching tuples retrieved)表示检索出的元组中与查询匹配的元组数目(显然, NMTR ≤ NTR), 查准率为比率 NMTR/NTR.

(3) 召回率(recall), 也称查全率; 用 NAMT(the number of all matching tuples)表示数据库中所有与查询匹配的元组数目(显然, NMTR ≤ NAMT), 召回率为比率 NMTR/NAMT. 通常, 若召回率高/低, 则查准率低/高.

建立图书检索原型系统, 报告这些测量的算术平均值; 如图 6.2 所示, 当用户输入查询词"高代; 高教出版社"时, 能够得到关于"高等代数; 高等教育出版社"的 Top-30 查询结果.

6.5.1　单表数据库

编写一个程序生成查询集合, 包含 70 个查询, 源自表 Book 中随机选择的 70 个元组, 其中 30 个简单查询分别从属性 title(书名)、authors(作者)、publisher(出版社)各取 10 个, 而 40 个复杂查询取自属性 title、authors 和/或 publisher 的组合. 因此, 查询集合包括 7 类查询{(T), (A), (P), (T; A), (T; P), (A; P), (T; A; P)}, 其中 T、A、P 分别表示 Book 中的 title、authors、publisher. 根据查询包含的查询字个数将查询分为 17 组, 用 G_i (i = 2, 3, 5, ⋯, 19)表示, 其中不存在 G_1 和 G_4, (G_1 不存在的

原因是要求查询至少包含两个汉字; G_4 不存在的原因是程序没有生成相应的随机查询). 例如, G_5 中的每个查询皆有 5 个查询字. 针对 Top-N(N = 3, 10, 20, 50)查询, 分别报告每一组 G_i 的索引时间、(生成)结果时间、查准率和召回率.

如图 6.6 所示, 对每组 G_i(i = 2, 3, 5, ···, 19), 其 Top-N (N = 3, 10, 20, 50)查询的索引时间为 26ms ⩽ index-time ⩽ 250ms, 平均值为 131ms. 如图 6.7 所示, 对于每组 G_i (i = 2, 3, 5, ···, 19)的 Top-N(N = 3, 10, 20)查询, 其结果时间为 120ms ⩽ result-time ⩽ 1323ms, Top-50 查询的结果时间为 594ms ⩽ result-time ⩽ 2010ms. 通常 Top-50 所用时间要大于 Top-3、Top-10、Top-20 的时间, 其原因是从数据库中返回更多的元组需要更多的 I/O 开销. 对所有的查询组 G_i(i = 2, 3, 5, ···, 19), 其 Top-N (N = 3, 10, 20, 50)查询的平均结果时间为 764ms, 在最坏情况下大约为 2 秒. 因而, 平均响应时间(index-time + result-time)为 895ms (= 131ms + 764ms), 即不超过 1 秒; 最坏情况(查询字个数为 5), 平均响应时间不超过 2 秒.

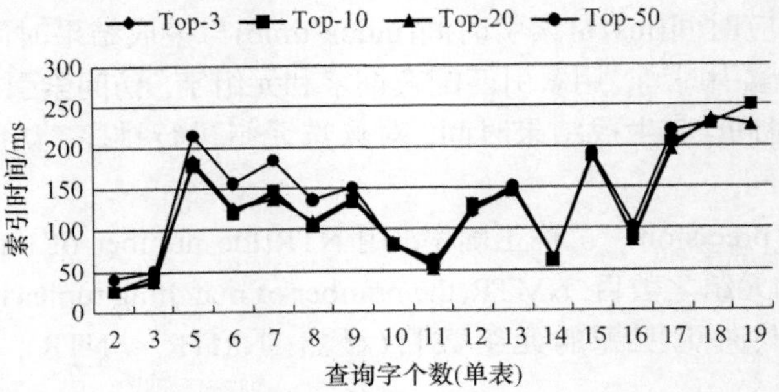

图 6.6　单表数据库索引时间

对所有 G_i (i = 2, 3, 5, ···, 19), 图 6.6 和图 6.7 中时间曲线的波动主要取决于查询字在数据库中出现的频率(**注**: 在众多的元组中都出现的汉字称为高频字). 查询字出现的频率越高, 数据库中包含此查询字的元组越多, 系统就需要更多的 I/O 开销, 从而使总的结果时间和索引时间变长.

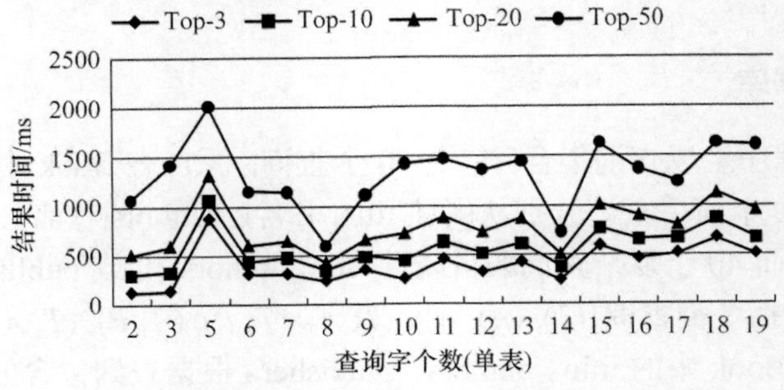

图 6.7　单表数据库生成结果时间

中文图书信息检索的查询条件往往包括“书名”、“作者”、“出版社”或其组合，而数据库中满足此类查询条件的图书的数目是有限的(几条或十几条)，人名作为查询条件其结果更为有限. 例如，查询 Q = "故事会"，在本实验中仅返回一条记录. 用户输入的查询条件越具体，得到的答案越精确，返回的结果越少，也就是说，复杂查询比简单查询的结果更精确. 图 6.8 所示的查准率是用实际返回结果的数目 N'而不是以 N 的取值作为分母来计算的，实验表明 N'往往小于 N. 例如，对于 Top-50 查询(N = 50)，返回的 10 个结果(N'=10)中有 8 个匹配查询，则查准率为 8/10=0.8，而非 8/50=0.16. 另外，只要 $N \geqslant 10$，Top-N 查询结果的个数皆为 10，查准率不变. 如图 6.8 所示，对于 G_i (i = 2, 3, 5, ···, 19)，其 Top-N(N =3, 10, 20, 50)查询的平均查准率分别为 0.92、0.89、0.83 和 0.81.

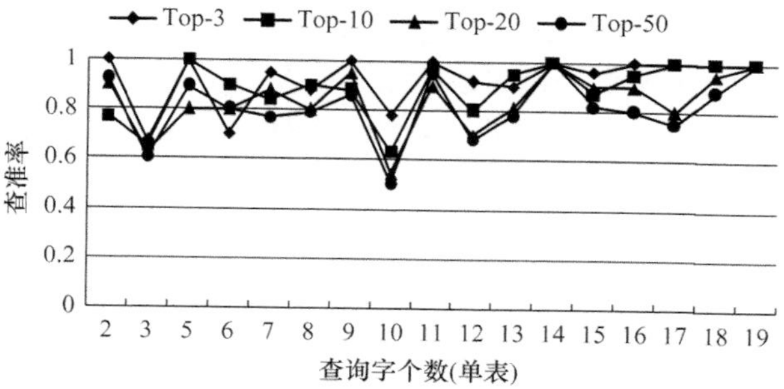

图 6.8 单表数据库 Top-N 结果的查准率

召回率在大部分查询中能够达到 100% (因此省略图示)，这也是复杂查询的特征.

6.5.2 多表数据库

将表 Book 分解为三个关系，其模式分别为 Titles(tid, title, Faid, Fpid), Authors (aid, aname) 和 Publishers(pid, pname)，其中 Titles.tid 为主键，Titles.Faid 和 Titles.Fpid 是两个外键，分别参照两个主键 Authors.aid 和 Publishers.pid，如图 6.1 所示. 本节中皆为简单查询，如 $Q = Q^s$ = "数据库王珊"，在形式上不同于 6.5.1 节的复杂查询 $Q = Q^c$ = "数据库；王珊". 虽然二者皆能得到很好的 Top-N 结果，但是简单查询更易于用户使用.

本节包括两项实验(实验Ⅰ和实验Ⅱ)，查询集合皆包括 100 个查询. 实验Ⅰ中每个查询的字数为 2～10，按查询的字数分为 9 组，记为 G_i (i = 2, ··· 10)，G_i 中的每个查询皆有 i 个查询字. 在实验Ⅰ中，分别从属性“Titles.title”(记为 T)、“Authors.aname”(记为 A)、“Publishers.pname”(记为 P)中随机选取关键字构成形如{(T), (A), (P), (TA), (TP), (AP), (TAP)}之一的查询，例如，当 Q = "数据库王珊"时，

$Q \in G_5$. 实验Ⅱ的每个查询的字数为 1～10, 按查询的字数分为 10 组, 即 $G_i\,(i=1, \cdots, 10)$. 实验Ⅱ测试在最坏情况下本章方法的性能, 查询字为随机抽取索引表中的元组字, 例如, 若 Q = "剂摄羽淑", 则 $Q \in G_4$; 这些查询字之间(几乎)不存在语义关联和短语关联. 实现按字搜索是本章目标之一, 因此, 有必要测试此类查询. 实验Ⅰ和实验Ⅱ皆针对 Top-N(N = 3, 10, 20, 50, 80, 100)查询.

图 6.9 所示为实验Ⅰ中 Top-N查询结果的平均召回率. 由图 6.9 可见: ①随着查询字个数的增加, 召回率呈下降趋势, 因为查询字越多, 数据库中包含全部或部分查询字的元组数目就越大(召回率的分母 NAMT 越大), 所以, 当 Top-N 的 N 值固定时, NMTR 和 NAMT 的比率就越小. ②对于相同的查询字个数, 随着 Top-N 中 N 的增大, 召回率变高, 因为 N 的增加将返回更多查询结果, NMTR 也将变大, 即召回率的分子变大. ③查询字个数较少时, Top-N 结果的召回率变化不大; 当查询字个数增加时, 召回率的变化幅度增大. Top-N (N = 3, 10, 20, 50, 80, 100)查询的平均召回率分别为 0.25、0.33、0.46、0.59、0.81、0.94, 当 N > 50 时平均召回率在 60%以上.

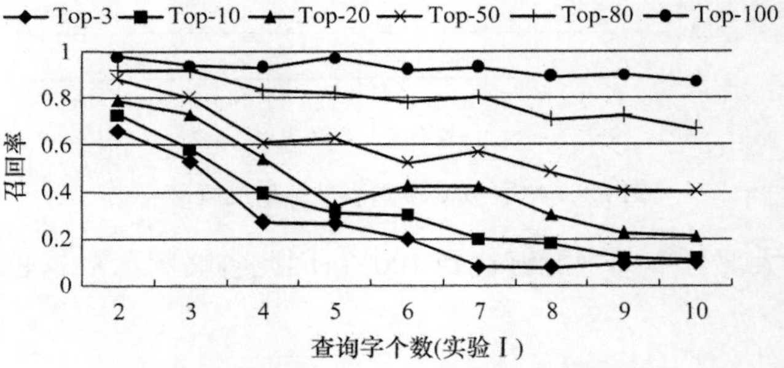

图 6.9 实验Ⅰ Top-N 结果的召回率

图 6.10 所示为实验Ⅰ中 Top-N查询结果的平均查准率. 由图 6.10 可见: ①随着查询字个数的增加, 查准率呈上升趋势, 这是由于查询字个数越多, 越能确定一个元组是否匹配这个查询, 匹配的可能性就越高. ②当查询字个数相同时, 随着 Top-N 的 N 值的增加, 查准率降低, 查询字个数较小时查准率变化较大. 随着 N 的增加, 虽然 NMTR 值有所增加, 但其增量小于 NTR 的增量. Top-N(N = 3, 10, 20, 50, 80, 100)查询的平均查准率分别为 0.95、0.92、0.90、0.84、0.80、0.73.

图 6.11 所示为实验Ⅱ的召回率, 对于每组 G_i, 随着 N 的增大, 召回率逐渐提高, 因为数据库中与查询匹配的所有元组的总数目是固定值, 而返回的匹配元组数目随着 N 的增加而递增. 当 N 为固定值时, 召回率随查询字个数的增加而下降. 图 6.12 所示为实验Ⅱ的查准率, 对于每组 G_i, 随着 N 的增加, 查准率逐渐降低. 当 $N \geqslant 80$ 时, 由图 6.11 和图 6.12 可知, 实验Ⅱ的平均召回率和平均查准率分别大

于 0.5 和 0.6. 另外，实验 Ⅱ 的查询字为随机的，如 Q = "剂摄羽淑"，缺乏语义关联和短语关联，将导致人为判定查询和答案是否匹配的主观偏差，因此，针对"高/低召回率，则低/高查准率"的规律性，可能略有偏离.

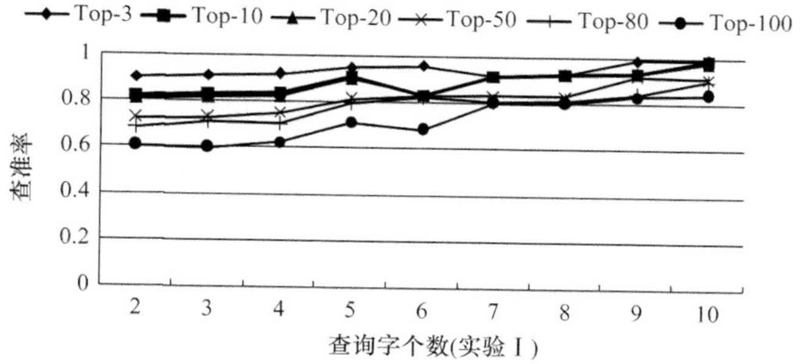

图 6.10　实验 Ⅰ Top-*N* 结果的查准率

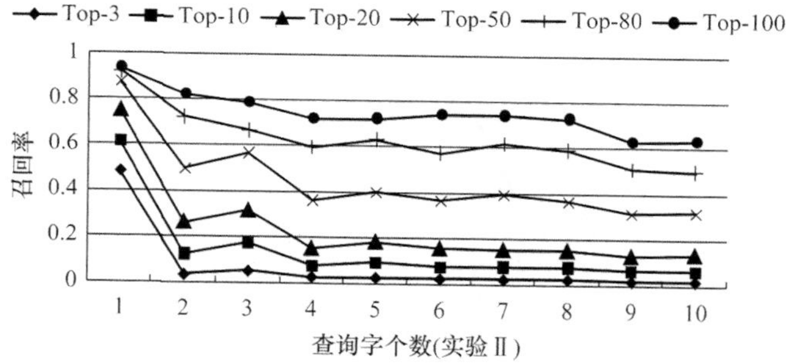

图 6.11　实验 Ⅱ Top-*N* 结果的召回率

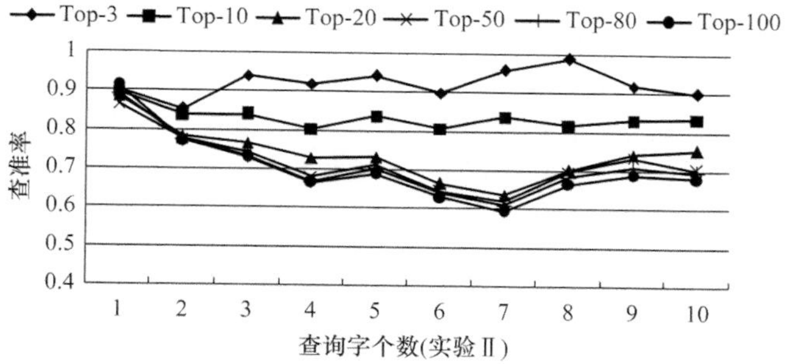

图 6.12　实验 Ⅱ Top-*N* 结果的查准率

图 6.13 所示为实验 Ⅰ 和实验 Ⅱ 的查询响应时间(为便于比较，将二者各自的平均值绘制在同一图中). 实验 Ⅰ 的平均索引时间和平均结果时间分别为 50～400ms 和 160～500ms(图 6.13 中的两条细的曲线). 在最坏情况下(查询字个数为 9)，实验 Ⅰ 的查询响应时间不超过 900ms(400ms + 500ms)，即不超过 1 秒. 类似于

单表数据库的情况(图 6.6 和图 6.7), 一般而言, 结果时间大于索引时间, 其原因是处理候选元组的过程中需要对候选元组的相似度进行计算和排序, 以及更多的 I/O 开销. 另外, 查询字越多, 对应的元组就会越多, 出现高频字的可能性也越大; 因而, 可能需要更多的处理时间. 在图 6.13 中, 对于实验Ⅰ, 查询字个数为 4 的响应时间大于查询字个数为 5 的响应时间, 其原因是前者有高频字. 因此, 高频字是决定响应时间的一个重要因素. 实验Ⅱ的索引时间和结果时间分别小于 100ms 和 400ms(图 6.13 中的两条粗曲线), 少于实验Ⅰ的时间. 因为实验Ⅱ的查询字之间没有语义关联和短语关联, 所以将对应较少的元组(树); 这样, 响应时间就会较短, 不超过 500ms(100ms + 400ms). 这一性质类似于传统查询, 一个查询对应的元组越多, 响应时间越长. 因此, 中文关键词 Top-*N* 查询的响应时间既相关于高频字也相关于查询字之间是否有关联.

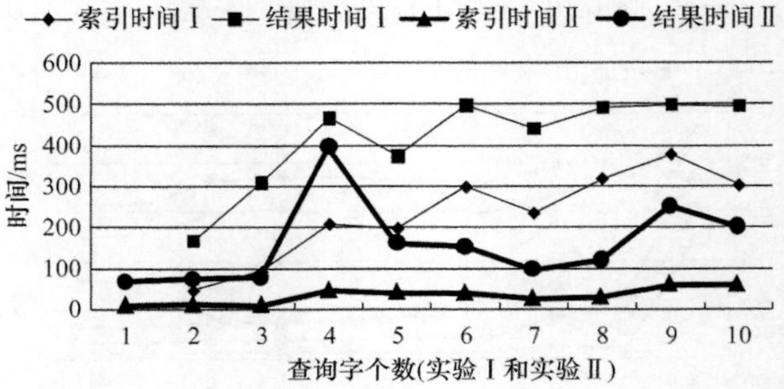

图 6.13　实验Ⅰ和实验Ⅱ查询响应时间

分别比较图 6.9 和图 6.11、图 6.10 和图 6.12, 可知实验Ⅰ的召回率和查准率皆优于实验Ⅱ的结果. 因此, 在多表数据库中, 查询字之间是否关联将会导致查询结果准确性的优劣, 符合客观现实.

比较单表数据库(6.5.1 节)和多表数据库之实验Ⅰ, 可知二者都有很高的查准率, 当 $N = 3, 10, 20, 50$ 时, 实验Ⅰ的查准率略高于 6.5.1 节的实验数据, 而实验Ⅰ的召回率明显低于后者. 6.5.1 节的复杂查询通过短语匹配算法能够非常准确地对应相关属性, 几乎可以等价于传统关系查询之模糊匹配算法(like 算符); 因此, 能够精确判定查询和答案是否匹配, 同时具有极高的召回率. 然而, 实验Ⅰ的简单查询会对应更多的元组, 导致较低的召回率.

注: 对于大样本数据集或海量数据, 尤其是 Web 数据, 难以精确计算召回率, 原因是难以或不可能得到精确的 NAMT(Meng et al., 2017); 此时查准率尤为重要. 当查询具有“语义”且处理方法具有“智能”时, 更是如此. 例如, 当用户的查询词为“高数”时, 系统很难推测出用户欲查找的是作者“高数”还是书名“高等数学”. 复杂查询可以推测“语义”(对应的属性), 这也正是其高召回率的原因.

如 6.2 节所述，目前有许多文献研究英文关键词查询，如文献(Vu et al., 2008; 文继军等, 2005; 林子雨等, 2014; 王斌等, 2008)的实验数据集为 DBLP 数据集的子集. 鉴于实验的软件和硬件环境不同，实验设置不同，处理的语言不同；因而，无法与本章方法直接比较，只可进行参考对照. 上述文献的实验结果如表 6.1 所示，参阅其实验结果可知，本章方法有较好的查询响应时间、查准率和召回率等实验结果，因而表明本章方法是有效的.

表 6.1 一些相关处理方法的实验结果

相关文献/本章方法	硬/软件平台(处理器/内存/DBMS)/实验设置/数据库大小	查询时间/ms	查准率	召回率
Vu et al., 2008	Intel Xeon 3.0GHz/ MySQL 4.1.7; 关键词个数为 2, 3, 4, 5, 6, 7, 8, 9, 10; 数据库有 53214 个元组	100, 200, 400, 510, 900, 1100, 1550, 1700, 2300	0.64, 0.52, 0.40, 0.39, 0.33, 0.28, 0.30, 0.27, 0.25	0.73, 0.59, 0.60, 0.61, 0.70, 0.66, 0.73, 0.72, 0.75
文继军等, 2005	Intel Pentium IV 2.5 GHz/512M 内存/Oracle 9i; Top-k (k = 5, 10, 15, 20, 25, 30, 35, 40, 45, 50)/ Author 表有 294062 个元组; Paper 有 446409 个元组	2000～2600	0.96, 0.83, 0.79, 0.71, 0.67, 0.59, 0.54, 0.50, 0.46, 0.42	0.21, 0.42, 0.57, 0.68, 0.73, 0.81, 0.86, 0.90, 0.92, 0.95
林子雨等, 2014	Intel Core i7-2600 (3.40GHz), 16GB 内存, Oracle 11g, Autor(AID, Name) 表有 986107 个元组; Paper(PID, Title)表有 1704461 个元组;	关键词个数为 2 时平均响应时间约 450ms; 为 6 时平均响应时间为 1170ms	关键词个数为 2, 3, 4, 5, 6 时,查准率为 0.85, 0.82, 0.80, 0.78, 0.76	—
王斌等, 2008	Intel Pentium 3.0GHz, 512M 内存, Oracle 9i, Top-k (k = 1, 3, 5, 7, 9, 11, 13, 15, 17, 19)	70, 85, 120, 125, 120, 160, 165, 166, 180, 185, 195	0.5～0.9	0.5～0.8
本章方法(单表)	Intel Core2 Duo 2.8 GHz, 2.0 GB 内存, Microsoft SQL Server 2000, Top-N (N = 3, 10, 20, 50)	764	0.92, 0.89, 0.83, 0.81	约 100%
本章方法(多表, 实验 I)	Intel Core2 Duo 2.8 GHz, 2.0 GB 内存, Microsoft SQL Server 2000, Top-N(N=3, 10, 20, 50, 80, 100)	500	0.95, 0.92, 0.90, 0.84, 0.80, 0.73	0.25, 0.33, 0.46, 0.59, 0.81, 0.94

6.6 本 章 小 结

针对关系数据库的中文文本属性，基于索引技术，本章提出了一种自由态关键词 Top-N 查询处理的方法，其基本思想是从数据库中析出元组字及其相关信息，存储为索引表，且据此索引表建立索引，并为适应中文环境而构造查询处理方法和相似度算法. 对于中文关键词查询, 首先通过索引快速匹配查询字和元组字, 得到候选元组和相似度, 然后运行短语匹配算法, 对候选元组相似度进行二次修正, 返回查询的 Top-*N* 结果. 运用实际图书数据库进行实验, 分析查询响应时间、召回率和查准率等实验数据, 结果表明本章方法是有效的.

目前, 大数据在规模与复杂程度等方面的快速增长对现有IT架构的处理和计算能力提出了新的挑战(李建中等, 2013; 王元卓等, 2013), 使得包括数据库在内相关领域的研究成果(如检索、主题发现、语义和情感分析等)难以直接应用于大数据, 因此给学术界带来了巨大的挑战和机遇. 今后在大数据领域, 其检索及相关问题将成为重要的研究内容.

如 6.1 节所述, IR 的理论基础和技术方法源自西文环境(尤其是英文). 针对中文, 本章方法借鉴 IR 中倒排索引和相似度的基本思想, 并通过实验进行了验证, 尚缺乏源自中文环境的理论依据. 这将是进一步研究的内容; 例如, 尝试运用文献(Lü et al., 2013)中一些新的结论进行相关的探索和研究.

参 考 文 献

李建中, 刘显敏. 2013. 大数据的一个重要方面: 数据可用性. 计算机研究与发展, 50(6): 1147-1162.

林子雨, 邹权, 赖永炫, 等. 2014. 关系数据库中的关键词查询结果动态优化. 软件学报, 25(3): 528-546.

唐明珠, 杨艳, 郭雪泉, 等. 2012. KWSDS:关系数据库中 Top-k 关键词搜索系统. 计算机研究与发展, 49(10): 2251-2259.

王斌, 杨晓春, 王国仁. 2008. 关系数据库中支持语义的 Top-k 关键词搜索. 软件学报, 19(9): 2362-2375.

王元卓, 靳小龙, 程学旗. 2013. 网络大数据：现状与展望. 计算机学报, 36(6): 1125-1138.

文继军, 王珊. 2005. SEEKER: 基于关键词的关系数据库信息检索. 软件学报, 16(7): 1270-1281.

Baeza-Yates R, Ribeiro-Neto B. 2011. Modern Information Retrieval: The Concepts and Technology Behind Search. 2nd ed. Harlow: ACM Press, Pearson Education Ltd.

Bhalotia G, Hulgeri A, Nakhe C, et al. 2002. Keyword searching and browsing in databases using BANKS// Proceedings of the 18th International Conference on Data Engineering, San Jose: 431-440.

BrightPlanet.com. 2000. The deep web: Surfacing hidden value. http://brightplanet.com.

Chang K C C, He B, Li C, et al. 2004. Structured databases on the web: Observations and implications. ACM SIGMOD Record, 33(3): 61-70.

Chaudhuri S, Das G. 2009. Keyword querying and ranking in databases// Proceedings of the VLDB Endowment, 2(2): 1658-1659.

Chen L, Cui Y, Cong G, et al. 2014. SOPS: A system for efficient processing of spatial-keyword publish/subscribe// Proceedings of the VLDB Endowment, 7(13): 1601-1604.

Coffman J, Weaver A C. 2014. An empirical performance evaluation of relational keyword search techniques. IEEE Transactions on Knowledge and Data Engineering, 26(1): 30-42.

Cormen T H, Leiserson C E, Rivest R L, et al. 2001. Introduction to Algorithms. Cambridge: MIT Press.
Demidova E, Zhou X, Nejdl W. 2012. A probabilistic scheme for keyword-based incremental query construction. IEEE Transactions on Knowledge and Data Engineering, 24(3): 426-439.
Duan H, Zhai C X, Cheng J, et al. 2013. Supporting keyword search in product database: A probabilistic approach// Proceedings of the VLDB Endowment, 6(14): 1786-1797.
Hristidis V, Papakonstantinou Y. 2002. DISCOVER: Keyword search in relational databases// Proceedings of the 28th VLDB Conference, Hong Kong: 670-681.
Kargar M, An A, Cercone N, et al. 2014. MeanKS: Meaningful keyword search in relational databases with complex schema// Proceedings of International Conference on Management of Data, SIGMOD 2014, Snowbird: 905-908.
Li G, Zhou X, Feng J, et al. 2009. Progressive keyword search in relational databases// Proceedings of ICDE 2009, Shanghai: 1183-1186.
Liu F, Yu C, Meng W, et al. 2006. Effective keyword search in relational databases// Proceedings of the 26th ACM SIGMOD/PODS International Conference on Management of Data/Principle of Database Systems, Chicago: 563-574.
Long C, Wong R C W, Wang K, et al. 2013. Collective spatial keyword queries: A distance owner-driven approach// Proceedings of the ACM SIGMOD International Conference on Management of Data, New York: 689-700.
Lü L, Zhang Z, Zhou T. 2013. Deviation of Zipf's and Heaps' laws in human languages with limited dictionary sizes. Scientific Reports, 3: 1082.
Meng W, Yu C. 2017. 大规模元搜索引擎技术. 朱亮, 译. 北京: 机械工业出版社.
Rao W, Chen L, Hui P, et al. 2013. Bitlist: New full-text index for low space cost and efficient keyword search// Proceedings of the VLDB Endowment, 6(13): 1522-1533.
Salton G, McGill M J. 1983. Introduction to Modern Information Retrieval. New York: McGraw-Hill.
Singhal A. 2001. Modern information retrieval: A brief overview. IEEE Data Eng. Bull., 24(4): 35-43.
Vu Q H, Ooi B C, Papadias D, et al. 2008. A graph method for keyword-based selection of the top-k databases// Proceedings of the 2008 ACM SIGMOD International Conference on Management of Data, Vancouver: 915-926.
Wang P, Ravishankar C V. 2014. On masking topical intent in keyword search// Proceedings of ICDE 2014, Chicago: 256-267.
Yu J X, Qin L, Chang L. 2010. Keyword search in relational satabases: A survey. IEEE Data Eng. Bull., 33(1): 67-78.
Zhu L, Zhu Y, Ma Q. 2010a. Chinese keyword search over relational databases// Proceedings of Software Engineering (WCSE), 2010 Second World Congress on IEEE, Wuhan: 217-220.
Zhu L, Ma Q, Liu C, et al. 2010b. Semantic-distance based evaluation of ranking queries over relational databases. Journal of Intelligent Information Systems, 35(3): 415-445.
Zhu L, Pan L, Ma Q. 2012. Chinese keyword search by indexing in relational databases. Journal of Software Engineering and Applications, 5(12): 107-112.

第 7 章　*n* 维赋范空间中的 Top-*N* 查询处理

针对 Top-*N* 查询处理问题，在许多环境和应用中 TA-类算法(Fagin et al., 2003b)是一类重要的方法. 使用 TA-类算法的查询模式(1.3.2 节)具有三个特点: ①排序函数是 *F*-单调的; ②查询点是固定的; ③顺序扫描排序的索引列表. 因此, TA-类算法不能或难以直接用来处理 1.3.3 节以及第 2～4 章所讨论的查询模式. 为此, 本章介绍改进的 TA-类算法, 用于处理 n 维赋范空间$(\Re^n, \|\cdot\|)$中的 Top-*N* 查询. 对于实向量空间$\Re^n$中的任一查询点 $Q = (q_1, \cdots, q_n)$, 将一个范数距离 $d(\cdot,\cdot)$作为排序函数, 运用泛函分析中的范数等价定理, 使用最大距离函数 $d_\infty(\cdot,\cdot)$来获取 Top-*N* 查询(Q, N)及其排序函数 $d(\cdot,\cdot)$的候选元组. 该方法将查询点 Q 的每个 q_i 投影到对应的数轴, 以 $q_i(1\leqslant i\leqslant n)$为中心构建一个区间, 并双向扩大这个区间, 直到这 n 个区间的笛卡儿积构成的 n 维超矩形包含足够的候选元组, 并且根据给定的范数距离 $d(\cdot,\cdot)$检索 Top-*N* 个元组. 通过广泛的实验来测试这种方法的性能, 实验数据包括低维和高维数据.

本章的排序函数包括一般的范数距离 $d(\cdot,\cdot)$, 比第 2～4 章的查询模式广泛, 后者为三种 p-范数距离(p=1, 2, ∞). 第 2～4 章中的方法是在 RDBMS 之上构建一个薄层, 扩展并利用 RDBMS 来处理 Top-*N* 查询, SQL 语句 Select-From-Where 是其重要组成部分, 不属于 TA-类算法. 本章的算法属于 TA-类算法, 是 DBMS 友好的, 但是不直接利用 SQL 语句.

7.1　查询模式和理论分析

1.3.3 节是在一般的 n 维实距离空间$(\Re^n, d(\cdot,\cdot))$中描述 Top-*N* 查询模式, 第 2～4 章是在具有 p-范数的 n 维赋范空间$(\Re^n, \|\cdot\|_p)$中讨论 Top-*N* 查询. 本章不仅在$(\Re^n, \|\cdot\|_p)$中而且在一般的 n 维赋范空间$(\Re^n, \|\cdot\|)$中讨论 Top-*N* 查询模式, 对 1.3.3 节所描述的 Top-*N* 查询模式有所限制, 为便于讨论重述如下.

设$(\Re^n, \|\cdot\|)$是一个 n 维实赋范空间, $d(\cdot,\cdot)$是范数$\|\cdot\|$导出的距离, $\boldsymbol{R}\subset\Re^n$ 是一个有限的关系 (或数据集), 每个元组有 n 个属性$(A_1, A_2, \cdots, A_n)$, 一个元组 $\boldsymbol{t}\in\boldsymbol{R}$ 记为 $\boldsymbol{t} = (t_1, t_2, \cdots, t_n)$. 考虑任一查询点 $Q = (q_1, \cdots, q_n)\in\Re^n$ 和整数 $N > 0$. 一个 Top-*N* 选择查询(Q, N), 简称 Top-*N* 查询, 就是从 $\boldsymbol{R}$ 中选择与 Q 最近距离的 N 个元组构成的有

序集，并且按距离从小到大排序. Top-N 查询的结果称为 Top-N 元组. 有时 Top-N 查询(Q, N)简记为 Q. 假设 $N < |\boldsymbol{R}|$ (其中$|\boldsymbol{R}|$为 $\boldsymbol{R}$ 的大小, 即 $\boldsymbol{R}$ 所含元组的个数), 否则只需检索出 $\boldsymbol{R}$ 中所有的元组.

等价地, 按照距离函数 $d(\cdot,\cdot)$, $\boldsymbol{R}$ 的一个有序子集 $\boldsymbol{Y} = \langle \boldsymbol{t}_1, \boldsymbol{t}_2, \cdots, \boldsymbol{t}_N\rangle$是 Top-$N$ 查询(Q, N)的一个**结果序列**, 当且仅当$d(\boldsymbol{t}_1, Q) \leqslant d(\boldsymbol{t}_2, Q) \leqslant \cdots \leqslant d(\boldsymbol{t}_N, Q)$ (若存在多个元组与 Q 的距离等于 $d(\boldsymbol{t}_N, Q)$, 则任取其一), 且对于任意 $\boldsymbol{t}\in(\boldsymbol{R}-\boldsymbol{Y})$有 $d(\boldsymbol{t}_N, Q) \leqslant d(\boldsymbol{t}, Q)$.

通常 $\boldsymbol{R}\subset\Re^n$ 为关系数据库的一个**基本关系**(也称为**基本表**, 简称**基表**), 具有模式 $\boldsymbol{R}(\mathrm{tid}, A_1, A_2, \cdots, A_n)$, 其中 tid 为元组标识, $(A_1, \cdots, A_n)$为 n 个属性对应$\Re^n = \Re_1 \times \cdots \times \Re_n$, 每个数轴$\Re_i\,(1 \leqslant i \leqslant n)$皆为$\Re$. 当不强调tid时, 通常不区分关系模式$\boldsymbol{R}(\mathrm{tid}, A_1, \cdots, A_n)$和 $\boldsymbol{R}(A_1, \cdots, A_n)$.

定义 7.1(球的定义)　给定一个点 $Q\in\Re^n$ 和实数 $r > 0$, 关于距离 $d(\cdot,\cdot)$, 称 $B(Q, r, d) = \{\boldsymbol{t}\in\boldsymbol{R}: d(\boldsymbol{t}, Q) \leqslant r\} \subset \boldsymbol{R}$ 为以 Q 为中心、r 为半径的(闭)球. 用$|B(Q, r, d)|$表示 $B(Q, r, d)$的大小, 即 $B(Q, r, d)$中元组的数目.

注: (1) 一般而言, 在泛函分析中, (闭)球 $B(Q, r, d) = \{\boldsymbol{x}\in\Re^n: d(\boldsymbol{x}, Q) \leqslant r\}$是空间$\Re^n$的子集而非关系 $\boldsymbol{R}$ 的子集, 对于不同的距离$d(\cdot,\cdot)$, 球$B(Q, r, d)$的形状各异. 如当 $d(\cdot,\cdot) = d_\infty(\cdot,\cdot)$时, $B(Q, r, d_\infty) = \prod_{i=1}^{n} [q_i - r, q_i + r]$是以 Q 为中心、边长为 $2r$ 的 n-正方形, 即 n 个区间$[q_i - r, q_i + r]\,(i = 1, \cdots, n)$的笛卡儿积. 然而, 本章中的球 $B(Q, r, d)$是关系 $\boldsymbol{R}$ 的子集, 也就是说, $B(Q, r, d) = \{\boldsymbol{x}\in\Re^n: d(\boldsymbol{x}, Q) \leqslant r\} \cap \boldsymbol{R}$, 其中 $B(Q, r, d_\infty)$在本章起着重要作用. 一个元组 $\boldsymbol{t} = (t_1, \cdots, t_n)\in B(Q, r, d_\infty)$, 当且仅当 $q_i - r \leqslant t_i \leqslant q_i + r$ 对每个 i 成立; 因此, 很容易判定一个元组 $\boldsymbol{t}$ 是否属于 $B(Q, r, d_\infty)$.

(2) 在下面的讨论中, 若一个元素(或一个向量)属于$\Re^n$, 则称为一个**点**; 若需要强调一个元素属于 $\boldsymbol{R}$, 则称为一个**元组**.

(3) 本章所讨论的方法可以直接应用于任何加权范数; 此时, 图 1.1(a)所示 p-范数的“圆”和“正方形”等将分别为“椭圆”和“矩形”等.

根据定理 1.3“不等式 $\alpha\|\boldsymbol{x}\|_\infty \leqslant \|\boldsymbol{x}\| \leqslant \beta\|\boldsymbol{x}\|_\infty$, 对于任意 $\boldsymbol{x}\in\Re^n$ 成立”, 有以下定理.

定理 7.1　设$(\Re^n, \|\cdot\|)$是一个赋范空间, 且 $\boldsymbol{R}\subset \Re^n$ 是一个关系, 那么

$$B(Q, r/\beta, d_\infty) \subset B(Q, r, d) \subset B(Q, r/\alpha, d_\infty) \tag{7-1}$$

同时, $|B(Q, r, d)| \geqslant N$ 当$|B(Q, r/\beta, d_\infty)| \geqslant N$ 且仅当$|B(Q, r/\alpha, d_\infty)| \geqslant N$.

证明　首先, 根据定理 1.3 证明式(7-1)如下.

对于任一元组 $\boldsymbol{t}\in B(Q, r/\beta, d_\infty)$, 根据 $B(Q, r/\beta, d_\infty)$的定义, 有 $d_\infty(\boldsymbol{t}, Q) \leqslant r/\beta$. 由 $\|\boldsymbol{t} - Q\|_\infty = d_\infty(\boldsymbol{t}, Q)$知, $\|\boldsymbol{t} - Q\|_\infty \leqslant r/\beta$, 也就是$\beta\|\boldsymbol{t} - Q\|_\infty \leqslant r$. 由定理 1.3 中不等式的右部“$\|\boldsymbol{x}\| \leqslant \beta\|\boldsymbol{x}\|_\infty$”得到 $\|\boldsymbol{t} - Q\| \leqslant \beta\|\boldsymbol{t} - Q\|_\infty \leqslant r$, 故 $\boldsymbol{t}\in B(Q, r, d)$; 因此, $B(Q, r/\beta, d_\infty) \subset B(Q, r, d)$. 类似地, 可以证明 $B(Q, r, d) \subset B(Q, r/\alpha, d_\infty)$.

其次，根据式(7-1)知，定理 7.1 的第二部分显然成立. 证毕.

推论 7.1 $B(Q, \alpha r, d) \subset B(Q, r, d_\infty) \subset B(Q, \beta r, d)$.

根据定理 7.1，有

$$B(Q, r, d) = \{\boldsymbol{t}\in\boldsymbol{R}: \boldsymbol{t}\in B(Q, r/\alpha, d_\infty)\wedge d(\boldsymbol{t}, Q)\leqslant r\} \tag{7-2}$$

以及如下定理.

定理 7.2 设$(\Re^n, \|\cdot\|)$是一个赋范空间，且 $\boldsymbol{R}\subset\Re^n$ 是一个关系，那么

$$B(Q, \alpha r, d) = \{\boldsymbol{t}\in\boldsymbol{R}: \boldsymbol{t}\in B(Q, r, d_\infty)\wedge d(\boldsymbol{t}, Q)\leqslant \alpha r\} \tag{7-3}$$

同时，$|B(Q, \alpha r, d)| \geqslant N$ 当且仅当$|\{\boldsymbol{t}\in\boldsymbol{R}: \boldsymbol{t}\in B(Q, r, d_\infty)\wedge d(\boldsymbol{t}, Q) \leqslant \alpha r\}| \geqslant N$.

证明 用αr 代替式(7-2)中的 r，即可得到式(7-3). 证毕.

在空间$\Re^2$中，如图 7.1 所示符号“×”表示 Q，“•”表示一个元组(下同). 对于 $d(\cdot,\cdot) = d_2(\cdot,\cdot)$，图 7.1(a)为定理 7.1 的一个示例. $B(Q, r, d_2)$是一个以 Q 为中心、r 为半径的圆；若小正方形 $B(Q, r/\sqrt{2}, d_\infty)$含有 $\boldsymbol{R}\subset\Re^2$ 中的 N 个元组，则圆 $B(Q, r, d_2)$至少包含 $\boldsymbol{R}$ 中 N 个元组；另外，若大正方形 $B(Q, r, d_\infty)$含有 N 个元组，则圆 $B(Q, r, d_2)$可能含有 N 个元组(也许含有或不含有 N 个元组). 图 7.1(b)显示了定理 7.2 在$\Re^2$中的一个例子，也就是说，$B(Q, r, d_2) = \{\boldsymbol{t}\in\boldsymbol{R}: \boldsymbol{t}\in B(Q, r, d_\infty)\wedge d_2(\boldsymbol{t}, Q) \leqslant r\}$，其含义是对于一个元组 $\boldsymbol{t}\in\boldsymbol{R}$，若 $\boldsymbol{t}\in B(Q, r, d_\infty)$，则 $\boldsymbol{t}$ 是一个候选元组；进而，若 $d_2(\boldsymbol{t}, Q) \leqslant r$，则 $\boldsymbol{t}$ 是一个 Top-K 元组，其中 $K=|B(Q, r, d_2)|$.

(a) 定理7.1的一个示例 (b) 定理7.2的一个示例

图 7.1 设$\Re^2$中 $Q = (0, 0)$. 符号“×”表示 Q，“•”表示一个元组. (a)$B(Q, r, d_2)$是一个以 Q 为中心、r 为半径的圆，是小正方形 $B(Q, r/\sqrt{2}, d_\infty)$的外接圆，并且是大正方形 $B(Q, r, d_\infty)$的内切圆; (b)元组 $\boldsymbol{t}$ 属于圆 $B(Q, r, d_2)$当且仅当 $\boldsymbol{t}$ 属于正方形 $B(Q, r, d_\infty)$且 $d_2(\boldsymbol{t}, Q) \leqslant r$

针对$(\Re^n, \|\cdot\|)$中的 Top-N 查询 Q，定理 7.2 在理论上描述了一种处理方法的基本思想. 也就是说，一步步地扩大 n-正方形 $B(Q, r, d_\infty)$，对于 $\boldsymbol{t}\in B(Q, r, d_\infty)$，若 $d(\boldsymbol{t}, Q) \leqslant \alpha r$，则 $\boldsymbol{t}$ 是查询 Q 的一个 Top-K 元组，其中 $K=|B(Q, \alpha r, d)|$；直到获得 Top-N 元组，停止该过程. 图 7.1(b)显示了空间$(\Re^2, \|\cdot\|_2)$中一个例子，此时 $d(\cdot,\cdot) = d_2(\cdot,\cdot)$，$\alpha = 1$ (定理 1.3). 当正方形逐次扩大时，其内切圆也随之逐次扩大，因而内切圆将会含有越来越多的元组；当内切圆含有至少 N 个元组时($K=|B(Q, r, d_2)| \geqslant N$时)，停止扩大；然后，根据 $d_2(Q, \boldsymbol{t})$把圆中的元组 $\boldsymbol{t}$ 排序，输出 Top-N 元组.

7.2　Top-N 查询处理算法

在不同的环境和应用中，存在各种数据访问方式，主要包括如下三种(Fagin et al., 2003b, Ilyas et al., 2008)：①既有顺序访问又有随机访问；②限制顺序访问；③无随机访问. 对于这三种访问方式，文献(Fagin et al., 2003b)分别给出了各种TA-类算法，如 TA、TAz 和 NRA 算法. 然而，针对 7.1 节所描述的空间($\Re^n$, $\|\cdot\|$)中的 Top-N 查询模式，不能直接运用这些 TA-类算法. 为此，基于算法 TA、TAz 和 NRA 的基本思想和三种访问方式，文献(Zhu et al., 2016)提出一些算法用来处理($\Re^n$, $\|\cdot\|$)中的 Top-N 查询：首先针对一般范数给出三种算法 GTA、GTAz 和 GNRA，统称“G-算法”；然后针对 $\boldsymbol{x}$-单调范数给出三种算法 mTA、mTAz 和 mNRA，统称“m-算法”. 如同 TA-类算法，这些 G-算法和 m-算法都满足**非猜测**条件，也就是说，随机访问的元组必须是此前顺序访问所遇见的元组. 在这些算法的名称中，“TA”表示“阈值算法”(threshold algorithm)，“NRA”意为“无随机访问”(no random access)，“TAz”的后缀“z”表示$\{1, 2, \cdots, n\}$的一个真子集 $Z=\{i_1, i_2, \cdots, i_m\}$ $(1\leqslant m < n)$，即一组顺序访问的有序列表 L_i 中的下标 i 的集合，其中 n 为$\Re^n$ 的维数. 此外，术语顺序访问、随机访问、非猜测见 1.3.2 节，p-单调、$\boldsymbol{x}$-单调、F-单调见 1.1.2 节.

这些算法基于如下简单结构，即关于属性值的有序列表 L_i.

对于一个关系 $\boldsymbol{R}(\text{tid}, A_1, \cdots, A_n)\subset\Re^n$ 的每个属性 A_i，将其值按升序从 $\min(A_i)$到 $\max(A_i)$排列，构成一个有序列表 L_i, $1\leqslant i\leqslant n$. 列表 L_i 的每个条目形式为(tid, a)，其中 $a = \boldsymbol{t}[A_i]$是标识为 tid 的元组 $\boldsymbol{t}$ 关于属性 A_i 的值，也就是元组 $\boldsymbol{t}$ 在第 i 个数轴$\Re_i$ 的坐标，用 $a_{ij} = L_i.a_j(1\leqslant i\leqslant n, 1\leqslant j\leqslant |\boldsymbol{R}|)$表示 L_i 的第 j 个属性值.

在数据库应用中，存在许多 Top-N 查询处理技术是基于树结构对属性值进行索引的，例如，B 树、R 树(Chen et al., 2002; Xin et al., 2007)或 B^+树(Akbarinia et al., 2007; Bruno et al., 2002a; Zhang et al., 2006).

对于每个属性 A_i，假设有一个 B^+树索引，其中所有的叶子节点按排序的 A_i 属性值构成一个双向链表 L_i (Ramakrishan, 1998). 对于一个给定的查询 $Q=(q_1, \cdots, q_n)\in\Re^n$，可以用 B^+树为每个 $q_i(1\leqslant i\leqslant n)$在其对应的链表 L_i 中快速定位. 也可选用其他方法，如将排序的 A_i 属性值构成一个动态数组 L_i，并通过二分查找法(binary search)来确定 q_i在 L_i 中的位置. 因此，在最坏的情况下，定位 q_i的开销为 $O(\log|\boldsymbol{R}|)$.

设$\{L_1, \cdots, L_n\}$是关系 $\boldsymbol{R}\subset\Re^n$ 的 n 个有序列表集合. 若算法 $\mathcal{A}$ 能够在$\{L_1, \cdots, L_n\}$上定位 $Q = (q_1, \cdots, q_n)$，则称 $\mathcal{A}$ 在 $\boldsymbol{R}$ 上定位 Q，也就是说，对于 $i = 1, \cdots, n$，在 L_i 中找到 a_{ij} 和 a_{ij+1} 使得 $a_{ij}\leqslant q_i\leqslant a_{ij+1}$.

本章的 G-算法和 m-算法基于“顺序访问”和/或“随机访问”，其中“随机访问”在本章和文献(Fagin et al., 2003b)中有相同的语义，即可以通过一个元组的 tid 获得该元组某一属性的值. 在文献(Fagin et al., 2003b)中“顺序访问”的含义为“从一个有序列表的顶部依次查找，在该列表中获得某个元组的属性值”. 下面定义本章中“顺序访问”的方向.

设查询 $Q = (q_1, \cdots, q_n)$已在关系 $\boldsymbol{R}$ 上定位，也就是说，对于 $i = 1, \cdots, n$，通过 B$^+$ 树或二分查找法已经在 L_i 中确定了 q_i 的位置 $a_{ij} \leqslant q_i \leqslant a_{ij+1}$.

若 $q_i \leqslant \min(A_i)$，则 $a_{ij+1} = \min(A_i)$，方向是“$q_i \to \max(A_i)$”，即顺序访问，从 $\min(A_i)$ 到 $\max(A_i)$顺序扫描列表 L_i. 若 $\max(A_i) \leqslant q_i$，则 $a_{ij} = \max(A_i)$，方向为“$\min(A_i) \leftarrow q_i$”，即顺序访问，从 $\max(A_i)$到 $\min(A_i)$顺序扫描 L_i. 这两种情况的顺序访问与文献(Fagin et al., 2003b)中的语义一致. 若 $\min(A_i) < q_i < \max(A_i)$，则顺序访问有两个方向“$\min(A_i) \leftarrow q_i \to \max(A_i)$ ”，即对于区间$[\min(A_i), a_{ij}]$，从 a_{ij} 到 $\min(A_i)$顺序扫描 L_i，而对于区间$[a_{ij+1}, \max(A_i)]$，从 a_{ij+1} 到 $\max(A_i)$顺序扫描 L_i.

本章算法将考虑两种类型的开销：**定位开销**(location cost)和**执行开销**(execution cost).

定位开销是在 $\boldsymbol{R}$ 上定位 $Q = (q_1, \cdots, q_n)$引起的开销. 例如，对于 n 个有序列表 $L_1, \cdots, L_n$，使用二分查找法在 $\boldsymbol{R}$ 上定位 Q 的开销为 $O(n\log|\boldsymbol{R}|)$. 用 cost($\mathcal{A}$ locates Q on $\boldsymbol{R}$)表示算法 $\mathcal{A}$ 在 $\boldsymbol{R}$ 上定位 Q 的开销.

执行开销在文献(Fagin et al., 2003b)中称为**中间件开销**(middleware cost)，是顺序访问和随机访问开销的总和. 设 c_s 是一次顺序访问的开销，c_r 是一次随机访问的开销. 如果一个算法 $\mathcal{A}$ 为查找 Top-N 元组执行了 s 次顺序访问和 r 次随机访问，那么对于正常数 c_s 和 c_r，执行开销是 $\text{cost}(\mathcal{A}) = s \cdot c_s + r \cdot c_r$.

7.2.1　关于一般范数的算法

设$(\Re^n, \|\cdot\|)$是一个赋范空间，$\|\cdot\|$为一般范数. 重申 $d(\boldsymbol{x}, \boldsymbol{y}) = \|\boldsymbol{x} - \boldsymbol{y}\|$是范数$\|\cdot\|$导出的距离函数，而且不区别 $d(\boldsymbol{x}, \boldsymbol{y})$和$\|\boldsymbol{x} - \boldsymbol{y}\|$.

1. 同时具有顺序访问和随机访问的算法 GTA

针对既有顺序访问又有随机访问的情况，算法 GTA 的基本思想如下：①定位一个查询 $Q = (q_1, \cdots, q_n)$；②为了得到 Q 的候选元组，在 n 个数轴的每个轴上找到与 Q 的坐标最近的元组坐标，并且计算该最小距离(这里“距离”为 Q 的坐标和元组的坐标之差的绝对值)，然后得到这 n 个最小距离的最大值，称为最大最小半径(Max-Min-Radius)，记为 r_{maxmin}，用 $r = r_{\text{maxmin}}$ 构建最小的非空 n-正方形 $B(Q, r, d_\infty)$；③对每个有序列表 L_i 进行顺序访问，然后随机访问其他列表来确定 $B(Q, r, d_\infty)$

内的候选元组; ④若 $B(Q, r, d_\infty)$包含至少 N 个候选元组, 其距离小于或等于阈值距离 αr, 则由定理 7.2 得到 Top-N 元组; 否则进一步用 r_{maxmin} 扩大 $B(Q, r, d_\infty)$, 找到更多的候选元组.

使用类似于文献(Fagin et al., 2003b)中算法的描述格式, 文献(Zhu, et al., 2016)提出的算法 GTA 描述如下.

算法 GTA　　//对于一般范数$\|\cdot\|$, 既有顺序访问又有随机访问

输入: (Q, N)　　//$Q = (q_1, \cdots, q_n)\in\Re^n$ 是查询点; N 是正整数

输出: $\boldsymbol{Y}$　　//序列 $\boldsymbol{Y} = \langle(\boldsymbol{t}_1, d(\boldsymbol{t}_1,Q)), \cdots, (\boldsymbol{t}_N, d(\boldsymbol{t}_N,Q))\rangle$且 $d(\boldsymbol{t}_1,Q)\leqslant \cdots \leqslant d(\boldsymbol{t}_N,Q)$

---

1. $r = 0$; $r_{\text{min}} = 0$; $r_{\text{maxmin}} = 0$;　　　//初始化

2. For each $i = 1, \cdots, n$　　　//用 B$^+$树或二分查找法定位 Q

　　在 L_i 中找到 a_{ij} 和 a_{ik} 使得 $a_{ij} \leqslant q_i \leqslant a_{ik}$; //其中 $k = j+1$, $a_{ij} = L_i.a_j$

　　If $q_i \leqslant \min(A_i)$ then $r_{\text{min}} = a_{ik} - q_i$;　　// $q_i \leqslant a_{ik} = \min(A_i)$

　　Else If $\max(A_i) \leqslant q_i$ then $r_{\text{min}} = q_i - a_{ij}$;　　// $\max(A_i) = a_{ij} \leqslant q_i$

　　Else $r_{\text{min}} = \min(q_i - a_{ij}, a_{ik} - q_i)$;

　　$r_{\text{maxmin}} = \max(r_{\text{maxmin}}, r_{\text{min}})$;

　End For

　$r = r + r_{\text{maxmin}}$; $r_{\text{maxmin}} = 0$;

3. For each L_i, $i = 1, \cdots, n$

　　$r_{\text{min}} = 0$;

　　If ($q_i - r \leqslant a_{ij}$ 且 j 没有用完) then 通过 j 减 1 进行顺序访问来查找 a_{ij}, 直到 $a_{ij} < q_i - r$ 或 j 用完;

　　//执行顺序访问查找 a_{ij}, j 递减的步长为 1, j 用完是指顺序访问到 L_i 的一端

　　If ($a_{ik} \leqslant q_i + r$ 且 k 没有用完) then 通过 k 加 1 进行顺序访问来查找 a_{ik}, 直到 $q_i + r < a_{ik}$ 或 k 用完;

　　//执行顺序访问查找 a_{ik}, k 以步长 1 递增, k 用完是指顺序访问到 L_i 的一端

　　当顺序访问列表 L_i 看到一个元组 $\boldsymbol{t}$ 时, 对其他每个列表执行随机访问找到元组 $\boldsymbol{t}$ 的每个属性值 t_i. 若对于每个 i 有 $q_i - r \leqslant t_i \leqslant q_i + r$, 则计算距离 $d(\boldsymbol{t},Q)$. 如果 $d(\boldsymbol{t}, Q)$是到目前为止计算出的 N 个最小距离之一, 那么记住该元组 $\boldsymbol{t}$ 及其距离 $d(\boldsymbol{t}, Q)$ (对于距离等于 $d(\boldsymbol{t}_N, Q)$的元组, 任取其一; 因此, 在任何时候最多只需记住 N 个元组及其距离);

　　$r_{\text{min}} = \max(0, \min((q_i - r) - a_{ij}, a_{ik} - (q_i + r)))$;

　　$r_{\text{maxmin}} = \max(r_{\text{maxmin}}, r_{\text{min}})$;

End For

4. If 在 n-正方形 $B(Q, r, d_\infty)$中至少含有 N 个被看到的元组满足 $d(\boldsymbol{t}, Q) \leqslant \alpha r$,
   then 停止;
   Else $\{r = r + r_{\text{maxmin}};\ r_{\text{maxmin}} = 0;$ goto (2)$\}$.
5. 用 $\boldsymbol{Y}$ 表示一个序列含有 $B(Q, r, d_\infty)$中被看到的具有 N 个最小距离 $d(\boldsymbol{t}, Q)$元组, 且按照距离排序. 输出这些元组 $\boldsymbol{t}$ 及其距离.

下面的定理证明了上述算法 GTA 的正确性.

定理 7.3　如果$(\Re^n, \|\cdot\|)$是一个赋范空间, 那么算法 GTA 能够正确找到 Top-N 元组.

证明　当算法 GTA 停止时, 设 $\boldsymbol{Y}$ 为 GTA 步骤 5 中的结果序列, 且此时由$(Q, \alpha r, d)$确定的球为 $B(Q, \alpha r, d)$, 则 $\boldsymbol{Y} \subset B(Q, \alpha r, d)$. 只需证明对于每个 $\boldsymbol{t} \in \boldsymbol{Y}$ 和每个 $\boldsymbol{z} = (z_1, z_2, \cdots, z_n) \notin \boldsymbol{Y}$ 有 $d(\boldsymbol{t}, Q) \leqslant d(\boldsymbol{z}, Q)$. 根据 $\boldsymbol{Y}$ 的定义, 对于在运行 GTA 时看到的每个元组 $\boldsymbol{z} \in B(Q, r, d_\infty) = \prod_{i=1}^{n} [q_i - r, q_i + r]$是成立的. 现在假设①$\boldsymbol{z}$ 被看到且 $\boldsymbol{z} \notin B(Q, r, d_\infty)$, 或②$\boldsymbol{z}$ 没有被看到. 若 $\boldsymbol{z}$ 没有被看到, 则对于每个 i 有 $z_i \notin [q_i - r, q_i + r]$, 因此 $\boldsymbol{z} \notin B(Q, r, d_\infty)$. 由推论 7.1 的第一部分“$B(Q, \alpha r, d) \subset B(Q, r, d_\infty)$”知, 对于①和②两种情况都有 $\boldsymbol{z} \notin B(Q, \alpha r, d)$. 由于 $\boldsymbol{t} \in \boldsymbol{Y} \subset B(Q, \alpha r, d)$, 根据 $B(Q, \alpha r, d)$的定义得到 $d(\boldsymbol{t}, Q) \leqslant \alpha r < d(\boldsymbol{z}, Q)$. 证毕.

注意, $B(Q, \alpha r, d)$和 $\boldsymbol{Y}$ 之间的区别为: $|B(Q, \alpha r, d)| \geqslant N$ 并且 $B(Q, \alpha r, d)$包含 Q 的所有 Top-N 元组; 而$|\boldsymbol{Y}|=N$ 并且 $\boldsymbol{Y} \subset B(Q, \alpha r, d)$ (对于距离等于 $d(\boldsymbol{t}_N, Q)$的元组, 任取其一). 即 $B(Q, \alpha r, d)$是 Q 的**确定性**结果, 而 $\boldsymbol{Y}$ 是 Q 的**非确定性**结果.

例 7.1　为说明 GTA, 考虑空间$(\Re^2, \|\cdot\|_1)$中的一个关系 $\boldsymbol{R}$ 和一个查询点 Q, 如图 7.2 所示. 使用 GTA 处理$\Re^2$ 中 Top-3 查询 $Q = (q_1, q_2) = (7, 6)$; 对于 $\boldsymbol{R}$ 中每个元组 $\boldsymbol{t} = (t_1, t_2)$, 此时算法 GTA 中 Q 和 $\boldsymbol{t}$ 之间的距离 $d(Q, \boldsymbol{t})$为曼哈顿距离 $d_1(Q, \boldsymbol{t}) = |q_1 - t_1| + |q_2 - t_2| = |7 - t_1| + |6 - t_2|$.

首先, 在有序列表 L_1 和 L_2 上定位 $Q = (7, 6)$, 对于 L_1 有 $j_1 = 4$ 和 $k_1 = 5$; 对于 L_2 有 $j_2 = 6$ 和 $k_2 = 7$, 如图 7.2(b)中四个分别指向 $L_1.j = 4, 5$ 以及 $L_2.j = 6, 7$ 的箭头所示, 并且得到对应的属性值分别为 $a_{1,4} = 6, a_{1,5} = 7$ 以及 $a_{2,6} = 5, a_{2,7} = 7$. 对于 $L_1(i=1)$, $r_{\min} = \min(q_i - a_{ij}, a_{ik} - q_i) = \min(q_1 - a_{1,4}, a_{1,5} - q_1) = \min(7–6, 7–7) = 0$; $r_{\text{maxmin}} = \max(r_{\text{maxmin}}, r_{\min}) = 0$; 对于 $L_2(i=2)$, $r_{\min} = \min(q_i - a_{ij}, a_{ik} - q_i) = \min(q_2 - a_{2,6}, a_{2,7} - q_2) = \min(6–5, 7–6) = 1$; 因此, $r = r_{\text{maxmin}} = \max(r_{\text{maxmin}}, r_{\min}) = \max(0, 1) = 1$. 根据定理 1.3 知$\alpha = 1$, 故$\alpha r = 1$.

第 1 轮: 对于 $r = 1$ 及$\alpha r = 1$, 分别从$\{j_1 = 4; k_1 = 5; j_2 = 6; k_2 = 7;\}$开始, 移动$\{j_1--; k_1++; j_2--; k_2++;\}$进行顺序访问和随机访问; j_1、k_1、j_2 和 k_2 的停止位置分别是指向 $L_1.j = 3, 8$ 以及 $L_2.j = 3, 8$ 的四个箭头, 如图 7.2(b)所示. 得到$\{\mathbf{t1}\} \cup \{\mathbf{t11},$

t3, t4} ∪ {**t7, t8, t1**} ∪ {**t9**}. 在这个过程中, {j_1− −}使得 $L_1.j = j_1 = 3$, 因为此时对应的属性值 $L_1.A_1 = 3 < q_1 - r = 6$, 停止关于 j_1 的顺序访问, 所以对 L_1.tid = **t9** 既不作顺序访问也不作随机访问; 这样, 用{j_1=4}和{j_1− −}, 只看到了{**t1**}; 类似地, 对于 k_1、j_2 和 k_2, 分别看到{**t11, t3, t4**}, {**t7, t8, t1**}和{**t9**}. 从这些看到的元组得到 $\boldsymbol{Y}$ = {(**t1**; 2)}, 其中(**t1**; 2)的第二项为距离 $d_1(Q, \mathbf{t1}) = 2$, 如图 7.2(a)所示, 只有 **t1** 属于最小正方形. 在 $\boldsymbol{Y}$ 中不存在曼哈顿距离 $d_1(Q, t)$小于或等于 $\alpha r = 1$, 因此 count = 0 < N = 3; 也就是说, 如图 7.2(a)所示, 没有元组属于最小菱形. 此时, 计算得到 $r = 3$ 和 $\alpha r = 3$, 进行下一轮, 即第 2 轮.

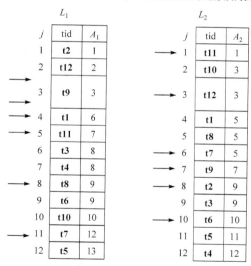

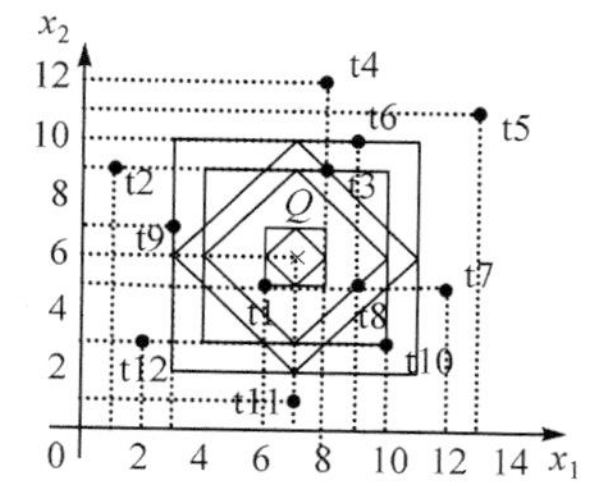

(a) $Q = (q_1, q_2) = (7, 6)$, $\Re^2$中 $\boldsymbol{R}$ = {**t1**, ⋯, **t12**}. 三个菱形和三个矩形从内到外分别对应三轮

L_1

	j	tid	A_1
	1	**t2**	1
	2	**t12**	2
→ (上), → (下)	3	**t9**	3
→	4	**t1**	6
→	5	**t11**	7
	6	**t3**	8
	7	**t4**	8
→	8	**t8**	9
	9	**t6**	9
	10	**t10**	10
→	11	**t7**	12
	12	**t5**	13

L_2

	j	tid	A_2
→	1	**t11**	1
	2	**t10**	3
→	3	**t12**	3
	4	**t1**	5
	5	**t8**	5
→	6	**t7**	5
→	7	**t9**	7
→	8	**t2**	9
	9	**t3**	9
→	10	**t6**	10
	11	**t5**	11
	12	**t4**	12

(b) 属性A_1的列表L_1以及属性A_2的列表L_2

图 7.2　一个关系 $\boldsymbol{R}$(tid, A_1, A_2) ⊂ $\Re^2$ 上的 Top-N 查询 Q (a) $\boldsymbol{R}$ 有 12 个元组; (b)有序列表 L_1 和 L_2

第 2 轮: 对于 $r = 3$ 和 $\alpha r = 3$, 从{$j_1 = 3$; $k_1 = 8$; $j_2 = 3$; $k_2 = 8$;}开始, 分别移动{ j_1− −; k_1++; j_2− −; k_2++;}, 可以看到{} ∪ {**t8, t6, t10**} ∪ {**t12, t10**} ∪ {**t2, t3**}, 其中{}表示空集, 得到 $\boldsymbol{Y}$ = {(**t1**; 2), (**t8**; 3), (**t3**; 4)}; 因为 $d_1(Q, \mathbf{t10}) > d_1(Q, \mathbf{t3})$, 故 **t10**∉$\boldsymbol{Y}$. 在这个过程中, j_1、k_1、j_2 和 k_2 的起始点分别是其第 1 轮的停止位置. 现在

j_1、k_1、j_2 和 k_2 的停止位置分别是指向 $L_1.j = 3, 11$ 以及 $L_2.j = 1, 10$ 的四个箭头，如图 7.2(b)所示. 此时 $\boldsymbol{Y}$ 中有两个曼哈顿距离不大于 $\alpha r = 3$，因此得到 count $= 2 < N = 3$；也就是说，如图 7.2(a)所示，在第二大的菱形中包括两个元组 **t1** 和 **t8**. 此时，计算并得到 $r = 4$ 和 $\alpha r = 4$，进行下一轮，即第 3 轮.

第 3 轮：对于 $r = 4$ 和 $\alpha r = 4$，从$\{j_1 = 3; k_1 = 11; j_2 = 1; k_2 = 10;\}$开始，分别移动$\{j_1--;\ k_1++; j_2--; k_2++;\}$，看到$\{$**t9**$\} \cup \{\} \cup \{\} \cup \{$**t6**$\}$，并且得到 $\boldsymbol{Y} = \{($**t1**; 2), (**t8**; 3), (**t3**; 4)$\}$，这和第 2 轮的 $\boldsymbol{Y}$ 是一样的. 现在 $\boldsymbol{Y}$ 中的三个曼哈顿距离$\{2, 3, 4\}$皆不超过 $\alpha r = 4$; count $= 3 = N$；至此，处理过程终止. Top-3 元组是最大菱形中的 **t1**、**t8** 和 **t3**. 在这一轮中，图 7.2(b)省略了指向停止位置的箭头. 例毕.

根据定理 1.2($\|\cdot\|_p$ 的 p-单调性定理)，对于 p-范数$\|\cdot\|_p$，使用停止规则“当$|B(Q, r, d_\infty)| \geqslant N$ 时停止”可以得到算法 GTA 的一种变形算法，使得比 GTA 更快停止，如定理 7.4 所述.

定理 7.4 设算法 GTA 对每个看到的元组计算出距离 $d_p(Q, \boldsymbol{t})$，$\boldsymbol{Y}$ 中包含 N 个被看到的具有最小距离 $d_p(\boldsymbol{t}, Q)$的元组. 对于任意$\|\cdot\|_p$ $(1 \leqslant p \leqslant \infty)$，GTA 可以正确找到 Top-$N$ 元组的充分必要条件是$|B(Q, r, d_\infty)| \geqslant N$.

证明 由 GTA 定义和定理 7.2 的必要性可知，必要性显然成立.

为证明充分性，设$|B(Q, r, d_\infty)| \geqslant N$ 且 SEEN $= \{\boldsymbol{t}\in \boldsymbol{R}: \boldsymbol{t}\in \bigcup_{i=1}^{n}([q_i - r, q_i + r] \times \prod_{j\neq i}\Re_j)\}$，其中对于每个 j, $\Re_j = \Re = (-\infty, \infty)$. 即 SEEN 是算法 GTA 看到的所有元组的集合，如图 7.3 所示为 2 维空间的一个例子，SEEN 为灰色区域所有元组“•”的集合. 当$|B(Q, r, d_\infty)| \geqslant N$ 时，算法 GTA 返回. 由 7.1 节中 $B(Q, r, d)$的定义和定理 1.2 的 p-单调性知 $B(Q, r, d_\infty) \subset B(Q, n^{(1/p)}r, d_p) \subset B(Q, nr, d_1)$，由此得到

$$B(Q, nr, d_1) \subset \bigcup_{i=1}^{n}([q_i - r, q_i + r] \times \prod_{j\neq i}\Re_j)$$

事实上，对于任一 $\boldsymbol{t} = (t_1, \cdots, t_n)\in B(Q, nr, d_1)$，有 $d_1(Q, \boldsymbol{t}) \leqslant nr$，即$\sum_i|q_i - t_i| \leqslant nr$；因此，存在 k $(1\leqslant k \leqslant n)$使得$|q_k - t_k| \leqslant r$，也就是 $t_k\in[q_k - r, q_k + r]$，故 $\boldsymbol{t}\in \bigcup_{i=1}^{n}([q_i - r, q_i + r] \times \prod_{j\neq i}\Re_j)$. 证毕.

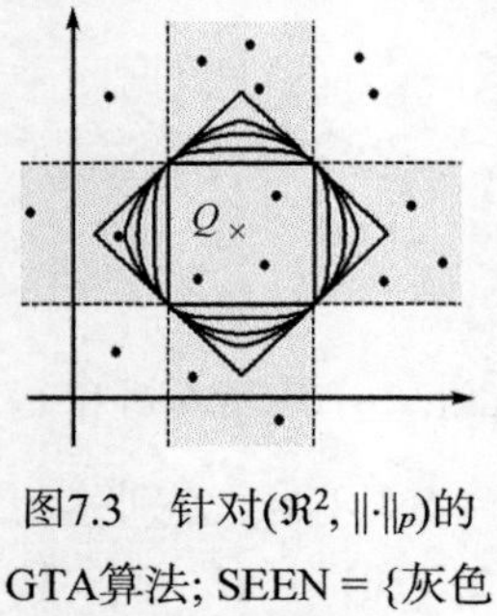

图7.3 针对($\Re^2$, $\|\cdot\|_p$)的 GTA算法; SEEN = {灰色区域内的所有元组“•”}

对于空间($\Re^2$, $\|\cdot\|_p$)，图 7.3 说明了定理 7.4 的充分性. 当正方形包含 N 个元组时，在灰色区域中的所有元组“•”(SEEN 集合)都已经被算法 GTA 看见. 此外，利用定理 7.4 的充分性和例 7.1，针对距离 $d_1(\cdot,\cdot)$，第 1 轮可以获得 Top-1 元组，第 2 轮可以获得 Top-3 和 Top-4 元组. 因此，定理 7.4 的停止规则“当$|B(Q, r, d_\infty)| \geqslant N$ 时停止”所得到的 GTA 变形算法可以比 GTA 更早停止. 定理 7.4 充分体现了“用 $d_\infty(\cdot,\cdot)$获取距离 $d(\cdot,\cdot)$的 Top-N 元组”这一主旨.

2. 具有限制顺序访问的算法 GTAz

在某些环境和应用中，存在一些数据的列表不支持顺序访问，只能随机访问 (Fagin et al., 2003b; Ilyas et al., 2008; Bruno et al., 2002b). 在这种情况下，Top-N 查询处理技术假设至少有一个数据源的有序列表可以顺序访问，否则不满足“非猜测”条件.

设 Z 是$\{1, 2, \cdots, n\}$的一个非空真子集，即那些可以顺序访问的列表 L_i 的下标集合. 至少存在一个列表可以顺序访问，因此假设 $Z = \{i_1, i_2, \cdots, i_m\}$, $1 \leqslant m = |Z| < n$. 不失一般性，设 $Z = \{1, 2, \cdots, m\}$, $1\leqslant m < n$. 对算法 GTA 作如下修改，能够得到算法 GTAz, 可以用来处理具有限制顺序访问的 Top-N 查询.

在算法 GTA 中，将其步骤 2 和步骤 3 中 for-循环“For each (L_i,) $i = 1, \cdots, n$”的循环次数 n 替换为 m, 即可得到 GTAz 算法. 显然，如果 $m = n$, 算法 GTAz 就是算法 GTA.

定理 7.5　如果$(\Re^n, \|\cdot\|)$是一个赋范空间，那么算法 GTAz 能够正确找到 Top-N 元组.

证明　将定理 7.3 的证明稍许变更即可. 证毕.

3. 无随机访问的算法 GNRA

对于不能随机访问的情况，文献(Zhu, et al., 2016)修改算法 GTA 给出只有顺序访问而无随机访问的算法 GNRA. 文献(Fagin et al., 2003b)中的算法 NRA 只能得到 Top-N 元组，而不能保证得到每个元组 $\boldsymbol{t}$ 的排序总分 $f(\boldsymbol{t})$, 因此算法 NRA 输出的 Top-N 元组是不能排序的. 不同于算法 NRA, 算法 GNRA 能够得到 Top-N 元组及每个元组 $\boldsymbol{t}$ 与查询 Q 之间的距离，输出排序的 Top-N 元组，描述如下.

算法 GNRA　　//对于一般范数$\|\cdot\|$, 无随机访问
输入: (Q, N)　　//$Q = (q_1, \cdots, q_n)\in\Re^n$ 是查询点; N 是正整数
输出: $\boldsymbol{Y}$　　//序列 $\boldsymbol{Y} = \langle(\boldsymbol{t}_1, d(\boldsymbol{t}_1,Q)), \cdots, (\boldsymbol{t}_N, d(\boldsymbol{t}_N,Q))\rangle$且 $d(\boldsymbol{t}_1,Q)\leqslant \cdots \leqslant d(\boldsymbol{t}_N,Q)$

---

1. $r = 0$; $r_{\min} = 0$; $r_{\text{maxmin}} = 0$;　　//初始化
2. For each $i = 1, \cdots, n$　　//用 B^+树或二分查找法定位 Q
　　在 L_i 中找到 a_{ij} 和 a_{ik} 使得 $a_{ij} \leqslant q_i \leqslant a_{ik}$; //其中 $k = j+1$, $a_{ij} = L_i.a_j$
　　If $q_i \leqslant \min(A_i)$ then $r_{\min} = a_{ik} - q_i$;　　// $q_i \leqslant a_{ik} = \min(A_i)$
　　Else If $\max(A_i) \leqslant q_i$ then $r_{\min} = q_i - a_{ij}$;　　// $\max(A_i) = a_{ij}\leqslant q_i$
　　Else $r_{\min} = \min(q_i - a_{ij}, a_{ik} - q_i)$;

$r_{\text{maxmin}} = \max(r_{\text{maxmin}}, r_{\min})$;

End For

$r = r + r_{\text{maxmin}}$; $r_{\text{maxmin}} = 0$;

3. For each L_i, $i = 1, \cdots, n$

$r_{\min} = 0$;

If ($q_i - r \leqslant a_{ij}$ 且 j 没有用完) then 通过 j 减 1 进行顺序访问来查找 a_{ij}, 直到($a_{ij} < q_i - r$ 或 j 用完);

//执行顺序访问查找 a_{ij}, j 递减的步长为 1, j 用完是指顺序访问到 L_i 的一端

If ($a_{ik} \leqslant q_i + r$ 且 k 没有用完) then 通过 k 加 1 进行顺序访问来查找 a_{ik}, 直到 $q_i + r < a_{ik}$ 或 k 用完;

//执行顺序访问查找 a_{ik}, k 以步长 1 递增, k 用完是指顺序访问到 L_i 的一端

If 元组 $\boldsymbol{t} = (t_1, t_2, \cdots, t_n)$的全部属性值都被看到, then 计算距离 $d(\boldsymbol{t}, Q)$. 如果 $d(\boldsymbol{t}, Q)$是到目前为止计算出的 N 个最小距离之一, 那么记住该元组 $\boldsymbol{t}$ 及其距离 $d(\boldsymbol{t}, Q)$ (对于距离等于 $d(\boldsymbol{t}_N, Q)$的元组, 任取其一);

$r_{\min} = \max(0, \min(\ (q_i - r\ ) - a_{ij}, a_{ik} - (q_i + r)\ )\ )$;

$r_{\text{maxmin}} = \max(\text{r}_{\text{maxmin}}, \text{r}_{\min})$;

End For

4. If 至少存在 N 个元组其所有属性值都被看到且满足 $d(\boldsymbol{t}, Q) \leqslant \alpha r$, then 停止; Else $\{r = r + r_{\text{maxmin}}$; $r_{\text{maxmin}} = 0$; goto (3)$\}$.

5. 用 $\boldsymbol{Y}$ 表示一个序列含有 N 个元组, 其所有属性值都被看到且具有 N 个最小距离 $d(\boldsymbol{t}, Q)$. 按照距离排序输出这些元组 $\boldsymbol{t}$ 及其距离.

定理 7.6 如果($\Re^n$, $\|\cdot\|$)是一个赋范空间, 那么算法 GNRA 能够正确找到 Top-N 元组.

证明 当算法 GNRA 停止时, 设 $\boldsymbol{Y}$ 为算法 GNRA 步骤 5 中的结果序列, 且由 $(Q, \alpha r, d)$确定的球为 $B(Q, \alpha r, d)$, 则 $\boldsymbol{Y} \subset B(Q, \alpha r, d)$. 只需证明对每个 $\boldsymbol{t} \in \boldsymbol{Y}$ 和每个 $\boldsymbol{z} \notin \boldsymbol{Y}$ 有 $d(\boldsymbol{t}, Q) \leqslant d(\boldsymbol{z}, Q)$.

对于 $\boldsymbol{z} \notin \boldsymbol{Y}$, 有三种情况.

(1) 在 GNRA 运行中, $\boldsymbol{z}$ 的所有属性值都被看到. 根据 $\boldsymbol{Y}$ 的定义, 有 $d(\boldsymbol{t}, Q) \leqslant d(\boldsymbol{z}, Q)$.

(2) 在 GNRA 运行中, $\boldsymbol{z}$ 的某些属性值被看到, 但 $\boldsymbol{z}$ 的其他属性值未被看到. 假设 $\boldsymbol{z} = (z_1, z_2, \cdots, z_n)$, 在 GNRA 运行中, 未看到 $z_k (1 \leqslant k \leqslant n)$, 则 $z_k \notin [q_k - r, q_k + r]$, 因此 $d_\infty(\boldsymbol{z}, Q) = \max_{1 \leqslant i \leqslant n}(|z_i - q_i|) \geqslant |z_k - q_k| > r$.

(3) 在 GNRA 运行中, $\boldsymbol{z}$ 所有属性值都未被看到, 则对于每个 i 都有 $z_i \notin [q_i - r, q_i + r]$, 这样 $d_\infty(\boldsymbol{z}, Q) = \max_{1 \leqslant i \leqslant n}(|z_i - q_i|) > r$.

对于情况(2)和情况(3)，由 $d_\infty(z, Q) > r$ 知，$\alpha d_\infty(z, Q) > \alpha r$. 根据定理 1.3 知 $d(z, Q) \geqslant \alpha d_\infty(z, Q)$. 由于 $\boldsymbol{t} \in \boldsymbol{Y} \subset B(Q, \alpha r, d)$，根据 $B(Q, \alpha r, d)$定义 $d(\boldsymbol{t}, Q) \leqslant \alpha r$，因此 $d(\boldsymbol{t}, Q) \leqslant \alpha r < \alpha d_\infty(z, Q) \leqslant d(z, Q)$. 证毕.

7.2.2　关于 x-单调范数的算法

设$(\Re^n, \|\cdot\|)$是一个赋范空间，$\|\cdot\|$为一个 $\boldsymbol{x}$-单调范数. 针对这样的空间，以及三种数据访问方式，本节分别介绍 Top-N 查询 $Q = (q_1, q_2, \cdots, q_n)$的处理算法 mTA、mTAz 和 mNRA.

1. 同时具有顺序访问和随机访问的算法 mTA

算法 mTA 的基本思想是：对于每个数轴$\Re_i(1 \leqslant i \leqslant n)$，从两个方向找出与 q_i 距离较小的元组坐标的方向，mTA 以此方向决定对有序列表 L_i顺序访问的方向(向上或向下). 这样，对于每个有序列表 L_i, mTA 在每一轮/每一次循环中看到一个元组. 为了找到 Top-N 元组，算法 mTA 将定义**阈值点** $\boldsymbol{p} = (p_1, p_2, \cdots, p_n) \in \Re^n$，并且计算**阈值距离** $\tau = d(\boldsymbol{p}, Q)$. 算法 mTA 描述如下.

算法 mTA　　//对于 $\boldsymbol{x}$-单调范数，既有顺序访问又有随机访问
输入: (Q, N)　//$Q = (q_1, \cdots, q_n) \in \Re^n$ 是查询点; N 是正整数
输出: $\boldsymbol{Y}$　　//序列 $\boldsymbol{Y} = \langle (\boldsymbol{t}_1, d(\boldsymbol{t}_1, Q)), \cdots, (\boldsymbol{t}_N, d(\boldsymbol{t}_N, Q)) \rangle$且 $d(\boldsymbol{t}_1,Q) \leqslant \cdots \leqslant d(\boldsymbol{t}_N,Q)$

---

1. For each $i = 1, \cdots, n$　　　//用 B$^+$树或二分法查找定位 Q
　　在 L_i 中找到 a_{ij} 和 a_{ik} 使得 $a_{ij} \leqslant q_i \leqslant a_{ik}$; //其中 $k = j+1$, $a_{ij} = L_i.a_j$
　　If $q_i \leqslant \min(A_i)$ then $a_{ik} = \min(A_i)$;　　//只有 $q_i \leqslant a_{ik} = \min(A_i)$
　　If $\max(A_i) \leqslant q_i$ then $a_{ij} = \max(A_i)$;　　//只有 $\max(A_i) = a_{ij} \leqslant q_i$
　End for
2. For each L_i, $i = 1, \cdots, n$
　　If $|q_i - a_{ij}| \leqslant |a_{ik} - q_i|$ {执行顺序访问来查找 a_{ij}; $p_i = a_{ij}$; $j = j - 1$;}
　　Else {执行顺序访问来查找 a_{ik}; $p_i = a_{ik}$; $k = k + 1$;}
　　当顺序访问列表 L_i看到一个元组 $\boldsymbol{t}$时，对每个其他列表执行随机访问找到元组 $\boldsymbol{t}$ 的每个属性值 t_i; 然后计算距离 $d(\boldsymbol{t},Q)$. 如果 $d(\boldsymbol{t}, Q)$是到目前为止计算出的 N个最小距离之一，那么记住该元组 $\boldsymbol{t}$ 及其距离 $d(\boldsymbol{t}, Q)$ (对于距离等于 $d(\boldsymbol{t}, Q)$的元组，任取其一，因此，在任何时候只有 N个元组及其距离需要记住);
　End For
3. 定义阈值点 $\boldsymbol{p} = (p_1, p_2, \cdots, p_n)$，计算阈值距离 $\tau = d(\boldsymbol{p}, Q)$;

If 至少有 N 个被看到的元组满足 $d(\boldsymbol{t}, Q) \leqslant \tau$, then 停止;
Else goto (2).

4. 用 $\boldsymbol{Y}$ 表示一个序列包含具有 N 个最小距离 $d(\boldsymbol{t}, Q)$被看到的元组, 且按照距离排序输出这些元组 $\boldsymbol{t}$ 及其距离.

2. 具有限制顺序访问的算法 mTAz

不失一般性, 设 $Z = \{1, 2, \cdots, m\}$, $1 \leqslant m < n$. 关于 $\boldsymbol{x}$-单调范数$\|\cdot\|$, 算法 mTAz 用来处理具有限制顺序访问的 Top-N 查询. 只需将算法 mTA 作如下修改, 即为算法 mTAz.

将算法 mTA 步骤 1 和步骤 2 中的 for 循环 "For each $(L_i,)$ i=1, ⋯, n" 的循环次数 n 替换为 m. 将算法 mTA 步骤 3 替换为

定义阈值点 $\boldsymbol{p} = (p_1, \cdots, p_m, q_{m+1}, \cdots, q_n)$, 计算阈值距离 $\tau = d(\boldsymbol{p}, Q)$;
If 至少有 N 个被看到的元组满足 $d(\boldsymbol{t}, Q) \leqslant \tau$, then 停止;
Else goto (2).

/*注意: $Q = (q_1, \cdots, q_m, q_{m+1}, \cdots, q_n)$, 阈值点 $\boldsymbol{p}$ 和查询点 Q 的最后 $n - m$ 个坐标相同*/

显然, 若 $m = n$, 则算法 mTAz 变为算法 mTA.

3. 无随机访问的算法 mNRA

算法 mNRA 利用和 mTA 相同的顺序访问策略(每轮从每个列表中读取一个元组), 维护两个阈值点 $\boldsymbol{p}$ 和 $\boldsymbol{p}'$, 且计算距离的下界和上界作为阈值来确定候选元组. 算法 mNRA 描述如下.

算法 mNRA　　//对于 $\boldsymbol{x}$-单调范数, 只有顺序访问而无随机访问
输入: (Q, N)　　//$Q = (q_1, \cdots, q_n) \in \Re^n$ 是查询点; N 是正整数
输出: $\boldsymbol{Y}$　　//序列 $\boldsymbol{Y} = \langle \boldsymbol{t}_1, \cdots, \boldsymbol{t}_N \rangle$, Top-$N$ 元组可能有或无距离, 没有排序

1. For each i = 1, ⋯, n　//用 pmax_i 表示 L_i 的头或尾中相距 q_i 较远者
　If $(|q_i - a_{i1}| \leqslant |a_{i|\boldsymbol{R}|} - q_i|)$ $\{\mathrm{pmax}_i = a_{i|\boldsymbol{R}|};\}$ Else$\{\mathrm{pmax}_i = a_{i1};\}$
 End For　　// a_{i1} 是 L_i 的头, $a_{i|\boldsymbol{R}|}$是 L_i 的尾
2. For each i = 1, ⋯, n　//用 B^+树或二分查找法定位 Q
　在 L_i 中找到 a_{ij} 和 a_{ik} 使得 $a_{ij} \leqslant q_i \leqslant a_{ik}$; //其中 $k = j+1$, $a_{ij} = L_i.a_j$
　If $q_i \leqslant \min(A_i)$ then $a_{ik} = \min(A_i)$;　　//只有 $q_i \leqslant a_{ik} = \min(A_i)$
　If $\max(A_i) \leqslant q_i$ then $a_{ij} = \max(A_i)$;　　//只有 $\max(A_i) = a_{ij} \leqslant q_i$

　End for

3. For each L_i, i=1, ⋯, n

　If $|q_i - a_{ij}| \leqslant |a_{ik} - q_i|$ {执行顺序访问来查找 a_{ij}; $\text{pmin}_i = a_{ij}$; $j = j - 1$;}

　Else {执行顺序访问来查找 a_{ik}; $\text{pmin}_i = a_{ik}$; $k = k + 1$;}

　End for

4. 对于每个具有一些未知属性值的元组 $\boldsymbol{t} = (t_1, \cdots, t_n)$, 用 pmax_i 代替每个未知属性值 t_i 来计算 $d(\boldsymbol{t}, Q)$的**上界**, 记为 Dupp($\boldsymbol{t}$, Q); 用 pmin_i 代替每个未知属性值 t_i 来计算 $d(\boldsymbol{t}, Q)$的**下界**, 记为 Dlow($\boldsymbol{t}$, Q). 若元组 $\boldsymbol{t} = (t_1, \cdots, t_n)$的所有属性值都已经被看到, 则 $d(\boldsymbol{t}, Q)$ = Dupp($\boldsymbol{t}$, Q) = Dlow($\boldsymbol{t}$, Q). 如果元组 $\boldsymbol{t}$ 的属性值都没有被看到, 那么 Dlow($\boldsymbol{t}$, Q) = $d(\boldsymbol{p}, Q)$, 且 Dupp($\boldsymbol{t}$, Q) = $d(\boldsymbol{p}', Q)$, 其中 $\boldsymbol{p} = (\text{pmin}_1, \cdots, \text{pmin}_n)$和 $\boldsymbol{p}' = (\text{pmax}_1, \cdots, \text{pmax}_n)$.
5. 设 $\boldsymbol{Y}$是 N个元组的集合, 这些元组具有到目前为止已经被看到的 Dupp($\boldsymbol{t}$, Q)最小值. 如果两个元组有相同的上界, 那么用其下界 Dlow($\boldsymbol{t}$, Q)打破平局, 具有最小 Dlow 值的元组获胜, 若下界仍为平局, 则在这些元组中任取其一. 令 $\text{Dupp}_{\max}$ 为 $\boldsymbol{Y}$ 中所有 Dupp($\boldsymbol{t}$, Q)的最大值(对任意 $\boldsymbol{t} \in \boldsymbol{Y}$ 有 Dupp($\boldsymbol{t}$, Q) $\leqslant \text{Dupp}_{\max}$).
6. 若元组 $\boldsymbol{t}$ 满足 Dlow($\boldsymbol{t}$, Q) < $\text{Dupp}_{\max}$, 则称为**可行的**. 若至少 N个不同的元组已经被看到且集合 $\boldsymbol{Y}$ 的外面没有可行的元组(也就是说, 若对于所有 $\boldsymbol{t} \notin \boldsymbol{Y}$ 其下界 Dlow($\boldsymbol{t}$) $\geqslant \text{Dupp}_{\max}$) 则停止, 且返回 $\boldsymbol{Y}$(其中的元组也许有或无距离), 否则返回步骤 3.

G-算法(GTA、GTAz、GNRA)和 m-算法(mTA、mTAz、mNRA)之间的一个主要区别是: m-算法类似于文献(Fagin et al., 2003b)中的算法 TA、TAz 和 NRA, 对每个列表做“步调一致”的顺序访问, 即每一步读取一个元组; 然而 G-算法采取“每一步读取一批元组, 而且批的大小是变化的, 不是一个常量”, 如例 7.1 所示. 对于 n 个列表, 每个 m-算法每轮最多看到 n 个不同的元组, 然而 G-算法每轮最多可能看到$|\boldsymbol{R}|$个不同的元组, 因此 G-算法可能比 m-算法访问更多的元组. 例 7.2 演示了算法 mTA 是如何运行的.

例 7.2　为了说明算法 mTA, 继续考虑例 7.1 的情况, 用 mTA 处理 Top-3 查询 Q = (7, 6). 如图 7.4 所示, 数字①～⑤表示每次分别从指针{j_1, k_1}和{j_2, k_2}中各选取一个指针及其移动顺序, 其中 j_1 以步长 1 递减(j_1− −), k_1 以步长 1 递增(k_1++), j_2 以步长 1 递减(j_2− −), k_2 以步长 1 递增(k_2++), 这里的 j_1、k_1、j_2、k_2 与例 7.1 中的相同. 算法 mTA 对 n 个有序列表中的每个列表的顺序访问是步调一致的. 也就是说, 从 i = 1 开始, 对于每个列表 L_i, mTA 首先确定顺序访问的方向, 接着只读取

L_i 中一个元组，并对其他列表进行随机访问，得到该元组全部属性值且对看到的元组进行其他计算(称为**内部计算**，即除了顺序访问和随机访问的其他计算)；然后 mTA 对列表 L_{i+1} 执行这些操作，直到 $i = n$. 如图 7.4 所示，处理 Top-3 查询 Q, mTA 需要 5 轮，分别对应数字①～⑤. 对比例 7.1，算法 mTA 的顺序访问次数不超过算法 GTA 的顺序访问次数，并且在 $\boldsymbol{x}$-单调范数的情况下，mTA 的执行开销始终不超过 GTA. 例毕.

L_1

	j	tid	A_1
	3	**t9**	3
②	4	**t1**	6
①	5	**t11**	7
③	6	**t3**	8
④	7	**t4**	8
⑤	8	**t8**	9

L_2

	j	tid	A_2
⑤	3	**t1**	3
③	4	**t1**	5
②	5	**t8**	5
①	6	**t7**	5
④	7	**t9**	7
	8	**t2**	9

图 7.4　取自图 7.2(b)列表中 $j = 3, \cdots, 8$ 的部分内容

为了证明算法 mTA、mTAz 和 mNRA 是正确的，只需将它们分别转换为文献(Fagin et al., 2003b)中的算法 TA、TAz 和 NRA 算法.

定理 7.7　如果$(\Re^n, \|\cdot\|)$是一个赋范空间，并且$\|\cdot\|$是 $\boldsymbol{x}$-单调的，那么算法 mTA、mTAz 和 mNRA 都能正确地找到 Top-N 元组.

证明　给定一个 $Q = (q_1, \cdots, q_n)\in\Re^n$，对于每个 $\boldsymbol{t} = (t_1, \cdots, t_n)\in\boldsymbol{R}\subset\Re^n$ 定义 $s_i = |q_i - t_i|$，称 s_i 为元组 $\boldsymbol{t}$ 关于查询 Q 在第 i 个属性 $A_i(1 \leqslant i \leqslant n)$的分数. 令 $\boldsymbol{s} = (s_1, \cdots, s_n)$. 根据$\|\cdot\|$的 $\boldsymbol{x}$-单调性，聚集函数 $f(\boldsymbol{s})=\|\boldsymbol{s}\|$为 F-单调的. 这样，Top-N 查询(Q, N)就变为一个与之等价的文献(Fagin et al., 2003b)中的查询：寻找 N 个具有最小 $f(\boldsymbol{s})$值的元组序列$\langle \boldsymbol{t}_1, \boldsymbol{t}_2, \cdots, \boldsymbol{t}_N\rangle$. 对于每个 i，根据 s_i 的值按升序定义一个新的有序列表 S_i. 令 $Q_0 = Q - Q = (0, \cdots, 0)$，则 Q_0 是最小点. 这样，算法 mTA、mTAz 和 mNRA 分别转换为关于 Q_0、$\{S_i: i=1, \cdots, n\}$和聚集函数 $f(\boldsymbol{s})$的文献(Fagin et al., 2003b)中的算法 TA、TAz 和 NRA；因此，根据 TA、TAz 和 NRA 的正确性可知 mTA、mTAz 和 mNRA 是正确的. 证毕.

上述 m-算法 mTA、mTAz 和 mNRA 是针对 $\boldsymbol{x}$-单调范数的. 对一般的 $\boldsymbol{x}$-单调函数 $f(\cdot)$(1.1.2 节)，给定一个查询 $Q = (q_1, \cdots, q_n)\in\Re^n$，这些 m-算法 mTA、mTAz 和 mNRA 仍然成立. 针对元组 $\boldsymbol{t}\in\Re^n$ 定义评分函数 $s(Q, \boldsymbol{t}) = f(Q - \boldsymbol{t})$，从定理 7.7 的证明可知，对于最小点 $Q_0 = Q - Q = (0, \cdots, 0)$和评分函数 $s(\boldsymbol{t}) = s(Q, \boldsymbol{t})$, mTA、mTAz 和 mNRA 将分别转换为文献(Fagin et al., 2003b)中的算法 TA、TAz 和 NRA.

在实际应用中，由于获得 n 个有序列表 $S_i(i = 1, \cdots, n)$的开销很大，不能用定理 7.7 证明中的方法转换为文献(Fagin et al., 2003b)中的 TA、TAz 和 NRA 算法来代替 m-算法 mTA、mTAz 和 mNRA. 例如，当 $n \geqslant 2$ 和$|\boldsymbol{R}| \geqslant 8$ 时，用定理 7.7 证明中的转换方法和 TA，其开销大于文献(Fagin et al., 2003b)中的朴素算法(1.3.3 节). 这样，定理 7.7 的证明方法仅仅用来证明算法 mTA、mTAz 和 mNRA 的正确性，但绝非处理 Top-N 查询的可行方法.

7.3 缓冲区大小和最优性

本节首先讨论 G-算法和 m-算法的缓冲区大小，其次介绍 m-算法的伪实例最优性，最后对最近邻搜索(NNS)算法和 TA-类算法进行比较.

7.3.1 G-算法和 m-算法缓冲区的大小

由文献(Fagin et al., 2003b)可知，其中的算法 TA 和 TAz 仅需要有限缓冲区，但 NRA 可能需要无界的缓冲区. 同样，本章中 G-算法和 m-算法的缓冲区大小也是如此.

定理 7.8 算法 GTA、GTAz、mTA 和 mTAz 仅需要有限的缓冲区，每种算法的缓冲区大小与数据库大小无关.

证明 由这四种算法的定义可知，对于每种算法，除了少许簿记(bookkeeping)之外，所有必须包含的是：当前 Top-N 元组及其距离，以及在顺序访问每个列表时，指向最后看到的一个或两个元组的指针. 证毕.

不同于定理 7.8 中的算法仅需要少许固定大小的缓冲区，算法 GNRA 和 mNRA 可能需要无界的缓冲区，这是因为每一步都需要大量簿记来维护到目前为止每个元组的更新. 事实上，在最坏的情况下 GNRA 和 mNRA 的缓冲区大小可能是 $O(n|\boldsymbol{R}|)$，其中 n 为 $\boldsymbol{R}(\text{tid}, A_1, \cdots, A_n)$的维数.

7.3.2 m-算法的伪实例最优性

基于执行开销，文献(Fagin et al., 2003b)定义算法的**实例最优性**(instance optimality)如下：用 $\mathbf{D}$ 表示关系组成的类，$\mathbf{A}$ 表示算法组成的类. 对于 $\mathcal{A} \in \mathbf{A}$ 和 $\boldsymbol{D} \in \mathbf{D}$，用 $\text{cost}(\mathcal{A}, \boldsymbol{D})$表示在关系 $\boldsymbol{D}$ 上运行算法 $\mathcal{A}$ 所导致的执行开销. 一个算法 $\mathcal{B} \in \mathbf{A}$ 在 $\mathbf{A}$ 和 $\mathbf{D}$ 上是实例最优的，如果存在常量 c 和 c'使得对于每个 $\mathcal{A} \in \mathbf{A}$ 和每个 $\boldsymbol{D} \in \mathbf{D}$ 有 $\text{cost}(\mathcal{B}, \boldsymbol{D}) \leqslant c \cdot \text{cost}(\mathcal{A}, \boldsymbol{D}) + c'$. 常数 c 被称为**最优性系数**(optimality ratio).

文献(Fagin et al., 2003b)证明其算法 TA、TAz 和 NRA 是实例最优的. 注意，实例最优性只涉及执行开销(顺序访问开销和随机访问开销的总和)，而忽略其他开销(如计算和比较排序函数值的开销).

实例最优性指对于每个实例是最优的，而不是指在最坏情况或平均情况下的最优性. 例如，在最坏情况下，二分查找法在一个有 M 个数据项的有序列表中保证搜索次数不超过 $\log M$, 但它不是实例最优的(Fagin et al., 2003b). 显然，G-算法和 m-算法不是实例优化的，因为这些算法针对每个有序列表用 B^+树或二分查找法来定位查询点. 根据 7.2 节执行开销的定义，二分查找法的开销通常小于 Top-N 算法的执行开销. 例如，在一个具有 2^{30} 个数据项的有序列表中定位一个实数 q, 二分查找法最多需要 $30=\log(2^{30})$次查找；然而，在 q 定位后，找到 q 的 Top-100 项(最近的 100 项)至少需要 100 次顺序访问.

如果只考虑 G-算法和 m-算法的执行开销而不考虑定位开销(其定义见 7.2 节), 这些算法是“实例最优的”吗？为了回答这个问题，对上述“实例最优性”的概念做稍许变更，下面将给出“伪实例最优性”的概念；为此，首先给出定位等价的概念.

定义 7.2(定位等价)　用 $\mathbf{D}$ 表示关系类. 若对于任一查询点 $Q\in\Re^n$ 在每个关系 $\boldsymbol{D}\in\mathbf{D}$ 上，算法 $\mathcal{A}_1$ 和 $\mathcal{A}_2$ 的定位开销几乎相同，则称 $\mathcal{A}_1$ 和 $\mathcal{A}_2$ 是**定位等价的**(locationally equivalent). 算法类 $\mathbf{A}$ 称为定位等价算法类，如果对于任意 $\mathcal{A}_1, \mathcal{A}_2\in\mathbf{A}$, 都有 $\mathcal{A}_1$ 和 $\mathcal{A}_2$ 是定位等价的. 也就是说，存在一个常数 $\delta>0$, 对于任意 $\mathcal{A}_1, \mathcal{A}_2\in\mathbf{A}$, 任意 $Q\in\Re^n$ 和每个 $\boldsymbol{D}\in\mathbf{D}$ 有

$$|\text{cost}(\mathcal{A}_1 \text{ locates } Q \text{ on } \boldsymbol{D}) - \text{cost}(\mathcal{A}_2 \text{ locates } Q \text{ on } \boldsymbol{D})| < \delta \tag{7-4}$$

称 δ 为 $\mathbf{A}$ 的一个定位等价常数，其下确界 $\delta_0=\inf\{\delta\}$称为 $\mathbf{A}$ 的最优定位等价常数.

注意: $\mathbf{A}$ 的一个定位等价常数 δ 具有**一致性**，即对于 $\mathbf{A}$ 中的任意两个算法 $\mathcal{A}_1$ 和 $\mathcal{A}_2$, 不等式(7-4)都成立. $\mathbf{A}$ 的最优定位等价常数 δ_0 是唯一的，且

$$|\text{cost}(\mathcal{A}_1 \text{ locates } Q \text{ on } \boldsymbol{D}) - \text{cost}(\mathcal{A}_2 \text{ locates } Q \text{ on } \boldsymbol{D})| \leqslant \delta_0 \tag{7-5}$$

定义 7.3(伪实例最优性, pseudo instance optimality)　用 $\mathbf{D}$ 表示关系类, $\mathbf{A}$ 表示定位等价算法类. 一个算法 $\mathcal{B}\in\mathbf{A}$ 在 $\mathbf{A}$ 和 $\mathbf{D}$ 上是伪实例优化的，如果存在常量 c 和 c'使得对于每个 $\mathcal{A}\in\mathbf{A}$ 和每个 $\boldsymbol{D}\in\mathbf{D}$ 有 $\text{cost}(\mathcal{B}, \boldsymbol{D}) \leqslant c\cdot\text{cost}(\mathcal{A}, \boldsymbol{D}) + c'$. 常数 c 被称为**最优性系数**.

伪实例最优性要求算法类 $\mathbf{A}$ 是定位等价的，即 $\mathbf{A}$ 中的所有算法彼此是定位等价的，这是与实例最优性的不同之处. 事实上，伪实例最优性就是具有“相同定位开销”的实例最优性，而实例最优性不考虑定位开销(可视为“零定位开销”)的伪实例最优性.

定理 7.9　设$(\Re^n, \|\cdot\|)$是一个赋范空间, $\|\cdot\|$为 $\boldsymbol{x}$-单调的. 用 $\mathbf{D}$ 表示所有关系的类, $\mathbf{A}$ 表示 Top-N 查询处理算法类，这些算法是非猜测的，并且定位等价于 mTA, 那

么算法 mTA、mTAz 和 mNRA 在 **D** 和 **A** 上是伪实例优化的.

证明　由定位等价的定义, 存在 $\delta > 0$, 对于 **A** 中任一算法 $\mathcal{A}$, $\mathfrak{R}^n$ 中任一查询点 $Q = (q_1, \cdots, q_n)$和 **D** 内任一关系 $\boldsymbol{R}$, 有$|\text{cost}(\mathcal{A}\text{ locates } Q \text{ on } \boldsymbol{R}) - \text{cost}(\text{mTA locates } Q \text{ on } \boldsymbol{R})| < \delta$. 设 $\mathcal{A}$ 在关系 $\boldsymbol{R}$ 上运行, 当 $\mathcal{A}$ 停止时, 看到λ个不同的元组, 进行了μ次顺序访问和ν次随机访问, 由于$\mathcal{A}$是非猜测的, $\mu \geqslant \lambda$, 并且针对 n 个有序列表 $L_1, \cdots, L_n$, 算法 $\mathcal{A}$ 的执行开销 $\text{cost}(\mathcal{A}) = \mu \cdot c_s + \nu \cdot c_r$, 其中 c_s 和 c_r 为正的常量, 分别表示一次顺序访问和一次随机访问的开销. 设算法 mTA 进行 s 次顺序访问和 r 次随机访问后找到 Top-N 元组, 且看到 m 个不同元组, 那么 $s \geqslant m$ 并且 mTA 针对 n 个有序列表 $L_1, \cdots, L_n$ 的执行开销 $\text{cost(mTA)} = s \cdot c_s + r \cdot c_r$.

类似于定理 7.7 的证明, 对每个元组 $\boldsymbol{t} = (t_1, \cdots, t_n) \in \boldsymbol{R}$, 定义 $s_i = |q_i - t_i|$, 且称 s_i 为元组 $\boldsymbol{t}$ 关于查询 Q 在第 i 个属性 $A_i(1 \leqslant i \leqslant n)$的分数. 令 $\boldsymbol{s} = (s_1, \cdots, s_n)$. 根据$\|\cdot\|$的 $\boldsymbol{x}$-单调性, 聚集函数$f(\boldsymbol{s}) = \|\boldsymbol{s}\|$是 F-单调的. 这样, Top-N查询(Q, N)就变为一个与之等价的如下查询: 寻找 N 个具有最小$f(\boldsymbol{s})$值的元组序列$\langle \boldsymbol{t}_1, \boldsymbol{t}_2, \cdots, \boldsymbol{t}_N \rangle$. 对于每个 i, 根据 s_i 的值按照升序定义一个新的有序列表Γ_i. 令 $Q_0 = Q - Q = (0, \cdots, 0)$, 则 Q_0 是最小点. 这样, 算法 mTA 转换为关于 Q_0, $\{\Gamma_i: i = 1, \cdots, n\}$和聚合函数$f(\boldsymbol{s})$的文献(Fagin et al., 2003b)中的算法 TA; 因此, TA 和 mTA 有相同的顺序访问次数 s 和随机访问次数 r, 以及所看到的不同元组也是一样的(个数为 m). 这样, TA 的执行开销是 $\text{cost(TA)} = s \cdot c'_s + r \cdot c'_r$, 其中 c'_s 和 c'_r 为正的常量, 分别表示 TA 关于 n 个有序列表 $\Gamma_i(i = 1, \cdots, n)$中的每个列表进行一次顺序访问和一次随机访问的开销.

设 $\mathcal{A}'$是算法 $\mathcal{A}$ 关于 Q_0, $\{\Gamma_i: i = 1, \cdots, n\}$和聚合函数$f(\boldsymbol{s})$的转化算法, 则 $\mathcal{A}'$和 $\mathcal{A}$ 看到同样的λ个不同元组且有相等的顺序访问次数 μ 和随机访问次数 ν. 因此, $\mathcal{A}'$ 的执行开销是 $\text{cost}(\mathcal{A}') = \mu \cdot c'_s + \nu \cdot c'_r$. 根据 TA 的实例最优性(Fagin et al., 2003b)得到 $\text{cost(TA)} \leqslant \omega \cdot \text{cost}(\mathcal{A}') + \omega_0$, 其中常量$\omega$和$\omega_0$满足$\omega \leqslant n + n(n-1)c'_r/c'_s$, $\omega_0 \leqslant nNc'_s + n(n-1)Nc'_r$, 且$\omega$是 TA 的最优性系数. 这样, $s \cdot c'_s + r \cdot c'_r \leqslant \omega(\mu \cdot c'_s + \nu \cdot c'_r) + \omega_0$. 用 c_s 和 c_r 分别代替 c'_s 和 c'_r, 得到 $\text{cost(mTA)} \leqslant \omega \text{cost}(\mathcal{A}) + \omega_0$, 其中 ω 和 ω_0 满足 $\omega \leqslant n + n(n-1)c_r/c_s$ 和 $\omega_0 \leqslant nNc_s + n(n-1)Nc_r$, 也就是说, mTA 是 **D** 和 **A** 上伪实例优化的. 同样地, 可以通过文献(Fagin et al., 2003b)中的算法 TAz 和 NRA 的实例最优性分别证明 mTAz 和 mNRA 的伪实例优化性. 证毕.

假设 $\text{cost}_{\text{sum}}(\mathcal{A})$表示一个算法 $\mathcal{A}$ 的定位开销和执行开销的总和. 从定理 7.9 的证明可知

$$\begin{aligned}\text{cost}_{\text{sum}}(\text{mTA}) &= \text{cost}(\text{mTA locates } Q \text{ on } \boldsymbol{R}) + \text{cost(mTA)} \\ &\leqslant \text{cost}(\mathcal{A} \text{ locates } Q \text{ on } \boldsymbol{R}) + \delta + \omega \cdot \text{cost}(\mathcal{A}) + \omega_0 \\ &\leqslant \theta \cdot \text{cost}_{\text{sum}}(\mathcal{A}) + \tau\end{aligned}$$

其中, $\theta = \max(1, \omega)$, $\tau = \delta + \omega_0$. 定义一个新的算法 mTA′为 mTA 的一种变形, 使

得 mTA′在 mTA 的步骤 1 顺序扫描定位 Q, 并且通过 mTA 的步骤 2～步骤 4 找到 Q 的 Top-N 元组, 那么对于关系 $\boldsymbol{R}$ 的 n 个有序列表 $L_1, \cdots, L_n$, 算法 mTA′的定位开销是 $O(n|\boldsymbol{R}|)$. 针对定理 7.9 中的类 $\mathbf{A}$, 若算法 $\mathcal{A}\in\mathbf{A}$, 则 $\mathcal{A}$ 的定位开销是 $O(n\log|\boldsymbol{R}|)$. 一般而言, 上述不等式 $\text{cost}_{\text{sum}}(\text{mTA}') \leqslant \theta\cdot\text{cost}_{\text{sum}}(\mathcal{A}) + \tau$ 可能不成立, 这一事实是引入"伪实例最优性"时需要考虑查询定位开销的原因.

由定理 7.9 知, 若忽略定位开销, 则算法 mTA、mTAz 和 mNRA 是实例最优的. 注意, 实例最优性仅仅涉及执行开销, 因此, 类似于文献(Fagin et al., 2003b)中算法的情况, mNRA 处理 Top-N 查询可能需要很多其他开销(如大量的内部计算开销, 见 7.4 节的实验结果).

显然, 算法 GTA、GTAz 和 GNRA 不是伪实例优化的, 因为这些算法对每个有序列表每次进行顺序访问皆为**批访问**, 其步长 r_{maxmin} 的大小是可变的, 每次顺序访问看到的元组数目也是可变的; 对于每个有序列表, 由步长所确定的闭区间可能含有该列表的许多(甚至全部)项.

例如, 对于既有顺序访问又有随机访问的情况, 如图 7.5(a)所示, 一个关系 $\boldsymbol{R}\subset \Re^2$ 是图 7.5(a)中元组"•"的集合, $\boldsymbol{R} = \{\mathbf{t1}(1, 1), \mathbf{t2}(3, 3)\} \cup \{\mathbf{t}(t_1, t_2): (1< t_1 <3)\wedge(t_2<1 \vee t_2> 3)\}$, 对于使用$\|\cdot\|_\infty$的 Top-2 查询 $Q = (2, 2)$, 即图 7.5(a)中的"×", GTA 对 L_1 进行$|\boldsymbol{R}|$次顺序访问(对应数轴 x_1); 然而, 当 $Z=\{2\}$时(对应数轴 x_2), mTAz 或 GTAz 对 L_2 进行 2 次顺序访问, 对 L_1 进行 2 次随机访问. 也就是 $\text{cost(GTA)}=O(|\boldsymbol{R}|)$, 但当 $Z=\{2\}$时, $\text{cost(mTAz)}=\text{cost(GTAz)}=O(1)$.

图 7.5(b)显示了 $\boldsymbol{R}$ 的另一种状态, 除 **t3** 和 **t4** 之外, 其他元组都不满足条件($1<t_1<3$ 或 $1<t_2<3$), 并且有许多(如$|\boldsymbol{R}|/5$)元组有 $t_1 = 3$. 如图 7.5(b)所示, 对于使用$\|\cdot\|_\infty$的 Top-2 查询 $Q = (2, 2)$, 运用算法 GTAz 和 GNRA 看到具有 $t_1 = 3$ 的那些元组, GTAz 关于 $Z=\{1\}$或 GNRA 对 L_1 都至少进行$|\boldsymbol{R}|/5$ 次顺序访问; 然而, 当 $Z=\{1\}$时, mTAz 对 L_1 进行 3 次顺序访问, 对 L_2 进行 3 次随机访问, 且 mNRA 对 L_1 和 L_2 进行至多 4 次顺序访问. 也就是说, $\text{cost(GTAz}, Z=\{1\}) = \text{cost(GNRA)} = O(|\boldsymbol{R}|)$, 而 $\text{cost(mTAz}, Z=\{1\}) = \text{cost(mNRA)} = O(1)$.

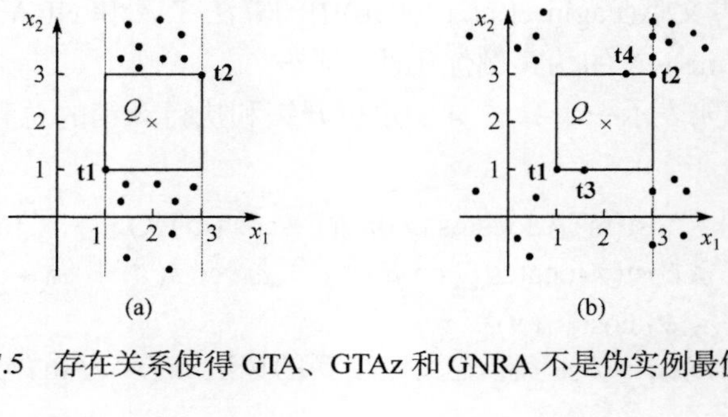

图 7.5　存在关系使得 GTA、GTAz 和 GNRA 不是伪实例最优的

7.3.3 NNS 优化算法和 TA-类算法的比较

最近邻搜索(NNS)在计算机科学的诸多应用领域中是普遍存在的(Fagin et al., 2003a)，因此已经成为一个重要的研究课题，引起了学术界的广泛关注(Indyk, 2004; Tsaparas, 1999). 鉴于 NNS(或 KNN 查询)模式和 Top-N(或 Top-K)查询模式的异同(1.3 节)，本节对其处理算法进行比较.

对于低维数据(通常小于 10 维)，精确 NNS 问题已经得到最优化算法(Singh et al., 2012; Tsaparas, 1999). 例如，考虑一个数据集 $\boldsymbol{R}\subset\Re^2$，通过持久化搜索树(Sarnak et al., 1986; Tsaparas, 1999)，用 $O(\log|\boldsymbol{R}|)$时间和 $O(|\boldsymbol{R}|)$存储空间就能够找到最近邻居(Har-Peled et al., 2012; Tsaparas, 1999). 在一个度量空间中的 NNS(或 KNN 查询)模式，除了数据对象的距离函数之外，没有其他限制要求，系统所用的距离函数是预先获知的，处理方法是使用复杂数据结构(如各种复杂的树)，并且和距离函数是固定在一起的(Schäler et al., 2013).

从数据库的视角，基于顺序访问和/或随机访问，在许多情况下，Top-N 查询要用 TA 家族的非猜测算法进行处理. 例如，文献(Bruno et al., 2002b)讨论了 Web 可访问数据库中的一种应用，其中用户想要搜索关于餐馆信息(等级，价格，地址): Zagat-Review 网站给出了餐馆的等级属性(顺序访问和随机访问)，NYT-Review 网站提供价格属性(随机访问)，地址属性由 MapQuest 网站给出(随机访问).

本章算法是 TA 家族的成员. 作为家族的代表算法，由文献(Fagin et al., 2003b)可知，TA 具有许多优越性；因此，只需在 $\Re^2$ 空间中将 TA 和上述 NNS 的最优化算法的开销进行比较即可，后者的时间和空间开销分别为 $O(\log|\boldsymbol{R}|)$和 $O(|\boldsymbol{R}|)$.

显然，在二维平面上 TA 所用的索引结构$\{L_1, L_2\}$的存储空间也是 $O(|\boldsymbol{R}|)$；然而，TA 是非猜测的，其时间开销不能保证是 $O(\log|\boldsymbol{R}|)$. 如图 7.6 所示，具有两个属性 A_1 和 A_2 的关系 $\boldsymbol{R}$ 有 $2m+1$ 个元组，存在两个列表 L_1 和 L_2 分别按照 A_1 和 A_2 的值降序排列. 对于 tid = $\boldsymbol{t}_{m+1}$ 的元组，其 A_1 属性值和 A_2 属性值都是 m+1.5；对于 tid= $\boldsymbol{t}_k$ ($k \neq m$+1)的元组，在 L_1 中其 A_1 属性值是 $2m+2-k$，在 L_2 中其 A_2 属性值是 k. 对于排序函数 $f(\boldsymbol{t}) = \boldsymbol{t}[A_1] + \boldsymbol{t}[A_2]$，由 TA 算法得到 Top-1 结果是 tid = $\boldsymbol{t}_{m+1}$ 的元组. 为了获得 $\boldsymbol{t}_{m+1}$，TA 算法对 L_1 和 L_2 顺序访问的次数是 $2(m+1)$，随机访问次数也是 $2(m+1)$；因此，TA 的执行开销为 $s\cdot c_s + r\cdot c_r = 2(m+1)c_s + 2(m+1)c_r$，其中 c_s 和 c_r 是正的常数，分别为一次顺序访问和一次随机访问的开销(7.2 节). 这样，TA 的执行开销是 $O(|\boldsymbol{R}|)$，而非 $O(\log|\boldsymbol{R}|)$.

事实上，TA 是实例最优的(Fagin et al., 2003b)，所以一般情况下它非常强大. 例如，对于一个关系 $\boldsymbol{R}(A_1, A_2) \subset \Re^2$，列表 L_1 和 L_2 分别按照 A_1 和 A_2 的值降序排列，设元组 $\boldsymbol{t}_0$ 属于 $\boldsymbol{R}$；如果($\boldsymbol{t}_0$, $\boldsymbol{t}_0[A_1]$)是 L_1 中的第一项($\boldsymbol{t}_0[A_1]$是所有 A_1 属性值中的最大值)，并且($\boldsymbol{t}_0$, $\boldsymbol{t}_0[A_2]$)是 L_2 中的第二项($\boldsymbol{t}_0[A_2]$是所有 A_2 属性值中的最大值或第二大

值), 那么 TA 可以用 $O(1)$时间找到 Top-1 元组(可能是也可能不是 $\boldsymbol{t}_0$). 此外, 对于一个 Top-N 查询, TA 家族中的精确算法将返回 Top-N 个元组(若存在多个元组与 Q 的距离等于 $d(\boldsymbol{t}_N, Q)$, 则任取其一), 这些算法可能导致不确定的结果. 然而, 如文献(Seidl et al., 1998)定义的确定性 NNS 或 KNN 查询, 其处理算法将返回所有与排序第一或排序第 K 具有相同距离的元组; 显然, 这样的结果集是唯一确定的, 但是返回的元组可能超过 1 个或 K 个.

L_1

tid	A_1
$\boldsymbol{t}_1$	$2m+1$
$\boldsymbol{t}_2$	$2m$
…	…
$\boldsymbol{t}_m$	$m+2$
$\boldsymbol{t}_{m+1}$	$m+1.5$
$\boldsymbol{t}_{m+2}$	m
…	…
$\boldsymbol{t}_{2m}$	2
$\boldsymbol{t}_{2m+1}$	1

L_2

tid	A_2
$\boldsymbol{t}_{2m+1}$	$2m+1$
$\boldsymbol{t}_{2m}$	$2m$
…	…
$\boldsymbol{t}_{m+2}$	$m+2$
$\boldsymbol{t}_{m+1}$	$m+1.5$
$\boldsymbol{t}_m$	m
…	…
$\boldsymbol{t}_2$	2
$\boldsymbol{t}_1$	1

图 7.6　一个具有两个属性 A_1 和 A_2 的关系

在 $\Re^2$ 中, 许多情况下, 本章中的算法可以用 $O(1)$时间开销找到 Top-1 元组; 然而, 在最坏情况下需要的查询时间开销可能是 $O(|\boldsymbol{R}|)$.

综上所述, 从数据库的观点, 具有非猜测的 TA 家族中的算法不同于 NNS 算法, 它们的时间开销也是不同的.

7.4　实验与数据分析

对于本章的 G-算法和 m-算法, 本节报告实验结果并分析结果数据. 7.4.1 节描述实验中所用的数据集和性能的测量. 针对各个数据集和距离函数, 7.4.2 节报告每种算法处理一个 Top-N 查询所需要的时间. 对于有序列表, 7.4.3 节报告每种算法顺序访问的次数. 7.4.4 节的实验结果用于研究不同的结果大小 N 对算法性能的影响. 最后, 在 7.4.5 节中, 将算法 GTA 和 mTA 与第 2 章中的一些方法进行比较.

7.4.1　数据集和准备

实验用的低维(2 维、3 维和 4 维)和高维(25 维、50 维和 104 维)等八个数据集(2.3 节)与第 2～4 章实验数据集相同, 包括三个低维的真实数据集, 即 Census2D (210138 个元组)、Census3D(210138 个元组)、Cover4D(581010 个元组); 三个高维真实数据集(皆含有 20000 个元组), 即 Lsi25D、Lsi50D 和 Lsi104D; 两个低维合成数据集 Gauss3D (500000 个元组)和 Array3D (507701 个元组). 在所有数据集的名字里, 后缀“*n*D”表示这个数据集是 *n* 维的.

本章实验报告基于如下默认设置: ①每个数据集使用的测试查询集合含有 1000 个查询, 这些查询点是从各自的数据集随机抽取的元组; ②测试空间为($\Re^n$, $\|\cdot\|_p$), 使用 $p = 1, 2, \infty$ 三种距离函数(1.1.2 节), 即曼哈顿距离、欧氏距离和最大距离; ③对于低维数据集, 用 $N = 100$ (每个查询检索 Top-100 元组); 对于高维数据集, 取 $N = 20$(每个查询检索 Top-20 元组). 当使用不同的设置时, 将明确说明.

对于每个数据集, 实验中使用如下测量.

(1) 获得 Top-*N* 元组耗用的时间(ms): 对于一个查询, 从相应数据集检索 Top-*N* 元组所需要的时间. 对每个数据集, 报告查询集中全部查询耗用时间的平均值.

(2) 顺序访问次数: 查询集内所有查询顺序访问次数的平均数.

假设全部有序列表都驻留在主存中, 且一次顺序访问和一次随机访问的开销相同, 即 $c_s = c_r$. 由于算法 GTA、GTAz、mTA 和 mTAz 对每次顺序访问执行 $n-1$ 次随机访问, 算法 GNRA 和 mNRA 没有随机访问, 因此只报告顺序访问次数. 对于 GTAz 和 mTAz, 选取 $Z = \{1\}$, 即对于每个数据集, 只有一个有序列表 L_1 对应其第一个属性 A_1.

7.4.2～7.4.4 节的实验运行环境为: Intel Core i5-2400 CPU@3.10GHz, 3.09GHz, 内存 2.98GB; 软件为 Windows XP, Microsoft VC++ 6.0. 在 7.4.5 节中, 为了比较, 使用第 2 章中的实验环境配置.

7.4.2　处理查询耗用的时间

对于八个数据集, 六种算法和三个排序函数, 图 7.7 显示了在每个查询集中 1000 个查询的平均耗用时间. 可以看出, 图 7.7(a)～图 7.7(c)有几乎相同的趋势. 六种算法对于 2 维和 3 维数据集都是有效的; 算法 mTA 和 mTAz 对于八个数据集比其他算法更有效, 因为它们具有伪实例最优性. 通常, 执行开销(顺序访问和随机访问的开销总和)越大将导致耗用时间越长; 比较图 7.7 和图 7.8, 在图 7.8 中, 对于数据集 Cover4D、Lsi25D、Lsi50D 和 Lsi104D, 算法 GTA、GNRA 和 mNRA 具有更多的顺序访问次数, 因而在图 7.7 中有更多的耗用时间.

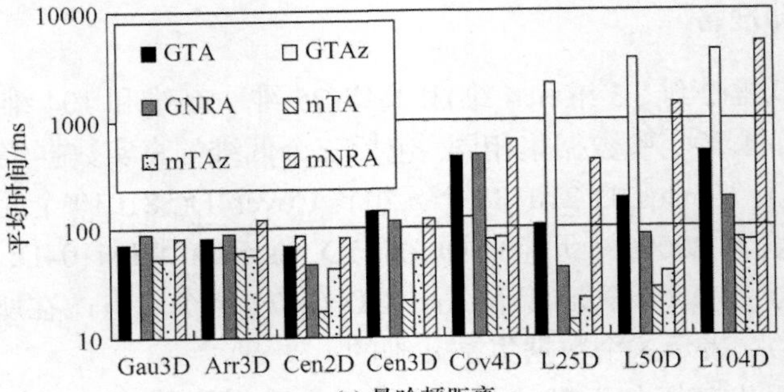

(a) 曼哈顿距离

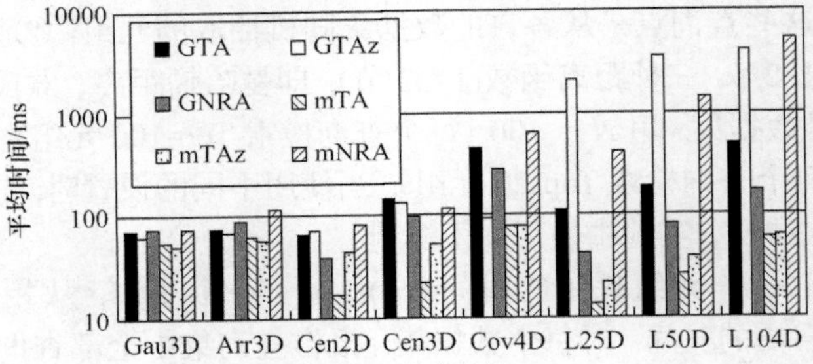

(b) 欧氏距离

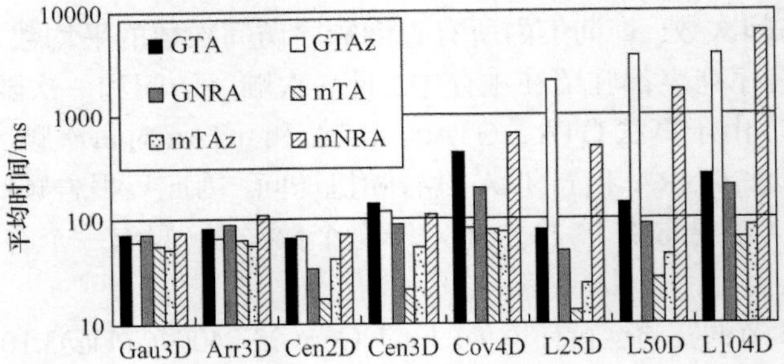

(c) 最大距离

图 7.7　八个数据集和六种算法的耗用时间

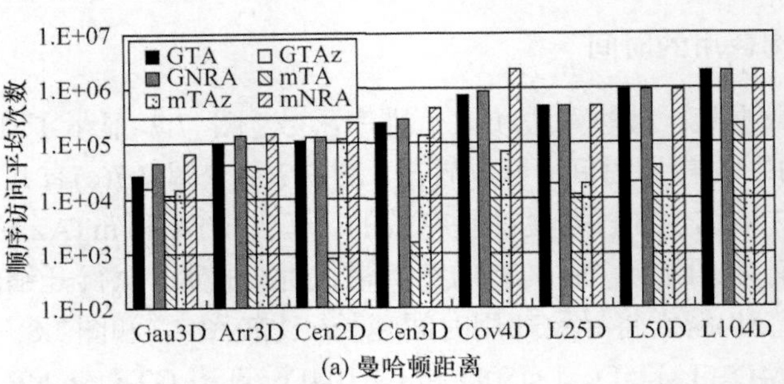

(a) 曼哈顿距离

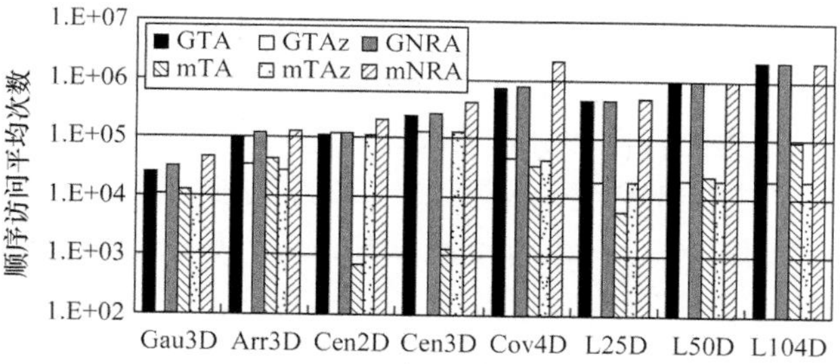

(b) 欧氏距离

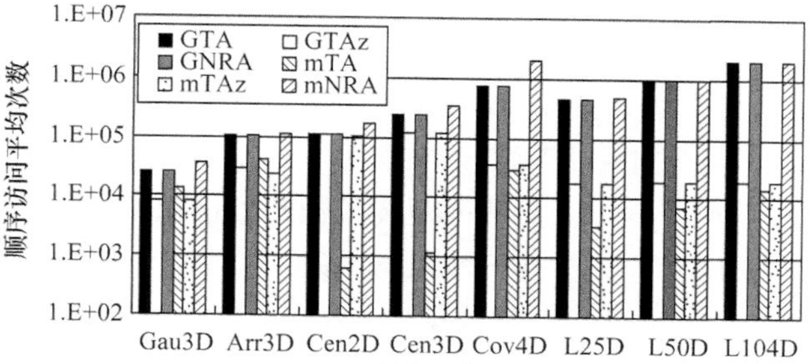

(c) 最大距离

图 7.8 八个数据集和六种算法的顺序访问次数

此外，耗用时间包含内部计算开销(除了执行开销之外的其他开销)，并且与每种算法的固有性质相关；因此，耗用时间是不同的，特别是针对高维数据集. 例如，比较图 7.7 与图 7.8 可以看出，对于高维数据集 Lsi25D、Lsi50D 和 Lsi104D，在图 7.7 中算法 GTAz 具有较长的时间，但在图 7.8 中有较少的顺序访问次数，其原因是 GTAz 本身的性质以及这些数据集的特性和分布情况. 三个高维数据集的 A_1 属性值是一样的，其所有的 20000 个值是彼此不同的，且在其相应的有序列表 L_1 中，对于许多 j，相邻两个属性值之差 $L_1.a_{1j+1}-L_1.a_{1j}$ 都太小；这样，n-正方形 $B(Q, r, d_\infty)$ 和 n-球 $B(Q, r, d)$ 扩大得太慢，这导致 GTAz 变为以步长为 1 的固定速率步调一致(lockstep)地读取元组，而且针对缓冲区 $\boldsymbol{Y}$ 中的元组，一次又一次地计算和比较这些元组距离. 因此，GTAz 的耗用时间包含大量的内部计算开销.

如 7.3.2 节所述，算法 mNRA 的伪实例最优性只涉及执行开销. 类似于算法 GTAz，mNRA 比算法 GNRA 包含更多的内部计算开销，因此，对于三个高维数据集 Lsi25D、Lsi50D 和 Lsi104D，算法 mNRA 比 GNRA 花费的时间更多，虽然二者在图 7.8 中顺序访问的次数几乎相同.

7.4.3 顺序访问次数

对于每个查询集，图 7.8 显示了其顺序访问的平均次数. 比较图 7.7 与图 7.8，可以看出：针对 Top-N 查询处理，除了算法 GTAz 和 mNRA 及其在高维数据集的情况，在其他绝大多数情况下，顺序访问的次数对图 7.7 所示的耗用时间有直接和成比例的影响. 如 7.4.2 节所述，算法 GTAz 和 mNRA 及其在高维数据集出现异常的原因是：这些数据集的特性和分布情况以及这两种算法的固有性质.

图 7.8(a)～(c)有相同的趋势. 根据 2.3 节以及文献(Bruno et al., 2002a; Chen et al., 2002)的实验结果，对于一个特定数据集，一个算法的候选元组的数目满足 $|\mathrm{Cand}(d_1)| \geqslant |\mathrm{Cand}(d_2)| \geqslant |\mathrm{Cand}(d_\infty)|$，其中 $\mathrm{Cand}(d)$表示关于距离函数 $d(\cdot,\cdot)$的候选集(candidate set)，即 n-正方形 $B(Q, r, d_\infty)$中元组的集合. 直观地，对于不同距离函数，顺序访问次数也应该满足类似的不等式. 在几乎所有的情况下，图 7.8 所示的结果都验证了这一观点；同时，在许多情况下，不同距离函数的顺序访问次数之差是小的. 例如，除了使用 $d_2(\cdot,\cdot)$的数据集 Lsi25D，在每个给定数据集上 GTA 对于 $d_1(\cdot,\cdot)$、$d_2(\cdot,\cdot)$和 $d_\infty(\cdot,\cdot)$具有相同顺序访问次数. 其他例外包括：①算法 mTA 对于数据集 Gauss3D 和 Array3D 以及三种距离函数；②mNRA 对于数据集 Cover4D、Lsi25D、Lsi50D 和 Lsi104D 以及三种距离函数. 这些例外的主要原因是：①不同的距离函数可能导致不同的 Top-N 元组；②顺序访问的次数涉及对一些已经看到的元组重复计数.

因此，图 7.7 和图 7.8 的趋势表明，在设计和实现本章的 G-算法和 m-算法时，排序函数(这里是距离函数)不是关键因素.

7.4.4　不同结果大小 *N* 的影响

本节讨论 N 对算法性能的影响. 作为示例，仅针对两个代表算法 GTA 和 mTA 及其最大距离 $d_\infty(\cdot,\cdot)$的情况报告其顺序访问的平均次数. 将正整数 N_1 和 N_2 的增长率记为: $\mathrm{Rate}(N_1, N_2) = (N_2 - N_1)/N_1$，其中 N_1 和 N_2 相邻且 $N_1 < N_2$，将关于 N_1 和 N_2 顺序访问次数的增长率记为 $\mathrm{Rate}(\mathrm{san}(N_1), \mathrm{san}(N_2)) = (\mathrm{san}(N_2) - \mathrm{san}(N_1))/\mathrm{san}(N_1)$，其中 $\mathrm{san}(N)$表示关于 N 的顺序访问次数(sorted access number). 定义这两个增长率的比率 $\mathrm{ratio}(N_1, N_2) = \mathrm{Rate}(\mathrm{san}(N_1), \mathrm{san}(N_2))/\mathrm{Rate}(N_1, N_2)$，用其度量顺序访问次数的增加比率.

图 7.9 显示了五个低维数据集的顺序访问次数. N 从 10 增加至 500，算法 GTA 和 mTA 的顺序访问次数随之增加，其原因是：为了获得更多的 Top-N 元组，需要在一个数据集中看到更多的元组. 然而，增加是缓慢的，算法 GTA 的所有 $\mathrm{ratio}(N_1, N_2)$值都在区间[0.06, 0.4]之内，mTA 的所有 $\mathrm{ratio}(N_1, N_2)$值在区间[0.2, 0.4]之内. 这是因为算法 GTA 通过扩大 n-正方形来寻找 Top-N 查询的候选元组，当停止执行时，GTA 看到很多元组；这样，对于一个查询，当 GTA 得到 Top-N 元组时，在其 n-正方形中，有很高的概率也看到了 Top-(N+1)元组. 关于 mTA，原因是 mTA 针对每个有序列表以步长为 1 的固定速率按步调一致的方式顺序访问元组，且 mTA 是伪

实例最优的.

当 N 从 2 到 50 变化时，针对三个高维数据集，图 7.10 显示了算法 GTA 和 mTA 的顺序访问平均次数. 可以看到 GTA 的顺序访问平均次数几乎相同并且其所有的 ratio(N_1, N_2)值在[0.002, 0.007] 区间内; mTA 的顺序访问平均次数比 GTA 少得多; 然而, mTA 的增加大于 GTA, mTA 的所有 ratio(N_1, N_2)值在[0.28, 1]区间内.

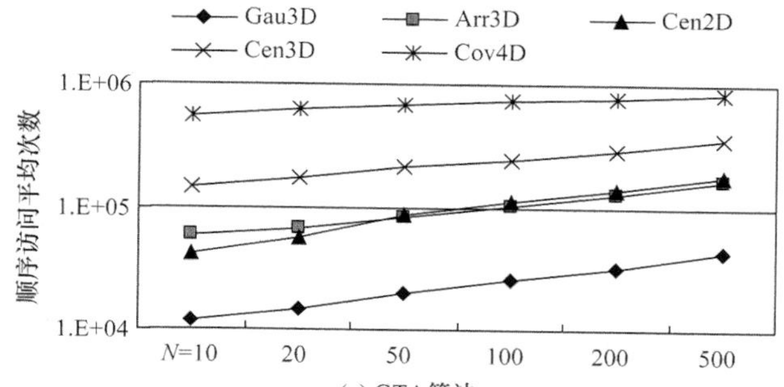

(a) GTA算法

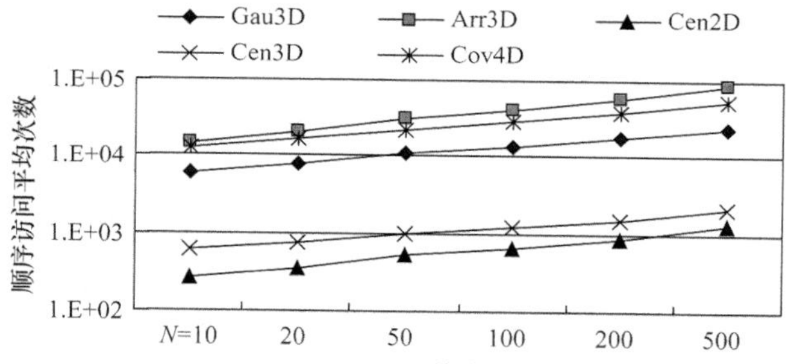

(b) mTA算法

图 7.9　针对五个低维数据集以及不同的 N 值，算法的顺序访问平均次数

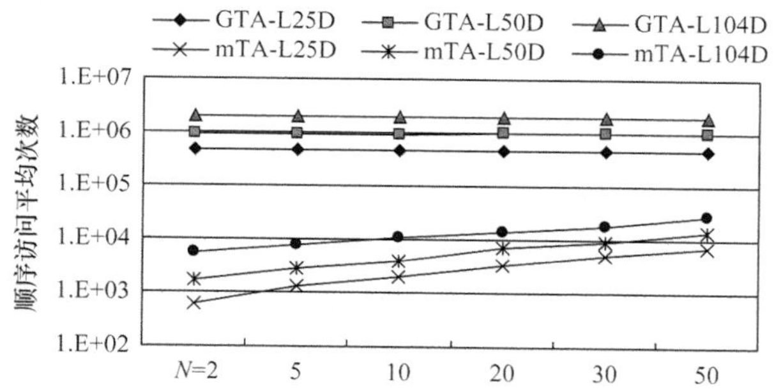

图 7.10　针对三个高维数据集以及不同的 N 值，算法 GTA 和 mTA 的顺序访问平均次数

7.4.5　算法性能比较

本节将本章代表性算法 GTA 和 mTA 与 2.3 节中三种代表性方法 Opt、LB 和

Scan 进行比较. 为此, 本节使用与 2.3 节相同的软硬件环境: 一台 PC 配置为 Pentium 4 CPU/2.8GHz 和 768MB 内存, 软件为 Windows XP 和 Microsoft VC++ 6.0. 每个查询集含有 100 个查询, 低维数据集采用最大距离 $d_\infty(\cdot,\cdot)$, N=100, 高维数据集采用欧氏距离 $d_2(\cdot,\cdot)$, N=20.

表 7.1 列出了五种方法在每个查询集上的平均耗时, 即本章的 GTA 和 mTA 算法, 2.3 节的 Opt 方法、LB 方法和 Scan 方法. 作为第 2 章中的最优基准, 对于一个 Top-N 查询, Opt 是理论上的最好方法, 使用包含实际 Top-N 元组的最小 n-正方形获得候选元组, 但是按照第 2 章的策略(Bruno et al., 2002a; Chen et al., 2002; Zhu et al., 2010), Opt 方法在实践中不能实现, 其中最小的 n-正方形提前利用 Scan 方法获得.

表 7.1　平均耗用时间 (单位: ms)

数据集	本章的算法		第 2 章的方法		
	GTA	mTA	Opt	LB	Scan
Census2D	371	133	173	320	13017
Census3D	706	149	118	252	13651
Array3D	485	375	707	853	34389
Gauss3D	452	367	492	688	32948
Cover4D	2500	555	756	902	39816
Lsi25D	365	63	240	341	2961
Lsi50D	619	125	447	528	4245
Lsi104D	1093	328	724	850	6031

如文献(Fagin et al., 2003b; Güntzer et al., 2000)所述, TA 算法访问的不同元组的数目永远不会超过文献(Fagin, 1999; Fagin et al., 2003b)中的 Fagin 算法(Fagin's algorithm, FA), 但是 TA 可能比 FA 执行更多的随机访问; 因此, TA 通常(但非永远)比 FA 更有效. mTA 源自 TA 且具有伪实例最优性; 然而 Opt 方法是 FA 的一种变形且具有最小 n-正方形, 因此, 类似于 GTA 在定理 7.4 的变形方法, Opt 方法不是伪实例优化的. 从表 7.1 可以看出, 除了 Census3D 数据集(149ms 对 118ms), 在其余七个数据集上算法 mTA 优于 Opt 方法; 此外, 在所有八个数据集上算法 mTA 明显优于 LB 方法. 一般而言, Opt 方法需要比 mTA 算法更多的执行开销. 例如, 对于图 7.2 所示的 Top-3 查询 Q = (7, 6)及距离函数 $d_1(\cdot,\cdot)$, 在例 7.2 中 mTA 的顺序访问次数为 10, 然而 Opt 是 15. 因此, mTA 相比 Opt 和 LB 两种方法具有更高的竞争力. 另外, mTA 算法是为 $\boldsymbol{x}$-单调范数/函数设计的, 而第 2 章中的方法是针对 p-范数的; 因此, mTA 算法比第 2 章中的方法能够处理更广泛的函数.

对于数据集 Array3D 和 Gauss3D, 算法 GTA 优于 LB 方法; 但对于其他数据集, 方法 LB 优于算法 GTA. 对于全部八个数据集, Opt 方法皆优于 GTA 算法. 尤其对于数据集 Cover4D 和 Lsi104D, 算法 GTA 分别耗时 2500ms 和 1093ms. 原因是 GTA 不是伪实例优化的. GTA 是专为一般的非单调范数设计的, 对每个有序列表 L_i, GTA 在一个小区间内执行顺序访问, 这个小区间可能包括 L_i 中的许多(甚至是全部)数据项. 此外, 在所有八个数据集上 GTA 明显优于 Scan, 因此, 它是一个比 Scan 更好的选择.

如 7.3.3 节所述, 具有非猜测性的 TA-类算法不同于 NNS 方法; 因此, 不能直接比较这两类方法的性能. 下面通过示例对这两类方法的性能进行说明.

对于高维空间的 NNS 问题, 文献(Singh et al., 2012)提出了 SIMP 方法, 其实验结果表明 SIMP 明显优于四种最先进的方法: iDistance、p-stable LSH、Multi-Probe LSH 和 LSB tree. 在硬件配置为四核 Intel Xeon CPU 5,140@2.33GHz 的环境, 对于使用欧氏距离的 NNS(Top-1 查询), 当查询范围为 200 时(query range 200), 针对 128 维数据集 SIFT 和 32 维数据集 Aerial, SIMP 方法的耗用时间分别大于 75ms 和 100ms.

由图 7.7(b)可知, 对于欧氏距离的 Top-100 或 Top-20 查询, mTA 和 mTAz 算法的所有耗用时间都在 13ms 和 77ms 之间; 因此, 虽然涉及不同的实验环境和应用背景, 但是 mTA 和 mTAz 算法与上述处理 NNS 的五种最先进的方法相比具有很强的竞争力.

7.5 本章小结

本章分析了 n 维赋范空间中具有任意查询点和一般排序函数(不一定是 F-单调)的 Top-N 查询模式, 然后介绍了处理这种查询模式的方法. 基于三种数据访问方式, 对于一般的范数距离, 给出三种算法 GTA、GTAz 和 GNRA, 针对 $\boldsymbol{x}$-单调的范数距离, 给出三种算法 mTA、mTAz 和 mNRA. 证明了算法 GTA、GTAz、mTA 和 mTAz 只需要有界的缓冲区, 然而算法 GNRA 和 mNRA 可能需要无界的缓冲区. 此外, 证明了 mTA、mTAz 和 mNRA 具有伪实例最优性, 然而 GTA、GTAz 和 GNRA 不是伪实例最优的. 使用各种不同维数(包括 2 维、3 维、4 维、25 维、50 维和 104 维)的数据集进行了广泛的实验来测试这些算法的性能. 结果表明 GTA 明显优于 Scan(2.3 节), 并且 mTA 与 Opt 相比具有更强的竞争力, 其中 Opt 是第 2 章中的理想技术; 基于 $\boldsymbol{x}$-单调范数的 mTA 能够处理比 p-范数(第 2～4 章)更广泛的排序函数. 此外, 排序函数不是设计本章算法的关键因素.

参考文献

Akbarinia R, Pacitti E, Valduriez P. 2007. Best position algorithms for top-k queries// Proceedings of the 33rd Int. Conf. Very Large Data Bases (VLDB), Vienna: 495-506.

Bruno N, Chaudhuri S, Gravano L. 2002a. Top-k selection queries over relational databases: Mapping strategies and performance evaluation. ACM Transactions on Database Systems, 27(2): 153-187.

Bruno N, Gravano L, Marian A. 2002b. Evaluating top-k queries over web-accessible databases// Proceedings of the 18th International Conference on Data Engineering (ICDE'02), San Jose: 369-380.

Chen C, Ling Y. 2002. A sampling-based estimator for top-k selection query// Proceedings of the 18th International Conference on Data Engineering (ICDE'02), San Jose: 617-627.

Fagin R. 1999. Combining fuzzy information from multiple systems. J. Comput. System Sci., 58(1): 83-99.

Fagin R, Kumar R, Sivakumar D. 2003a. Efficient similarity search and classification via rank aggregation// Proceedings of the ACM Int. Conf. Management of Data (SIGMOD), San Diego: 301-312.

Fagin R, Lotem A, Naor M. 2003b. Optimal aggregation algorithms for middleware. J. Comput. Syst. Sci., 66(4): 614-656.

Güntzer U, Balke W T, Kießling W. 2000. Optimizing multi-feature queries for image databases// Proceedings of the 26th Int. Conf. Very Large Data Bases (VLDB), Cairo: 419-428.

Har-Peled S, Indyk P, Motwani R. 2012. Approximate nearest neighbor: Towards removing the curse of dimensionality. Theory of Comput., 8(1): 321-350.

Indyk P. 2004. Nearest Neighbors in High-Dimensional Spaces, Handbook of Discrete and Computational Geometry. 2nd ed. New York: CRC Press.

Ilyas I F, Beskales G, Soliman M A. 2008. A survey of top-k query processing techniques in relational database systems. ACM Comput. Surv., 40(4): Article 11.

Ramakrishan R. 1998. Database Management Systems. New York: McGraw-Hill.

Sarnak N, Tarjan R E. 1986. Planar point location using persistent search trees. Commun. ACM, 29(7): 669-679.

Schäler M, Grebhahn A, Schröter R, et al. 2013. QuEval: Beyond high-dimensional indexing à la carte// Proceedings of VLDB Endowment, 6(14): 1654-1665.

Seidl T, Kriegel H P. 1998. Optimal multi-step k-nearest neighbor search// Proceedings of the ACM Int. Conf. Management of Data (SIGMOD), Seattle: 154-165.

Singh V, Singh A K. 2012. SIMP: Accurate and efficient near neighbor search in high dimensional spaces// Proceedings of the 15th Int. Conf. Extending Database Technol. (EDBT), Berlin: 492-503.

Tsaparas P. 1999. Nearest neighbor search in multidimensional spaces. Toronto: University of Toronto.

Xin D, Han J, Chang K C C. 2007. Progressive and selective merge: Computing top-k with ad-hoc ranking functions// Proceedings of the ACM Int. Conf. Management of Data (SIGMOD), Beijing: 103-114.

Zhang Z, Hwang S, Chang K C C, et al. 2006. Boolean + ranking: Querying a database by k-constrained optimization// Proceedings of the ACM Int. Conf. Management of Data (SIGMOD), Chicago: 359-370.

Zhu L, Meng W, Liu C, et al. 2010. Processing top-N relational queries by learning. Journal of Intelligent Information Systems, 34(1): 21-55.

Zhu L, Liu F, Meng W, et al. 2016. Evaluating top-N queries in n-dimensional normed spaces. Information Sciences, 374: 255-275.